宇宙プロジェクト
開発史アーカイブ

THE ARCHIVE of SPACE PROJECTS in 120 YEARS

著・鈴木喜生

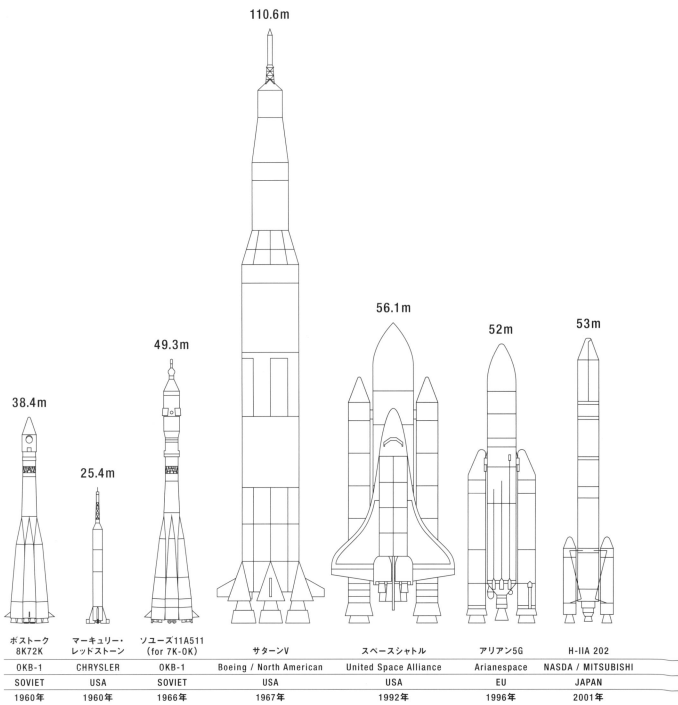

38.4m	25.4m	49.3m	110.6m	56.1m	52m	53m
ボストーク 8K72K	マーキュリー・ レッドストーン	ソユーズ11A511 （for 7K-OK）	サターンV	スペースシャトル	アリアン5G	H-IIA 202
OKB-1	CHRYSLER	OKB-1	Boeing / North American	United Space Alliance	Arianespace	NASDA / MITSUBISHI
SOVIET	USA	SOVIET	USA	USA	EU	JAPAN
1960年	1960年	1966年	1967年	1992年	1996年	2001年

scene 1 Chronicle of The Wo

世界の主要ロケット変遷

ガガーリンを打ち上げたソ連のボストークから、NASAが開発中のSLSまで
宇宙開発に貢献し、これからの開発を牽引する各国の代表的ロケットの変遷とサイズ比較。

Illstration：中村荘平

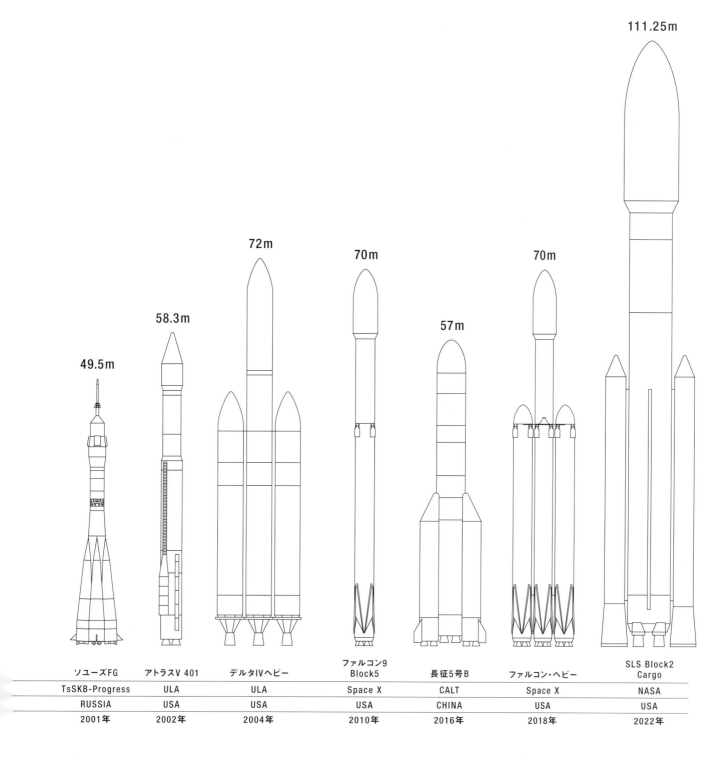

49.5m	58.3m	72m	70m	57m	70m	111.25m
ソユーズFG	アトラスV 401	デルタIVヘビー	ファルコン9 Block5	長征5号B	ファルコン・ヘビー	SLS Block2 Cargo
TsSKB-Progress	ULA	ULA	Space X	CALT	Space X	NASA
RUSSIA	USA	USA	USA	CHINA	USA	USA
2001年	2002年	2004年	2010年	2016年	2018年	2022年

rld Famous Rocket

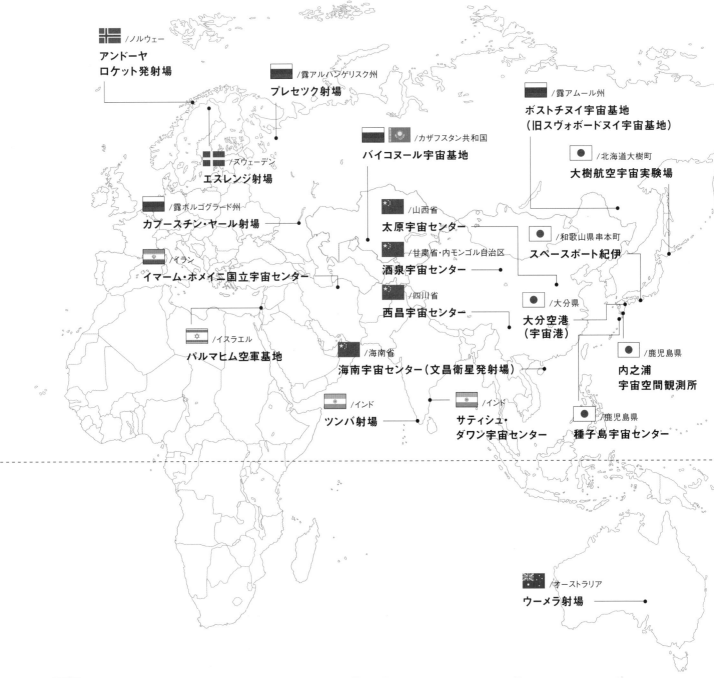

/ノルウェー
アンドーヤ
ロケット発射場

/露アルハンゲリスク州
プレセツク射場

/露アムール州
ボストチヌイ宇宙基地
（旧スヴォボードヌイ宇宙基地）

/カザフスタン共和国
バイコヌール宇宙基地

/北海道大樹町
大樹航空宇宙実験場

/ズウェーデン
エスレンジ射場

/露ボルゴグラード州
カプースチン・ヤール射場

/山西省
太原宇宙センター

/和歌山県串本町
スペースポート紀伊

/イラン
イマーム・ホメイニ国立宇宙センター

/甘粛省・内モンゴル自治区
酒泉宇宙センター

/四川省
西昌宇宙センター

/大分県
大分空港
（宇宙港）

/イスラエル
パルマヒム空軍基地

/海南省
海南宇宙センター（文昌衛星発射場）

/鹿児島県
内之浦
宇宙空間観測所

/インド
ツンバ射場

/インド
サティシュ・
ダワン宇宙センター

/鹿児島県
種子島宇宙センター

/オーストラリア
ウーメラ射場

scene 2 Launch Sites in the

世界のロケット発射基地

ロケットを打ち上げるのに有利な場所は、地球の自転速度を最大限に活用できる赤道近く。
各国ができるだけ赤道に近い場所に発射基地を作ろうとするのには、そんな理由があるのです。

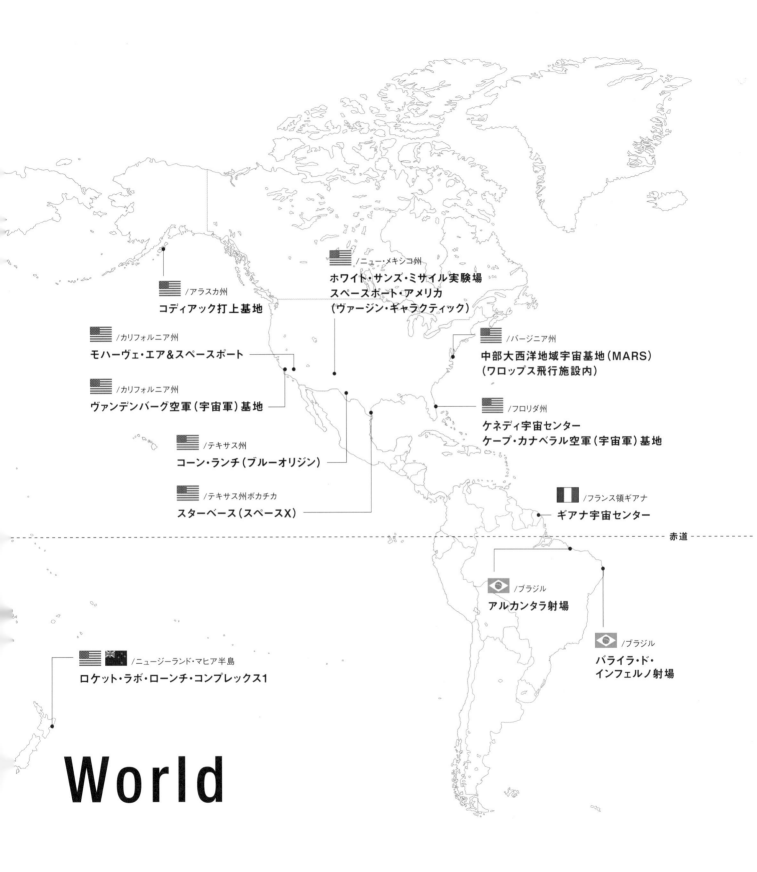

/アラスカ州
コディアック打上基地

/ニュー・メキシコ州
ホワイト・サンズ・ミサイル実験場
スペースポート・アメリカ
（ヴァージン・ギャラクティック）

/バージニア州
中部大西洋地域宇宙基地（MARS）
（ワロップス飛行施設内）

/カリフォルニア州
モハーヴェ・エア＆スペースポート

/カリフォルニア州
ヴァンデンバーグ空軍（宇宙軍）基地

/フロリダ州
ケネディ宇宙センター
ケープ・カナベラル空軍（宇宙軍）基地

/テキサス州
コーン・ランチ（ブルーオリジン）

/テキサス州ボカチカ
スターベース（スペースX）

/フランス領ギアナ
ギアナ宇宙センター

/ブラジル
アルカンタラ射場

/ニュージーランド・マヒア半島
ロケット・ラボ・ローンチ・コンプレックス1

/ブラジル
バライラ・ド・
インフェルノ射場

赤道

World

scene 3 Progress in The Man

有人宇宙計画の流れ

世界初の有人飛行から月面着陸、宇宙ステーション建設など、米ソの有人宇宙開発競争が激化した20世紀。
やがて両国は協力し合うようになり、有人宇宙プロジェクトはより壮大なものに進化していきます。

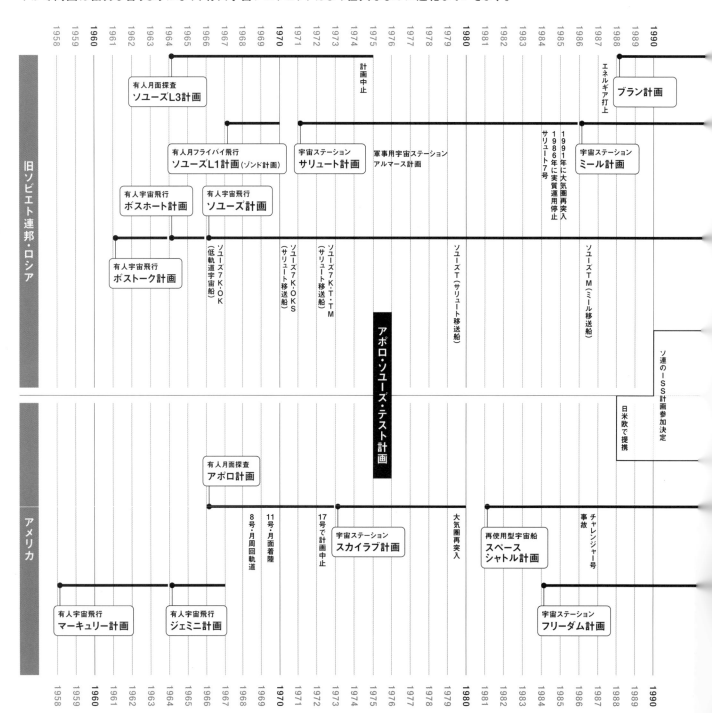

ned Space Explorations

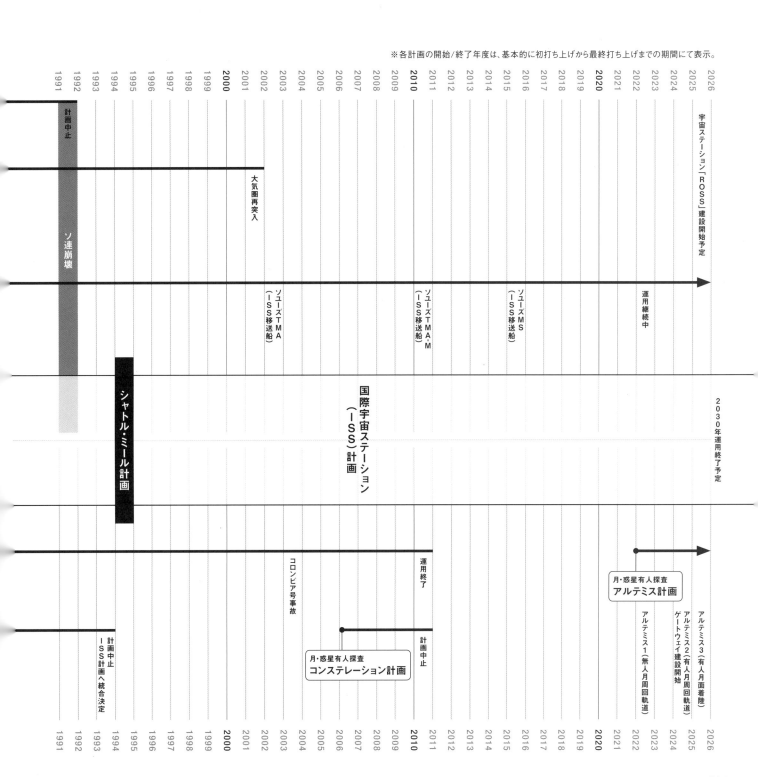

※各計画の開始/終了年度は、基本的に初打ち上げから最終打ち上げまでの期間にて表示。

1991 1992 1993 1994 1995 1996 1997 1998 1999 2000 2001 2002 2003 2004 2005 2006 2007 2008 2009 2010 2011 2012 2013 2014 2015 2016 2017 2018 2019 2020 2021 2022 2023 2024 2025 2026

計画中止

大気圏再突入

ソ連崩壊

宇宙ステーション「ROSS」建設開始予定

ソユーズTMA（ISS移送船）

ソユーズTMA・M（ISS移送船）

ソユーズMS（ISS移送船）

運用継続中

シャトル・ミール計画

国際宇宙ステーション（ISS）計画

2030年運用終了予定

運用終了

コロンビア号事故

計画中止

月・惑星有人探査
アルテミス計画

月・惑星有人探査
コンステレーション計画

計画中止
ISS計画へ統合決定

アルテミス1（無人月周回軌道）

ゲートウェイ建設開始

アルテミス2（有人月周回軌道）

アルテミス3（有人月面着陸）

1991 1992 1993 1994 1995 1996 1997 1998 1999 2000 2001 2002 2003 2004 2005 2006 2007 2008 2009 2010 2011 2012 2013 2014 2015 2016 2017 2018 2019 2020 2021 2022 2023 2024 2025 2026

Progress in The Unma

無人宇宙計画の流れ

米ソは月、金星、火星などに多くの無人探査機を打ち上げ、その開発を競い合ってきました。
また、気象観測衛星、通信衛星、GPS衛星なども打ち上げられ、その技術が飛躍的に向上しました。

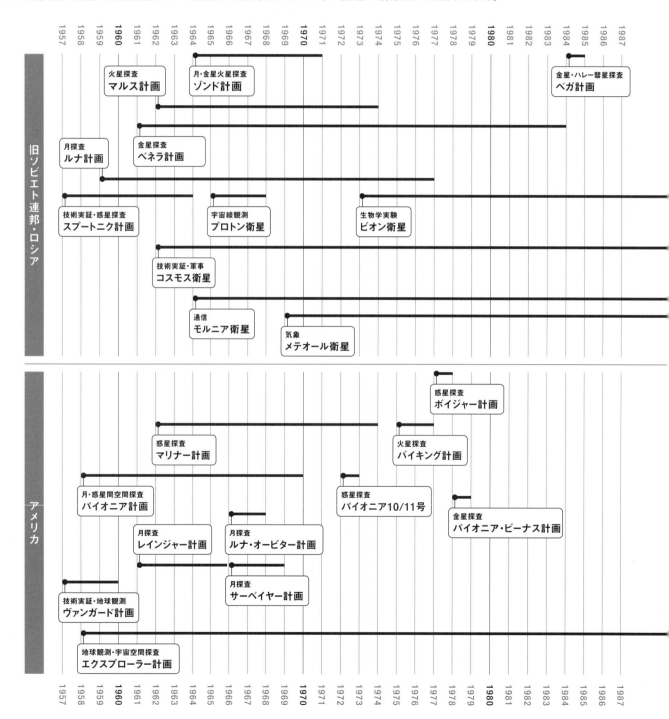

nned Space Explorations

※各計画の開始/終了年度は、基本的に初打ち上げから最終打ち上げまでの期間にて表示。

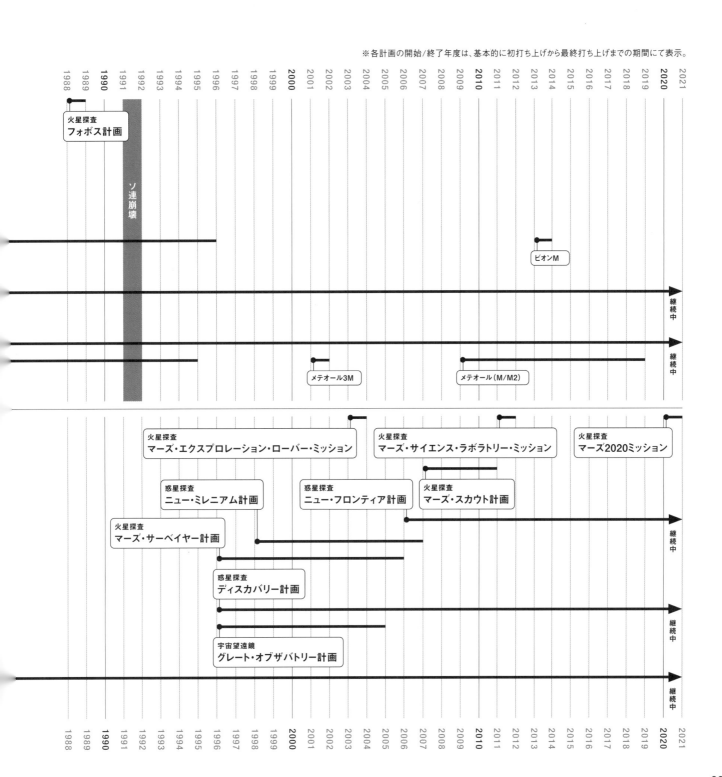

1988 1989 **1990** 1991 1992 1993 1994 1995 1996 1997 1998 1999 **2000** 2001 2002 2003 2004 2005 2006 2007 2008 2009 **2010** 2011 2012 2013 2014 2015 2016 2017 2018 2019 **2020** 2021

火星探査
フォボス計画

ソ連崩壊

ビオンM

継続中

継続中

メテオール3M

メテオール（M/M2）

火星探査
マーズ・エクスプロレーション・ローバー・ミッション

火星探査
マーズ・サイエンス・ラボラトリー・ミッション

火星探査
マーズ2020ミッション

惑星探査
ニュー・ミレニアム計画

惑星探査
ニュー・フロンティア計画

火星探査
マーズ・スカウト計画

火星探査
マーズ・サーベイヤー計画

継続中

惑星探査
ディスカバリー計画

継続中

宇宙望遠鏡
グレート・オブザバトリー計画

継続中

1988 1989 **1990** 1991 1992 1993 1994 1995 1996 1997 1998 1999 **2000** 2001 2002 2003 2004 2005 2006 2007 2008 2009 **2010** 2011 2012 2013 2014 2015 2016 2017 2018 2019 **2020** 2021

惑星探査機の到達年表

水星	金星	名称	運用	打上日	火星	
	○1962年12月14日 はじめて金星に到達。近傍を通過。 地球外惑星に到達した初の探査機。	マリナー2号	NASA	1962年8月27日		
		マリナー4号	NASA	1964年11月28日	○1965年7月15日 はじめて火星に到達。 フライバイ時の近撮影に成功。	
	×1966年3月1日 地球外惑星に衝突した初の人工物。 送信途絶して金星に衝突。	ベネラ3号	ソビエト	1965年11月16日		
	×▼1967年10月18日 金星へのカプセル投下に初成功。 高度25kmに至るまでデータを送信。	ベネラ4号	ソビエト	1967年6月12日		
	×▼1970年12月15日 はじめてカプセルが金星地表に着陸。 地球外惑星地表からデータを初送信。	ベネラ7号	ソビエト	1970年8月17日		
		マリナー9号	NASA	1971年5月30日	○1971年11月14日 はじめて火星周回軌道に投入。 高解像度撮影に成功。	
		マルス2号	ソビエト	1971年5月19日	○1971年11月27日 火星地表に激突した初の人工物。 ランダーは通信途絶で探査失敗。	
		マルス3号	ソビエト	1971年5月28日	○1971年12月2日 ランダーが火星地表に軟着陸。 着陸後すぐに通信途絶。	
		パイオニア10号	NASA	1972年3月2日	→	
		パイオニア11号	NASA	1973年4月6日	→	
○1974年3月29日 はじめて水星に到達。 太陽周回軌道で水星をフライバイ。	○1974年2月5日 金星フライバイ（減速）で水星へ。 金星の鉤状雲や大気を観測。	マリナー10号	NASA	1973年11月3日		
	◎▼1975年10月20日 はじめて金星周回軌道への投入に成功。 はじめて金星地表から画像を送信。	ベネラ9号	ソビエト	1975年6月8日		
		バイキング1号 バイキング2号	NASA	1975年8月20日 1975年9月9日	○▼1976年7月20日 ○▼1976年9月13日 ランダーの軟着陸の成功。	
		ボイジャー2号	NASA	1977年8月20日	→	
		ボイジャー1号	NASA	1977年9月5日	→	
		ガリレオ	NASA	1989年10月18日 （シャトルより）	→	
		マーズ・パスファインダー	NASA	1996年12月4日	▼1997年7月4日 はじめて探査ローバーが着陸。 着陸機は約3ヵ月間、探査を継続。	
	○1998年4月〜1999年6月 金星フライバイを2度実行。	カッシーニ （探査機ホイヘンス・プローブ）	NASA ESA	1997年10月15日	→	
○2008〜09年、フライバイ3回。 ◎2011年3月18日 はじめて水星周回軌道投入に成功。	○2006年10月24日、2007年6月5日 2回フライバイ。2回目の高度338km。	メッセンジャー	NASA	2004年8月3日		
		ニュー・ホライズンズ	NASA	2006年1月19日	○2006年4月7日 火星軌道を通過。	

Probes

地球以外の惑星に向けて次々に探査機が打ち上げられ、
金星、火星のほか、太陽系惑星に続々と到達し、着陸します。
そうした「はじめて」の探査機を年代順に見てみましょう。

←/→軌道通過　○フライバイ　◎軌道周回　▼着陸、ランダー・ローバー・探査機を投下　×運用停止（衝突・通信途絶など）
NASA／アメリカ航空宇宙局　ESA／欧州宇宙機関

木星	土星	天王星	海王星	冥王星	太陽系圏外（星間空間）
○1973年12月4日 はじめて木星に到達。高度約20万kmから近接撮影。	→		→1983年6月13日 海王星の軌道を横断。	→	×2003年1月22日 通信途絶。
○1974年12月4日 高度3万4000kmでフライバイ。	○1979年9月1日 はじめて土星に到達。土星のE・F・G環を発見。		→		×1995年11月 通信途絶。
○1979年7月9日 木星フライバイ。大赤斑を観測。	○1981年8月25日 当初の目的である土星へ到達。予算追加で探査続行が決定。	○1986年1月24日 はじめて天王星に到達。新たな衛星を10個発見。	○1989年8月25日 はじめて海王星に到達。新たな衛星を6個発見。	→	→2018年11月5日 太陽系からの脱出を確認。
○1979年3月5日 フライバイ時に接近撮影。衛星イオの火山活動を発見。	○1980年11月12日 土星フライバイ。衛星タイタンなどを撮影。		→		→2012年8月25日 太陽系からの脱出を確認。2017年、スラスター再噴射。
○1995年12月7日 はじめて木星周回軌道に投入。木星や衛星ガリレオを観測。					
○2000年12月30日 木星フライバイ。	◎2004年6月30日 はじめて土星周回軌道に投入。新たな衛星を6個発見。▼タイタンへホイヘンス投下。				
○2007年2月28日 木星フライバイ。エウロパ、ガニメデなどを撮影。	→2008年6月8日 土星軌道を通過。	→2011年3月18日 天王星軌道を通過。	→2014年8月25日 海王星軌道を通過。	○2015年7月14日 はじめて冥王星に接近。冥王星と衛星カロンを撮影。	○2019年1月1日 はじめて小惑星「ウルティマ・トゥーレ」を近接撮影。

CONTENTS

アルゼンチンとチリの国境にまたがるアンデス山脈の上空を航行するスペースシャトル・アトランティス号（STS-132）。ISSクルーにより2010年5月16日撮影。

MERCURY
GEMINI
APOLLO
PROGRAM

宇宙に到達したマーキュリー計画
可能性を高めたジェミニ計画
月面に降り立ったアポロ計画

宇宙と月に到達した3つの宇宙計画

人類がはじめて月面に降り立つまでに、NASAによって3つの宇宙計画が実行されました。
最初のマーキュリー計画では、アメリカ人が旧ソ連に続いてはじめて宇宙に到達し、
ジェミニ計画では宇宙船のランデブー飛行やドッキング、宇宙遊泳などで自由度を高め、
そしてアポロ計画では、ついに人類による月面探査を実現しました。
この章ではマーキュリーの初号機打ち上げから月面到達まで、
たった10年で成し遂げられた3つの宇宙計画の驚異的な推移過程をご紹介します。

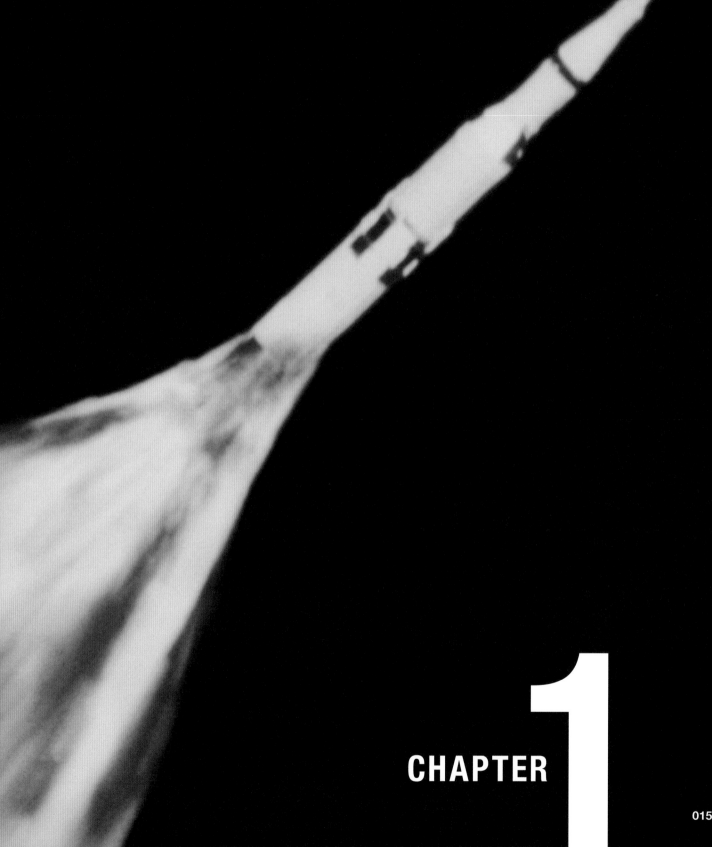

CHAPTER 1

ROCKET

黎明期のレッドストーンから
史上最大のサターンVへ

宇宙探査で最も重要なのは圧倒的なパワーを持つロケットです。右写真は左から、マーキュリー計画で乗員1名を宇宙へ送り込んだ『レッドストーン』と『アトラスLV-3B』。ジェミニ計画で乗員2名を地球周回軌道に上げた『タイタンII GLV』。乗員3名のアポロ宇宙船を地球周回軌道に上げたテスト用の2段式『サターンIB』と、アポロ宇宙船を月へ送り込んだ3段式『サターンV』です。

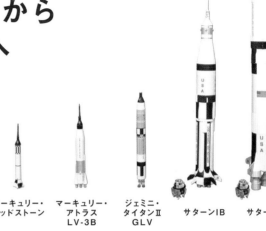

マーキュリー・レッドストーン　マーキュリー・アトラス LV-3B　ジェミニ・タイタンII GLV　サターンIB　サターンV

マーキュリー、ジェミニ、アポロで使用された主なロケットの諸元

計画	ロケット名	ロケット仕様		第1段	第2段	第3段	ブースター
		段数	全高	ステージ名			
		用途	直径	エンジンメーカー			
		メーカー	重量	エンジン			
				燃料			
				推力			
				燃焼時間			
マーキュリー計画	マーキュリー・レッドストーン	1段	25.41m	—			
				ロケットダイン			
		有人宇宙船の弾道飛行	1.78m	A-7×1基			
				エタノール／液体酸素			
		コンベア	30,000kg	350kN			
				143.5秒			
	マーキュリー・アトラスLV-3B	1段＋ブースター	28.7m	—			—
				ロケットダイン			ロケットダイン
		有人宇宙船の地球周回軌道	3m	XLR-105-5×1基			XLR-89-5×2基
				ケロシン／液体酸素			ケロシン／液体酸素
		コンベア	120,000kg	363.22kN			1517.4kN
				300秒			135秒
ジェミニ計画	ジェミニ・タイタンII GLV	2段	31.4m	—	—		
				エアロジェット	エアロジェット		
		有人宇宙船の地球周回軌道	3.05m	LR-87×2基	LR-91×1基		
				エアロジン50／四酸化二窒素	エアロジン50／四酸化二窒素		
		マーティン	154,000kg	1900kN	445kN		
				156秒	180秒		
アポロ計画	サターンI	2段	55m	S-I	S-IV		
				ロケットダイン	P&W		
		有人宇宙船の地球周回軌道	6.52m	H-1×8基	RL-10×6基		
				ケロシン／液体酸素	液体水素／液体酸素		
		クライスラー	509,660kg	679.5トン (6.7MN)	40.77トン (400kN)		
				150秒	482秒		
	サターンIB	2段	68m	S-IB	S-IVB		
				ロケットダイン	ロケットダイン		
		有人宇宙船の地球周回軌道	6.6m	H-1×8基	J-2×1基		
				ケロシン／液体酸素	液体水素／液体酸素		
		第1段／クライスラー第2段／ダグラス	589,770kg	最大928.65トン (9.1MN)	90.6トン (890kN)		
				150秒	475秒		
	サターンV	3段	110.6m	S-IC	S-II	S-IVB	
				ロケットダイン	ロケットダイン	ロケットダイン	
		有人宇宙船の月周回軌道	10.1m	F-1×5基	J-2×5基	J-2×1基	
				ケロシン／液体酸素	液体水素／液体酸素	液体水素／液体酸素	
		第1段／ボーイング第2段／ノース・アメリカン第3段／ダグラス	3,038,500kg	3,465トン (34.02MN)	453トン (5MN)	102トン (1MN)	
				150秒	360秒	1回目165秒、2回目335秒	

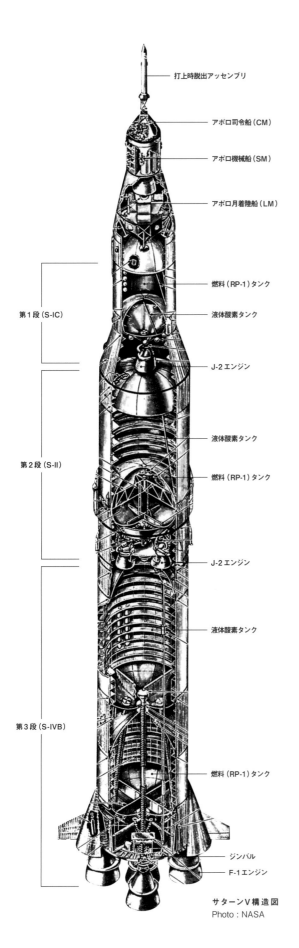

打上時脱出アッセンブリ

アポロ司令船（CM）

アポロ機械船（SM）

アポロ月着陸船（LM）

燃料（RP-1）タンク

液体酸素タンク

第1段（S-IC）

J-2 エンジン

液体酸素タンク

第2段（S-II）

燃料（RP-1）タンク

J-2 エンジン

液体酸素タンク

第3段（S-IVB）

燃料（RP-1）タンク

ジンバル

F-1 エンジン

サターンV構造図
Photo：NASA

Photo：NASA

アポロ計画のために開発されたサターンVロケットには、超大型エンジン『F-1』が5基搭載された。手前はその開発者であるヴェルナー・フォン・ブラウン。

Photo：NASA

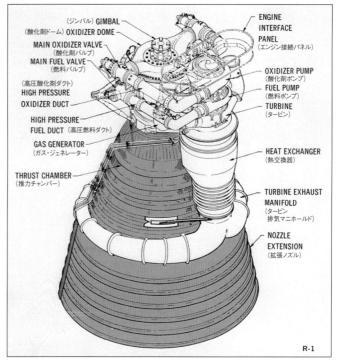

（ジンバル）GIMBAL
（酸化剤ドーム）OXIDIZER DOME
MAIN OXIDIZER VALVE（酸化剤バルブ）
MAIN FUEL VALVE（燃料バルブ）
（高圧酸化剤ダクト）HIGH PRESSURE OXIDIZER DUCT
HIGH PRESSURE FUEL DUCT（高圧燃料ダクト）
GAS GENERATOR（ガス・ジェネレーター）
THRUST CHAMBER（推力チャンバー）

ENGINE INTERFACE PANEL（エンジン接続パネル）
OXIDIZER PUMP（酸化剤ポンプ）
FUEL PUMP（燃料ポンプ）
TURBINE（タービン）
HEAT EXCHANGER（熱交換器）
TURBINE EXHAUST MANIFOLD（タービン排気マニホールド）
NOZZLE EXTENSION（拡張ノズル）

R-1

F-1エンジン

SPACE CRAFT

1人乗りのマーキュリー、2人乗りのジェミニ、3人乗りのアポロ宇宙船

下のイラストは、マーキュリー、ジェミニ、アポロで使用された宇宙船のサイズ比を表しています。搭乗員が1名だったマーキュリー宇宙船の造りは比較的シンプルでした。しかし、ドッキング試験などを目的にしたジェミニ宇宙船では搭乗員が2名になり、質量が2.3倍（3.8トン）以上に。さらに月面着陸を目的としたアポロ宇宙船では搭乗員が3名に増えて月着陸船も加わり、その質量は45トンを超えています。

マーキュリー宇宙船『リバティー・ベル7』に搭乗するガス・グリソム。船内はとても狭く、宇宙服を着て乗り込むには時間を要した。

2人乗りのジェミニ宇宙船『6A号』にウォーリー・シラーとトーマス・スタッフォードが搭乗した様子。この狭い船内で最長13日以上を過ごした。

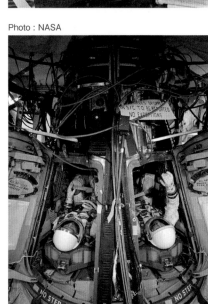

MERQURY

GEMINI

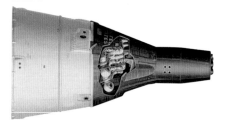

APOLLO

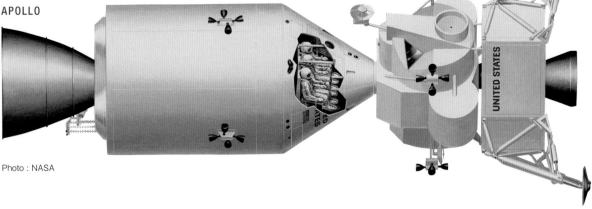

MERCURY PROGRAM

アメリカ人をはじめて宇宙へ送った1人乗りの宇宙船

マ ーキュリー宇宙船の目的は、搭乗員を宇宙へ送って帰還させること。その造りは非常にシンプルであり、搭乗員にできることは船体姿勢の調整や、大気圏再突入時の逆噴射の操作程度で、軌道変更はできませんでした。手動で大気圏に入ったのは『マーキュリー・アトラス9』のゴードン・クーパーだけであり、それ以外はすべて地上局、またはオートで操作されました。

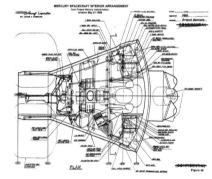

Photo : NASA

長さ3.3m、最大直径1.89m、最大重量1.4トン。船体の外殻素材には耐熱性の高いレネ41というニッケル合金を使用。

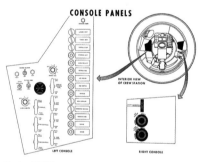

Photo : NASA

丸図は宇宙船を上から見た図で、メインパネルが上部。座席の左右にそれぞれコンソールが配置される。

THREE AXIS HAND CONTROL

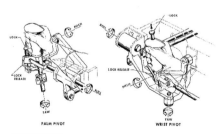

Photo : NASA

船体を制御する3軸操縦桿。前後に動かしてピッチ、左右でロール、グリップを回してヨー軸を制御。

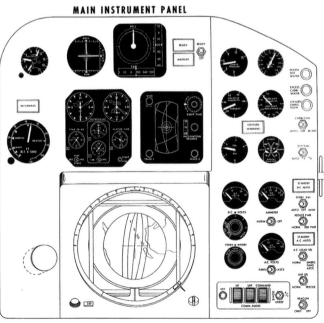

Photo : NASA

メインパネル。船内にはスイッチ55個、機械式レバー35個が配列される。

GEMINI PROGRAM

ドッキングを可能にした
2人乗りの宇宙船

ジェミニ計画では僚機とのランデブー飛行やドッキングなど、マーキュリー計画よりも自由度の高い宇宙航行を目指しました。それを実現するためにジェミニ宇宙船では軌道を変更する装置が必要となり、構造が複雑化し、搭乗員が2名に増えています。飛行時間も最長14日間と長くなったため、生命維持装置の拡張も必要となりました。その結果、マーキュリー宇宙船では1.4トンだった質量が3.8トンまで重くなっています。船外活動をする際には搭乗員は宇宙服を着用し、ハッチが開くと船内の空気がすべて放出されました。

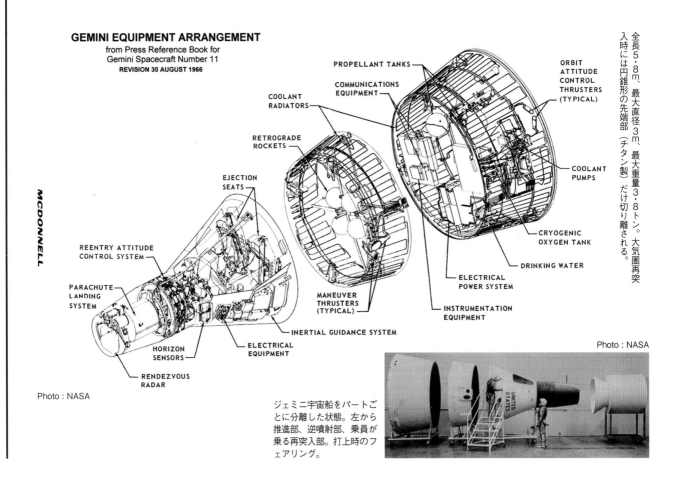

GEMINI EQUIPMENT ARRANGEMENT
from Press Reference Book for
Gemini Spacecraft Number 11
REVISION 30 AUGUST 1966

MCDONNELL

PROPELLANT TANKS

COMMUNICATIONS
EQUIPMENT

COOLANT
RADIATORS

RETROGRADE
ROCKETS

EJECTION
SEATS

REENTRY ATTITUDE
CONTROL SYSTEM

PARACHUTE
LANDING
SYSTEM

HORIZON
SENSORS

RENDEZVOUS
RADAR

ELECTRICAL
EQUIPMENT

MANEUVER
THRUSTERS
(TYPICAL)

INERTIAL GUIDANCE SYSTEM

ORBIT
ATTITUDE
CONTROL
THRUSTERS
(TYPICAL)

COOLANT
PUMPS

CRYOGENIC
OXYGEN TANK

DRINKING WATER

ELECTRICAL
POWER SYSTEM

INSTRUMENTATION
EQUIPMENT

全長5・8m、最大直径3m、最大重量3.8トン。大気圏再突入時には円錐形の先端部（チタン製）だけ切り離される。

Photo : NASA

Photo : NASA

ジェミニ宇宙船をパートごとに分離した状態。左から推進部、逆噴射部、乗員が乗る再突入部。打上時のフェアリング。

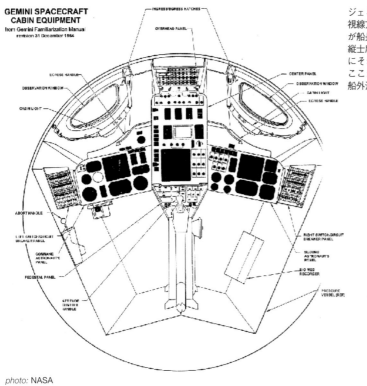

GEMINI SPACECRAFT
CABIN EQUIPMENT
from Gemini Familiarization Manual
revision 31 December 1964

photo: NASA

ジェミニ宇宙船を搭乗員の
視線方向から見た図。左側
が船長席であり、右側が操
縦士席。各乗員の上方前方
にそれぞれハッチがあり、
ここから搭乗、緊急脱出、
船外活動を行った。

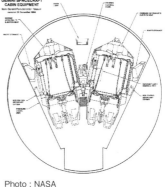

Photo : NASA

船内後方を見た図。2つのシートの間に
はドッキング・コントロール・パネルが
あり、これで船体姿勢などを制御。

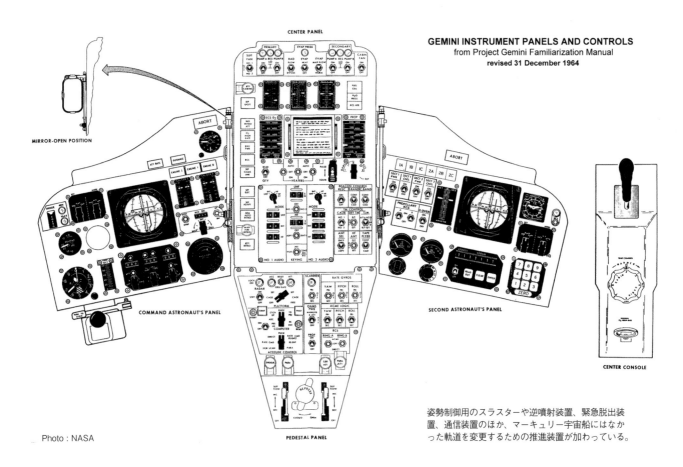

GEMINI INSTRUMENT PANELS AND CONTROLS
from Project Gemini Familiarization Manual
revised 31 December 1964

Photo : NASA

姿勢制御用のスラスターや逆噴射装置、緊急脱出装
置、通信装置のほか、マーキュリー宇宙船にはなか
った軌道を変更するための推進装置が加わっている。

APOLLO PROGRAM

有人月面探査を実現した 3人乗りの大型宇宙船

ヒトが月へ行き、月面に着陸し、再び地球に帰還するという複雑なミッションを実現するために開発されたのがアポロ宇宙船です。アポロ宇宙船は主に、搭乗員3名が乗る司令船（CM：コマンド・モジュール）、エンジンや燃料や電池を搭載した機械船（SM：サービス・モジュール）、定員2名の月着陸船（LM：ルナー・

モジュール）で構成されています。打ち上げ時は右下図のようにサターンVロケットの先端に納まっていますが、月へ向かう際には月着陸船をサターンVの第三段から抜き出して、18ページのような状態で航行します。大気圏再突入の直前に司令船は機械船を切り離し、司令船だけが地球に帰還します。

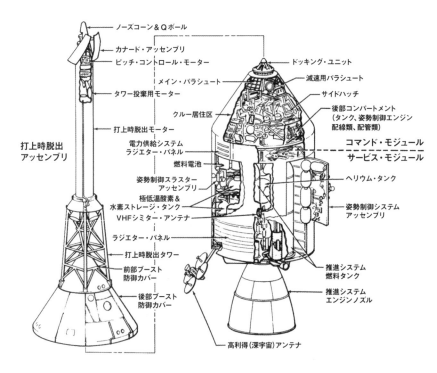

Photo : NASA

右は司令船と機械船が一体化した状態で、コマンド・サービス・モジュール（CSM）とも呼ぶ。左は打上時に搭載される脱出アッセンブリ。

APOLLO SPACECRAFT/LM ADAPTER

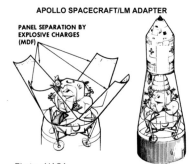

Photo : NASA

サターンVの先端に司令船と機械船を搭載。その下のフェアリングに月着陸船が収まる。

APOLLO CSM & LM COMPARISON

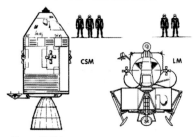

Photo : NASA

司令船の定員は3名。月周回軌道に入ると内2名が月着陸船に乗り移って月面へ降下。

APOLLO COMMAND MODULE INTERIOR

LEFT SIDE

- CABIN HEAT EXCHANGER SHUTTER (ECS)
- PRESSURE SUIT CONNECTORS (3) (ECS)
- CABIN PRESSURE RELIEF VALVE CONTROLS (ECS)
- OXYGEN SURGE TANK (ECS)
- WATER / GLYCOL CONTROL VALVES (ECS)
- ECS PACKAGE
- OXYGEN CONT PANEL
- CABIN TEMP CONTROL PANEL (ECS)
- POTABLE WATER SUPPLY PANEL (ECS)
- GMT CLOCK & EVENT TIMERS
- CONTROL PANEL (G&C)
- RATE & ATTITUDE GYRO ASSEMBLY (SCS)
- POWER SERVO ASSEMBLY (G&C)
- COMMAND MODULE COMPUTER (G&C)
- SCS MODULES
- CO2 ABSORBER CARTRIDGE STOWAGE (ECS)

RIGHT SIDE

- DATA STORAGE EQUIP.
- G & C OPTICS
- CONTROL PANEL (G & C)
- SCS MODULES
- CO2 ABSORBER CARTRIDGE STOWAGE (ECS)
- VACUUM CLEANER STOWAGE
- WASTE MGMT CONTROL PANEL
- MASTER EVENT SEQUENCE CONTROLLERS & SCIENTIFIC EQUIPMENT (BEHIND PANELS)

Photo : NASA

司令船の左右カット図。搭乗員は上方を向き、背中を下にした状態で座って打ち上げに臨む。頂部のドッキング・ポートを経て月着陸船へ移乗する。

APOLLO COMMAND MODULE MAIN CONTROL PANEL

Photo : NASA

アポロ司令船のメイン・コントロールパネル。左パネルはフライト管理、中央の上方は警告システム、右パネルは機械船の推進システムコントロール、中央下は姿勢制御システムと送信機器。

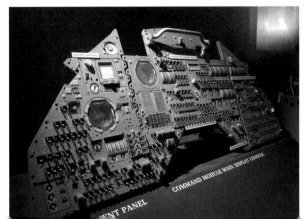

アメリカのスミソニアン博物館の本館には、アポロ司令船のメイン・コントロールパネルが展示されている。

Photo : Smisonian/Y.Suzuki

人類を月面に送り届けた
ルナー・モジュール

アポロ宇宙船が月の周回軌道に乗ると、クルー2名が乗り込んだ月着陸船は司令・機械船（CSM）から切り離され、クルー1名が残ったCSMは月周回軌道を周り続けます。切り離された月着陸船は、ロケット噴射で減速しながら降下し、月面に着陸します。月着陸船は上昇ステージと降下ステージからなり（p.67）、クルーが月周回軌道に戻る際には、上昇ステージのロケットを噴射して上昇し、降下ステージはそのまま月面に投棄。上昇ステージが軌道上でCSMとドッキングしてクルー2名が戻ると、その上昇ステージもCSMから分離されて投棄されます。

アポロ14号のルナー・モジュール。ゴールドの部分が降下モジュールで10.1トン。上昇モジュールは4.5トン。全高6.37m、直径4.27m。

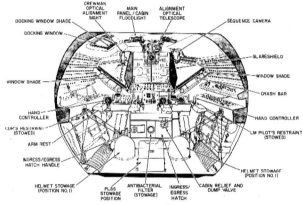

月着陸船の上昇ステージの内部イラスト。フロントと両サイドに下図のような操作パネルが広がる。

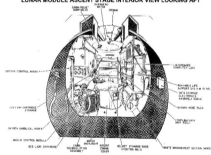

船内背後の図。頂部にハッチ、床中央に上昇エンジンカバー、その左手にリアクターが配置されている。

LUNAR MODULE CONTROLS AND DISPLAYS

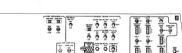
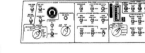

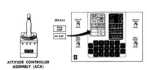

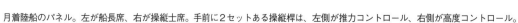

月着陸船のパネル。左が船長席、右が操縦士席。手前に2セットある操縦桿は、左側が推力コントロール、右側が高度コントロール。

LUNAR ROVING VEHICLE

15～17号で使用された月面ヴィークル

アポロ15号以降では、『ルナー・ローヴィング・ビークル』(LRV) という月面車も使用されました。これによって探査エリアが格段に広がり、アポロ17号では総走行距離が36kmにも及んでいます。4つの車輪のハブにそれぞれモーターを内蔵し、太陽電池と銀亜鉛電池によって1馬力の出力を持つこの2人乗りの月面車は、ポルシェが設計し、ボーイングが製造しました。

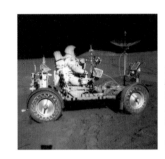

月面車は全長3m、横幅1.8m、重量200kg。最高速度はアポロ16号の探査時に、時速17.1kmを記録している。
Photo : NASA

Photo : NASA

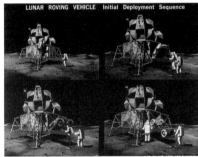

LUNAR ROVING VEHICLE Initial Deployment Sequence

Fig. 20 Initial Steps in LRV Deployment Sequence by Astronauts on the Moon.

月着陸船の降下ステージの側面に搭載された折り畳み式の月面車。クルーがワイヤーを操作して月面へ降ろす。

Photo : NASA

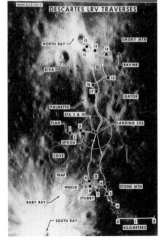

アポロ16号における月面車の軌跡。地図の右下にある尺が2km。3日間の月面滞在で20時間以上の船外活動を行い、月面車で26.7kmを走行。

月面車の操作パネル。左上がコンパス。その右は速度計など。中央はバッテリー残量計と温度計。その左は主電源。下は4輪の各モーターの電源。パネル左端のメーターは高度計。

LANDING SITE

望遠鏡でも確認できる
アポロの月面着陸サイト

月 は地球の周りを一周する間に（公転）、みずから
も一回転するので（自転）、ずっと同じ片側を地
球に向け続けています。つまり、地球からは月の裏側は
見ることができません。その月の裏側をはじめて肉眼で
見たのはアポロ8号の搭乗員でした。アポロ計画では
11号と12号、14号から17号の計6機の12人が月面

に着陸しましたが、その着陸ポイントはすべて月の表側、
地球から見える場所でした。なぜなら表側なら着陸地点
を事前に観測しやすく、地球と常に交信ができるからで
す。もし裏側に着陸したら、軌道上を周回し続ける司令
船が月の表側にいる間、月着陸船からの電波を受け取る
手段がありませんでした。

Photo : NASA

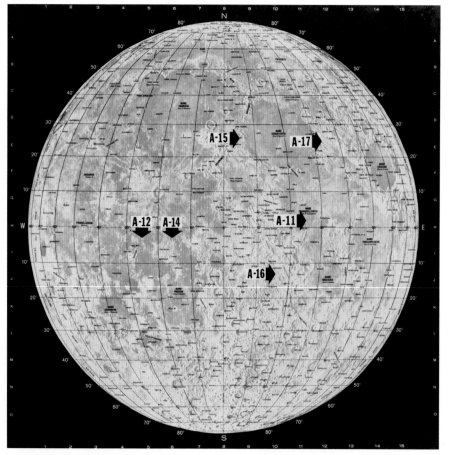

月は常に同じ面を地球に向けている。そしてアポロ計画における着陸地点は、すべて地球から見えるエリアに限
られている。地球から言えるということは、つまり常時地球と通信できるからだ。

Photo : NASA

アポロ12号は、それ以前に月面に着
陸した『サーベイヤー3号』のすぐ近
くに着陸。船長のピートはそこまでロー
バーで移動し、サーベイヤー3号の
カメラなどを回収。写真後方に見える
のがアポロ12号の月着陸船。

Photo : NASA

11号の着陸予定地点の地図。降下す
る際に高度感・距離感がわかるよう、
ワシントンD.C.の地図が重ねられて
いる。訓練に使用された。

MISSION LIST

3つの計画で飛んだすべての宇宙飛行士たち

こ こに紹介するのは、マーキュリー計画、ジェミニ計画、アポロ計画の全ミッションのリストです。各ミッションでは、まずは無人で宇宙船を飛ばし、新しいロケットや宇宙船の性能を確認したうえで有人飛行に移行します。マーキュリー計画では、最初はアカゲザルを搭乗させました。もっとも初期のマーキュリー計画で は、次々と新型のロケットに進化していきますが、ジェミニ計画では1モデルだけを使用し続けています。また、アポロ計画では、主に地球周回軌道上でのテスト飛行で使用されたサターンIBと、月周回軌道へ投入するためのサターンVの2モデルが使用されました。この3計画のうちで殉職したのは、アポロ1号の3名のみです。

マーキュリー計画

ミッション	ロケット	搭乗員	打上日時	飛行時間	高度	内容
リトルジョー1号 (LJ-1)	リトルジョー	無人	1959年8月21日	20秒	6.4km	バッテリーなどの故障が原因で、打ち上げ30分前に脱出用ロケットが点火。宇宙船と脱出ロケットだけが発射される。
ビッグジョー1号 (BJ-1)	ビッグジョー	無人	1959年9月9日	13分	152km	アトラスと宇宙船の接続部分のテストと、耐熱保護板の耐久試験。高度152kmに到達し、耐熱保護板の耐久性を確認。
リトルジョー6号 (LJ-6)	リトルジョー	無人	1959年10月4日	5分10秒	60km	宇宙船の空力特性試験。最大速度が時速4,947km、最大Gは5.9Gに達し、テストの目的を果たした。飛行距離は127km。
リトルジョー1A号 (LJ-1A)	リトルジョー	無人	1959年11月4日	8分11秒	14km	打上後の最大動圧点「マックスQ」における脱出ロケットの機能試験。マーキュリー宇宙船の実物大模型が使用された。
リトルジョー2号 (LJ-2)	リトルジョー	サム (アカゲザル)	1959年12月4日	11分6秒	85km	アカゲザル「サム」を搭乗させて行われた脱出ロケットの試験。高度85kmに達して、無事帰還、回収された。
リトルジョー1B号 (LJ-1B)	リトルジョー	サム (アカゲザル)	1960年1月21日	8分35秒	15km	サムを搭乗させての2回目の飛行テスト。高度15km、距離19kmの弾道飛行に成功、サムも無事帰還。
マーキュリー・アトラス1号 (MA-1)	アトラス LV-3B	無人	1960年7月29日	3分18秒	13km	実物のマーキュリー宇宙船による初の打ち上げテスト。弾道飛行と大気圏再突入を予定していたが、打ち上げ後58秒で爆発。
リトル・ジョー5号 (LJ-5)	リトルジョー	無人	1960年11月8日	2分22秒	16km	実物のマーキュリー宇宙船を使用して、マックスQで脱出用ロケットに点火するテスト。早く点火し、分離にも失敗。
マーキュリー・レッドストーン1号 (MR-1)	レッドストーン	無人	1960年11月21日	2秒	4インチ	レッドストーンによる初の打ち上げテスト。点火2秒後にエンジンが停止。ロケットは4インチ上昇し、発射台に戻ったが爆発せず。
マーキュリー・レッドストーン1A号 (MR-1A)	レッドストーン	無人	1960年12月19日	15分45秒	210km	主には宇宙船マーキュリーの耐久・機能テスト。高度210kmまで上昇して弾道飛行し、試験の目的をほぼすべて達成した。
マーキュリー・レッドストーン2号 (MR-2)	レッドストーン	ハム (チンパンジー)	1961年1月31日	16分39秒	253km	ロケット制御テストを主とした弾道飛行試験。緩い軌道に乗せる予定が出力がオーバー。ハムは14.7Gに耐えて無事帰還。
マーキュリー・アトラス2号 (MA-2)	アトラス LV-3B	無人	1961年2月21日	17分56秒	183km	アトラスロケットの性能テストと、マーキュリー宇宙船の大気圏再突入テスト。マックスQをクリアし、弾道飛行テストは成功。
リトル・ジョー5A号 (LJ-1)	リトルジョー	無人	1961年3月18日	23分48秒	12km	実機の宇宙船による2度目の脱出ロケットテスト。ロケットが予定より14秒早く点火、宇宙船をロケットから切り離せず失敗。
マーキュリー・アトラス3号 (MA-3)	アトラス LV-3B	無人	1961年4月25日	7分19秒	7km	ロボットの飛行士を乗せて行われたアトラスの軌道飛行テスト。ピッチとロールの姿勢制御ができず、遠隔で爆破された。
リトル・ジョー5B号 (LJ-5B)	リトル・ジョー	無人	1961年4月28日	5分25秒	5km	マーキュリー宇宙船用の緊急脱出用ロケットの無人発射試験。成功したため、これでリトルジョーによるテストはすべて終了。
フリーダム7 マーキュリー・レッドストーン3号 (MR-3)	レッドストーン MRLV	アラン・ シェパード	1961年5月5日 9:34 am EST	15分28秒	186.4km	米国初の有人宇宙飛行。約15分間の弾道飛行。打ち上げや大気圏再突入時のGが人体に与える影響などを検証した。弾道飛行には必要のない逆噴射の作動確認も実施した。

※乗組員は上から、船長、飛行士
※出典／NASA

ミッション	ロケット	搭乗員	打上日時	飛行時間	高度	内容
リバティ・ベル7 マーキュリー・レッドストーン4号 (MR-4)	レッドストーン MRLV	ガス・グリソム	1961年7月21日 7:20 a.m. EST	15分37秒	190km	有人弾道飛行試験。飛行自体は成功したが、大西洋に着水後、ハッチが自然と吹っ飛び、宇宙船モジュールは水没。ガス・グリソムはヘリで救出された。映画『ライトスタッフ』に詳しい。
マーキュリー・アトラス4号 (MA-4)	アトラス LV-3B	無人	1961年9月13日	1時間 49分20秒	近149km 遠240km	無人ではあるが、はじめて地球周回軌道に乗せることに成功。軌道を1周した。ダミー人形を搭乗させ船内環境データを取得。
マーキュリー・スカウト1号 (MS-1)	ブルースカウト II型 D-8	無人	1961年11月1日	43秒	—	マーキュリー宇宙船を追跡する地上基地のテストのために、ブルースカウトII型にて打ち上げられたが軌道投入に失敗。
マーキュリー・アトラス5号 (MA-5)	アトラス LV-3B	エノス (チンパンジー)	1961年11月29日	3時間 20分59秒	近158km 遠237km	エノスを搭乗させて環境制御装置をテスト。エンジンが燃料を予定以上に使用したが、地球周回軌道を2周して無事帰還。
フレンドシップ7 マーキュリー・アトラス6号 (MR-6)	アトラス LV-3B	ジョン・グレン	1962年2月20日 9:47 am EST	4時間 55分23秒	261km	米国がはじめて地球周回軌道に人を乗せることに成功。軌道を7周する予定だったが、予定以上の酸素減少と、耐熱シールドの警告ランプ点灯のため、3周目で大気圏突入。無事帰還。
オーロラ7 マーキュリー・アトラス7号 (MR-7)	アトラス LV-3B	スコット・カーペンター	1962年5月24日 7:45 am EST	4時間 56分5秒	268km	地球周回軌道を3周することに成功。軌道上で宇宙船の姿勢変更を何度も行い、燃料を予定より多く消費したため大気圏への侵入角度が浅くなり、帰還が絶望視されたが無事着水した。
シグマ7 マーキュリー・アトラス8号 (MR-8)	アトラス LV-3B	ウォルター・シラー	1962年10月3日 7:15 am EST	9時間 13分11秒	283km	地球周回軌道を6周したミッション。主にはマーキュリー宇宙船の操作、姿勢制御などのテストを行った。このフライトでの検証の結果、続く9号の34時間のフライトが実現したと言える。
フェイス7 マーキュリー・アトラス9号 (MR-9)	アトラス LV-3B	ゴードン・クーパー	1963年5月15日 8:04 am EST	1日10時間 19分49秒	267km	最後のマーキュリーミッション。地球周回軌道を22周した。重量計や高度計の故障、二酸化炭素濃度上昇など、軌道上ではさまざまなトラブルが続出したが、無事帰還した。

※時間はすべてEST／アメリカ東部標準時

ジェミニ計画

ミッション	ロケット	搭乗員	打上日時	飛行期間	高度	周回数	内容
ジェミニ1号 GT-1	タイタンII GLV	無人	1964年4月8日	3日23時間	遠321km 近161km	64	無人でのジェミニ宇宙船のファーストフライト。打ち上げロケットはタイタンII GLV。地球周回軌道を64周した。
ジェミニ2号 GT-2	タイタンII GLV	無人	1965年1月19日	18分16秒	171km	0	無人による弾道飛行テスト。熱遮蔽板の耐久性、逆噴射ロケットなどのテストを行った。
ジェミニ3号 GT-3	タイタンII GLV	ガス・グリソム ジョン・ヤング	1965年3月23日 14:24	4時間 52分31秒	遠224km 近161km	3	ジェミニ初の有人飛行。地球の低軌道を3周した。姿勢制御システムのテストを行う。
ジェミニ4号 GT-4	タイタンII GLV	ジェームズ・マクディヴィット エドワード・ホワイト	1965年6月3日 15:15	4日1時間 56分12秒	遠282km 近162km	62	エドワード・ホワイトが22分間におよぶ宇宙遊泳を行う。これがアメリカにおいて初めての船外活動となる。
ジェミニ5号 GT-5	タイタンII GLV	ゴードン・クーパー ピート・コンラッド	1965年8月21日 13:59	7日22時間 55分14秒	遠350km 近162km	120	燃料電池を電源として使用し、米国宇宙船としては過去最高の8日間の宇宙滞在を成し遂げた。
ジェミニ7号 GT-7	タイタンII GLV	フランク・ボーマン ジム・ラヴェル	1965年12月4日 19:30	13日18時間 35分01秒	遠328km 近161km	206	軌道上に2週間以上滞在することが目的で、それを達成した。後続の6A号とのランデブーフライトを実現した。
ジェミニ6A号 GT-6A	タイタンII GLV	ウォルター・シラー トーマス・スタッフォード	1965年12月15日 15:28	1日1時間 51分24秒	遠259km 近161km	16	ジェミニ7号とのランデブー飛行を実現。最大30cmまで近づき、距離を保ったまま5時間にわたり編隊飛行を行った。
ジェミニ8号 GT-8	タイタンII GLV	ニール・アームストロング デイヴィッド・スコット	1966年3月16日 16:41	10時間 41分26秒	遠270km 近261km	6	無人のアジェナ衛星と軌道上でドッキング。その際、ジェミニの姿勢制御用ロケットが故障し噴射したため緊急で帰還。
ジェミニ9A号 GT-9A	タイタンII GLV	トーマス・スタッフォード ユージン・サーナン	1966年6月3日 13:39	3日 20分50秒	遠267km 近259km	47	無人機ATDAとドッキングする予定だったが、そのフェアリングが開かずキャンセル。ランデブー飛行、船外活動が行われた。
ジェミニ10号 GT-10	タイタンII GLV	ジョン・ヤング マイケル・コリンズ	1966年7月18日 22:20	2日22時間 46分39秒	遠269km 近160km	43	衛星アジェナとドッキングし、その推進ロケットを点火。軌道を変更することに成功。船外活動でアジェナから機器を回収。
ジェミニ11号 GT-11	タイタンII GLV	ピート・コンラッド リチャード・ゴードン	1966年9月12日	2日23時間 17分09秒	遠279km 近161km	44	軌道1周目でアジェナとドッキング。そのロケットを点火して遠地点1,369kmに到達。ゴードンが33分間の船外活動を行った。
ジェミニ12号 GT-12	タイタンII GLV	ジム・ラヴェル バズ・オルドリン	1966年11月11日 20:46	3日22時間 34分31秒	遠271km 近161km	59	アジェナとの手動によるランデブーフライトとドッキングに成功。船外活動の間もその状態を保ち続けた。船外活動は5時間30分。

※乗組員は上から、船長、飛行士　　※出典／NASA
※時間はすべてUTC／協定世界時

アポロ計画

LEM（Lunar Excursion Module）／月着陸船
CSM（Command&Service Module）／司令・機械船

ミッション	ロケット	乗組員	打上日時	飛行時間	高度	飛行概要	内容
アポロ1A号 （AS-201）	サターンIB	無人	1966年2月26日 11:12:01 am EST	36分59秒	488km	弾道飛行	司令・機械船をサターンIBロケットで高度488kmまで上昇させ、弾道飛行ののち、大気圏に再突入させた。ロケットの推力や誘導制御、宇宙船の分離、熱シールドの信頼性を実証した。
アポロ2号 （AS-203）	サターンIB	無人	1966年7月5日 10:53:17 am EDT	-	185km	地球周回軌道	地球周回軌道上を4周する間にサターンIBをテスト。ロケットエンジンの冷却システムや誘導のほか、推進剤のタンク内の流体や熱伝導のデータを得た。司令・機械船は搭載しなかった。
アポロ3号 （AS-202）	サターンIB	無人	1966年8月25日 1:15:32 pm EDT	93分	1,143km	地球周回軌道	CSM（司令・機械船）をサターンIBで打ち上げ、CSMを分離、地球周回軌道へ投入した。さらに宇宙船のロケットを点火して高度1,143kmまで上昇させたあと、大気圏に再突入させた。
アポロ1号 （AS-204）	サターンIB	ガス・グリソム エドワード・ホワイト ロジャー・チャフィー	打上中止 事故発生日 1967年1月27日	─	─	─	発射台上のアポロの司令船内で火災が発生し、搭乗していた3名の飛行士が死亡するという事故が発生。その後、スパークの発生源、高すぎる酸素濃度、ハッチの開閉が改善された。
アポロ4号	サターンV	無人	1967年11月9日 7:00:01 am EST	9時間37分	18,079 km	地球周回軌道	はじめてのサターンVの発射テスト。月着陸船以外はフル装備して地球周回軌道上へ投入。宇宙船は分離し、月の軌道に向かってエンジン点火し、高度1万8,079kmまで上昇した。
アポロ5号	サターンIB	無人	1968年1月22日 05:48:08 pm EST	7時間50分	遠222 km 近163 km	地球周回軌道	月着陸船LEMの地球周回軌道上でのはじめてのテスト。サターンIBを使用。IBから分離後、LEMの推進システムを作動させ、上昇下降のテストを行った。
アポロ6号	サターンV	無人	1968年4月4日 7:00:01 am EST	9時間57分	22,209 km	地球周回軌道	サターンVの地球周回軌道上における無人テスト。第2段ロケットの早期遮断が発生。その再始動に失敗し、さらに第3段ロケットを噴射しすぎた結果、予定よりも高い軌道へ投入された。
アポロ7号	サターンIB	ウォルター・シラー ドン・アイセル ウォルター・カニンガム	1968年10月11日 11:02:45 a.m. EST	10日20時間9分3秒	228km	地球周回軌道	アポロ計画における初の有人飛行。低軌道を11日間にわたって周回した。CSMとLEM（このときは非搭載）のドッキングのシミュレーションも実地。飛行士3人は搭乗中に風邪を引いた。
アポロ8号	サターンV	フランク・ボーマン ジム・ラヴェル ウィリアム・アンダース	1968年12月21日 7:51 a.m. EST	6日3時間42秒	─	月周回飛行	人類がはじめて地球の周回軌道を離れ、月の周回軌道に入った記念すべきフライト。月周回軌道上にいた20時間の間に、月の裏側を観測し、後続ミッションの着陸地観測などを行った。
アポロ9号	サターンV	ジェームズ・マクディヴィッド デヴィッド・スコット ラッセル・スワイカート	1969年3月3日 11:00 am EST	10日1時間54秒	191km	月周回軌道	地球周回軌道上に10日間滞在。主にLEMのロケットエンジン、ジンバルチェック、ドッキング操作など、月面着陸に必要なプログラムをすべてチェックする。
アポロ10号	サターンV	トーマス・スタッフォード ジョン・ヤング ユージーン・サーナン	1969年5月18日 12:49 pm EDT	8日23分23秒	─	月周回軌道	人類における2度目の月周回飛行。その軌道上で、11号のリハーサルとして、月着陸のためのすべてのプログラムを行う。月面から高度15.6kmまで接近。
アポロ11号	サターンV	ニール・アームストロング マイケル・コリンズ バズ・オルドリン	1969年7月16日 9:32 am EDT	8日3時間18分35秒	─	月周回軌道 月面着陸	7月20日（UTC）、人類がはじめて月面に着陸。着陸地点は「静かの海」。約21時間半にわたって滞在。撮影や船外調査を約2時間30分行う。21.6kgの岩石を採取して帰還。
アポロ12号	サターンV	ピート・コンラッド リチャード・ゴードン アラン・ビーン	1969年11月14日 11:22 am EDT	10日4時間36分25秒	─	月周回軌道 月面着陸	「嵐の大洋」に着陸。31時間にわたって月に滞在。1967年に月面着陸した探査機サーベイヤー3号からすぐ近くの地点に着陸したため、その一部を取り外し持ち帰った。
アポロ13号	サターンV	ジム・ラヴェル ジャック・スワイガート フレッド・ヘイズ	1970年4月11日 1:13 pm CST	5日22時間54分41秒	─	月周回軌道 月面着陸（中止）	酸素タンクをかく拌した際に機械船内で爆発が起こり、メインバスを閉鎖した時点で月面着陸を断念。月を周回して地球へ戻る自由軌道に乗り、6日後の4月17日に無事地球に帰還した。
アポロ14号	サターンV	アラン・シェパード スチュアート・ルーサ エドガー・ミッチェル	1971年1月31日 4:03 p.m. EDT	9日2分	─	月周回軌道 月面着陸	アポロ13号が着陸する予定だった「フラ・マウロ」へ着陸。33時間30分にわたって月に滞在した。船外活動を約18時間30分行う。42kg以上の石を採取して帰還。
アポロ15号	サターンV	デヴィッド・スコット アルフレッド・ウォーデン ジェームズ・アーウィン	1971年7月26日 9:34:00 a.m. EDT	12日17時間12分	─	月周回軌道 月面着陸	「ハドレー谷」へ着陸。67時間にわたり月面滞在。計18時間34分にわたって船外活動を行う。はじめて月面車を使用し、広範な地質調査を行い、77kgの岩石を採取して帰還。
アポロ16号	サターンV	ジョン・ヤング ケン・マッティングリー チャールズ・デューク	1972年4月16日 12:54:00 p.m. EST	11日1時間51分	─	月周回軌道 月面着陸	「デカルト高地」へ着陸。71時間にわたり月面に滞在。船外活動を20時間14分行う。月面車で約27kmを走行。95.7kgの岩石を採取して帰還。
アポロ17号	サターンV	ユージーン・サーナン ロナルド・エヴァンズ ハリソン・シュミット	1972年12月7日 12:33 a.m. EST	12日13時間52分	─	月周回軌道 月面着陸	夜間に打ち上げられた。着陸地は「タウルス・リットロウ」。約22時間の船外活動を行った。ローバー走行距離は35.7km。地質学者を搭乗させた唯一の飛行。110kgの岩石を採取して帰還。
アポロ18号 アポロ19号 アポロ20号	サターンV				予算削減のためキャンセル		

※乗組員は上から、船長、司令船操縦士、月着陸船操縦士　※出典／NASA
※EST／アメリカ東部標準時　EDT／アメリカ東部標準時（夏時間）　CST／アメリカ中部標準時

THE CHRONICLE of SPACE PROJECT for 120 YEARS

宇宙プロジェクト
120年間の記録

宇宙開発の先駆者たちが宇宙に夢を見て、そしてスプートニクが打ち上げられたことで
宇宙開拓の歴史が動き始めました。ガガーリンが有人宇宙飛行に成功し、
アポロがヒトを月面に送り込み、宇宙ステーションが建設され、探査機が火星を走り回り……。
ものすごいスピードで進められたこの120年間の宇宙開発によって、
かつてないほど人類は活動範囲を広げ、地球とヒト、そして宇宙の起源に迫りつつあります。
このダイジェストでは、人類のマイルストーンとなった宇宙における出来事を紹介します。

CHAPTER 2

物理学者／論文発表

Photo : Tsiolkovsky State Museum of the History of Cosmonautics

ツィオルコフスキーが考案したロケットの模型。卵型の本体の上部（写真）は居住区、下部が動力部とされる。左下イラストが概略図。

■ コンスタンチン・ツィオルコフスキー

Konstantin Eduardovich Tsiolkovsky

「ロケットで宇宙に行けることを論じた『宇宙旅行の父』」

Photo : RSC Energia

プロフィール

生誕／1857年9月17日（安政4年）
出生地／ロシア帝国リャザン州イジェフスク
所属／ソビエト社会主義共和国連邦
　　　科学アカデミー（1919年〜）
没年／1935年9月19日（昭和10年）

著作

論文『ツィオルコフスキーの公式』（1897年）
論文『反作用利用装置による宇宙探検』
（1903年）
小説『月世界到着!』（朋文堂、1960年）
著書『わが宇宙への空想 偉大なる予言』
（早川光雄訳、理論社、1961年）
著書『第二の地球』（岩崎書店、1962年）
エッセイ『月の上で』
エッセイ『地球と宇宙に関する幻想』

耳が不自由だったツィオルコフスキーは、自宅の実験室で孤高に研究を続けた。

Photo : NASA

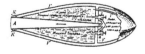

Tsiolkovsky Rocket Designs

ツィオルコフスキーは独学で数学や天文学を学び、ロケットで宇宙に行けることを証明。これは彼が考案したロケット。

1 890年代当時、夢物語だった宇宙旅行を現実のものとして捉え、その基礎理論を構築したのがロシア帝国に生まれた「宇宙旅行の父」、コンスタンチン・ツィオルコフスキーです。彼は自宅の地下室で圧縮ガスの噴射実験を行い、「ガスの速度が速く、ロケットへの点火時と燃焼後の質量比が大きいほど大きな速度が得られる」という論文『ツィオルコフスキーの公式』を1897年に記し、ロケットの基礎理論を築きます。人工衛星、宇宙船、多段式ロケット、宇宙エレベータなどを考案しますが、生前はその名を広く知られることはなく、晩年、コロリョフ（p.36）などにより評価されます。『スプートニク1号』は、彼の生誕100週年記念事業ともされています。

1926.3/16

発明家／液体ロケットの打上日

🇺🇸 ロバート・ゴダード

Robert Hutchings Goddard

「世界初の液体燃料ロケットを打ち上げた『ロケットの父』」

【プロフィール】

生誕／1882年10月5日（明治15年）
出生地／アメリカ合衆国
　　　　マサチューセッツ州ウースター
没年／1945年8月10日（昭和20年）

【経歴・所属】

ウースター工科大学卒
クラーク大学で博士号取得
プリンストン大学研究員（1912年）

【著作】

論文『高々度に達する方法』（1920年）

1926年の初実験の後、チャールズ・リンドバーグの支援を得て実験場をニューメキシコ州ロズウェルに移転。

Photo : NASA

Photo : NASA

1926年、マサチューセッツ州オーバーンで発射された液体酸素ガソリン・ロケットとゴダード。

Photo : NASA

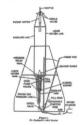

右写真のロケットと発射台の構造図。下部の容器に入ったガソリンを熱し、それがラインを通って上昇。上部先端の小型ロケットが射出する仕組み。

Photo : NASA

1932年4月19日にテストされたロケットには、ゴダードが開発した姿勢制御のためのジャイロスコープが搭載されていた。

　ツィオルコフスキーの理論を実践し、世界ではじめてロケットを実際に飛ばしたのがアメリカのロバート・ゴダードです。ゴダードは1914年にロケットの設計に取り組みはじめ、1926年3月16日には液体酸素ガソリン・ロケットによる初の打ち上げ実験を行いました。上がそのときの写真です。この実験でロケットは2.5秒で41フィート（12.5m）まで上昇し、184フィート（56.1m）離れたキャベツ畑に落ちました。その後、彼のロケットは大型化し、1935年には高度1,219m、1941年までには高度2,400mに達します。また、溶接技術やポンプ、断熱材なども改良され、姿勢制御用ジャイロが搭載されるまでに至りました。

1936.10/31

ジェット推進研究所／設立

🇺🇸 JPL（ジェット推進研究所）
Jet Propulsion Laboratory, JPL

「カリフォルニア工科大学内に誕生したJPL」

Photo : NASA/JPL-Caltech

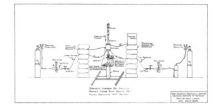

下写真のロケット噴射実験の構成図。グッゲンハイム航空研究所の所長、テオドール・フォン・カルマンの指導の下、実験は行われた。

組織DATA

設立／1936年10月31日
所管／アメリカ航空宇宙局（NASA）
所在地／アメリカ合衆国
　　　　カリフォルニア州パサデナ

組織履歴

・1936年、カリフォルニア工科大学内
　グッゲンハイム航空研究所（GALCIT）設立。
・1943年、11月より『JPL』の名称に変更。
・1958年、NASA設立と同時にその専属組織。

Photo : NASA/JPL-Caltech

Photo : NASA/JPL-Caltech

上／1950年当時のパサデナ。このころは米陸軍の開発に協力し、弾道ミサイル『コーポラル』などを開発。下／現在のJPL。

Photo : NASA/JPL-Caltech

1936年に撮影されたJPLの最初の点火実験。JPLスタッフはこの写真を「キリスト降誕のシーン」と呼ぶ。

JPL（ジェット推進研究所）は、主に惑星探査機の開発を主導し、世界初となる偉業を数多く実現してきました。あるとき太陽系の惑星配置が最適な状態になり、一機の探査機で複数の惑星を探査ができることに気づいて『ボイジャー計画』（p.86）を発案したのもJPLです。設立はNASAよりも早く1936年。カリフォルニア工科大学の研究室を起源とします。当時、大学院生たちは学内に施設が得られず、自ら資金をため、郊外のパサデナに実験施設を作りますが、その場所がJPLの現所在地です。JPLの共同設立者には後に中国のロケット王と呼ばれる銭学森もいて、ドイツから米国に移住したフォン・ブラウンを最初に面接したのは米国軍大佐の銭でした。

1953.8/20

単段式液体燃料ロケット／打上日

Photo : NASA

終戦時に開発チームと米国へ亡命。
陸軍でレッドストーンを完成させ、
1960年にNASAのマーシャル宇宙飛行センターの初代所長に就任。

🇺🇸 レッドストーン/ヴェルナー・フォン・ブラウン

Redstone / Wernher von Braun

「ロケット開発史上の最重要人物と革新的なロケット」

Photo : NASA

『レッドストーン』DATA

仕様／液体燃料単段式ミサイル
（短距離地対地弾道ミサイル）
初打上日／1953年8月20日

フォン・ブラウン

生誕／1912年3月23日
出生地／ドイツ帝国
（現ポーランド）ヴィルジッツ
没年／1977年6月16日
経歴／
・1930年、ベルリン大学入学
・1932年、陸軍兵器局研究所
・1944年、ドイツ帝国陸軍技術部長
・1945年、終戦時にアメリカへ亡命
・1950年、レッドストーン兵器廠
・1957年頃、陸軍弾道ミサイル局
　開発オペレーション部長
・1958年、NASA設立
・1960年、マーシャル宇宙飛行センター
　初代所長
・1970年、NASA本部、副長官補

Photo : NASA

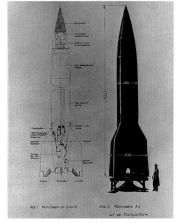

第二次大戦中にフォン・ブラウンが開発した世界初の液体燃料弾道ミサイル『V2』。
重量12.5t、全長14m、直径1.65m。

1953年8月20日、ケープカナベラルで初打ち上げに成功したレッドストーン。写真は5回目の打ち上げ時。

　近代ロケット開発の第一人者『ヴェルナー・フォン・ブラウン』は、ドイツに生まれ、第二次大戦時には世界初の弾道ミサイル『V2』を開発します。終戦を迎えると開発チームとともにアメリカに亡命し、1953年8月には米陸軍のもと、弾道ミサイル『レッドストーン』を完成させます。この液体燃料を使用した単段式ミサイルはその後、宇宙機用のロケットに転用され、米国初の人工衛星エクスプローラー1号（p.38）を打ち上げた『ジュノーⅠ』などに発展。その系列ロケットはマーキュリー計画でも使用されました。そのフォン・ブラウンの集大成とも言えるのが、アポロ計画の『サターンV』と、それに搭載された史上最大のエンジン『F-1』（p.17）です。

1957.8/21

大陸間弾道ミサイル／打上日

■R-7/セルゲイ・コロリョフ

R-7 / Sergei Korolev

「コロリョフのR-7がソビエトを圧倒的有利に」

Photo：宇宙飛行士記念
博物館

コロリョフ（1907～1966年）は、航空機設計者ツポレフの指導を受け、大戦中は爆撃機の設計に携わった。

Photo：Alex Zelenko

打上DATA

打上日／1957年8月21日
ロケット／R-7
打上サイト／バイコヌール宇宙基地

ミサイルDATA

仕様／液体燃料2段式ミサイル
（ブースターが第1段、コアが第2段）
寸法／全長34.22m、最大直径10.3m
打上時質量／280t
第1段（ブースター）／RD107×4基
第2段（コア）／RD108×1基
燃料／液体酸素×ケロシン
核弾頭ペイロード／5,300～5,500kg
飛行可能距離／8,000～8,800km

軌道DATA

軌道／弾道軌道
飛行距離／約6,000km

Photo：A. Sdobnikov

R-7の第1段のコアには写真のRD-108エンジンを1基、4つのブースターにはRD-107を1基ずつ、計4基搭載。

モスクワの全ロシア博覧センターに展示されている大陸間弾道ミサイル『R-7』。

ア メリカへ移住したフォン・ブラウンと双璧を成すソビエトのロケット開発者が、セルゲイ・コロリョフです。彼が主任設計者を務める第一設計局（OKB-1）は、世界初のICBM、大陸間弾道ミサイル『R-7』を開発し、1957年8月21日、4回目の発射テストで見事打ち上げに成功。飛行距離は6,000kmに及びました。この成功によってソビエトは軍事的に優位になったたけでなく、宇宙開発においても世界を大きくリードすることになります。このR-7の核弾頭を人工衛星に乗せ換えたスプートニク・ロケットは、史上初の人工衛星の打ち上げに成功し（p.37）、おなじく改良型R-7のボストーク・ロケットは、人類初の有人宇宙飛行を成功させました（p.42）。

1957.10/4

人工衛星／打上日

☭ スプートニク1号

Sputnik 1

「地球周回軌道に乗った世界初の人工衛星」

スプートニクが軌道に乗ってから軌道追跡テストを実施。大気密度、宇宙空間における電波の伝わり方なども観測した。

打上DATA

打上日／1957年10月4日
ロケット／スプートニク8K71PS
打上サイト／バイコヌール宇宙基地

人工衛星DATA

国際標識番号／1957-001B
本体直径／58cm
探査機質量／83.6kg

ロケットDATA

仕様／液体燃料2段式ロケット
（ブースターが第1段、コアが第2段）
寸法／全長30m、本体直径2.99m
　　　最大直径10.3m
推力（真空）／
コア：970kN、ブースター4基：3.89MN
打上時質量／267t
第1段（ブースター）／RD107×4基
第2段（コア）／RD108×1基
ペイロード／LEO・500kg
燃料／液体酸素×ケロシン

軌道DATA

軌道／地球周回軌道（楕円）
（遠939km - 近215km）
軌道傾斜角／65.1度

アルミ製の本体には送信機2機、電池3台を収納。ケース内に充填させた窒素をファンで循環させ温度を管理。

大陸間弾道弾ミサイルR-7を改良した『スプートニク8K71PS』ロケットが、人工衛星スプートニク1号を打ち上げた。

　　人類がはじめて宇宙の軌道上へモノを飛ばすことに成功したのが、この『スプートニク1号』です。本体は直径58cmのアルミ製の球体で、2.4mのアンテナが4本つき、重量は83.6kg。20MHzと40MHzの2機の送信機を搭載し、0.3秒間隔で衛星の温度データを発信しました。96分で地球を一周する楕円軌道に乗せられ、電池が切れるまでの22日間発信し続けましたが、1年1ヵ月後の1958年11月17日、大気圏に再突入しました。ソ連のこの成功によって、米国内では「スプートニク・ショック」と呼ばれる現象が起き、同時に米ソの宇宙開発競争がはじまります。米国初の人工衛星『エクスプローラー1号』は、4ヵ月後の1958年1月に打ち上げられました。

1958.2/1

人工衛星／打上日

🇺🇸 エクスプローラー1号

Explorer 1

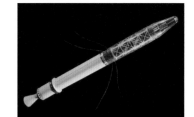

計測器は軍事的なものでなく、科学目的の宇宙線測定器を搭載。この観測が後のヴァン・アレン帯の発見につながった。

「ジュノーIで打ち上げられた米国初の人工衛星」

打上DATA

打上日／1958年2月1日
ロケット／ジュノーI
打上サイト／ケープ・カナベラル

人工衛星DATA

国際標識番号／1958-001A
寸法／全長2.03m、直径0.152m
探査機質量／13.97kg

ロケットDATA

仕様／液体燃料4段式ロケット
寸法／全長21.2m、直径1.78m
打上時質量／29,060kg
第1段／液体燃料エンジンA-7×1基
（燃料／液体酸素×ハイドロジン）
第2段／固体燃料×11基
第3段／固体燃料×3基
第4段／固体燃料×1基
第1段推力／416.18kN
ペイロード／LEO・11kg

軌道DATA

軌道／地球周回軌道(楕円)
（遠2,550km、近358km）
軌道傾斜角／33.24度

Photo : NASA

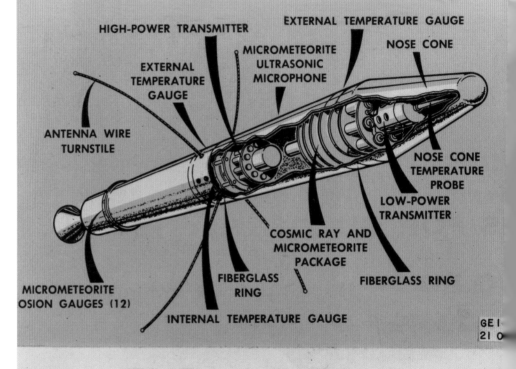

機首内部のフィンが重なる部分が宇宙線測定器。この開発を指揮したのがジェームズ・ヴァン・アレンである。

Photo : NASA

ジュノーIロケットは、わずか84日間で組み上げられた。その質量はスプートニク・ロケットと比べて約1／9しかない。

　ソ連がICBMと人工衛星の打ち上げに成功し、アメリカは驚異を感じます。スプートニクの成功から二ヵ月後には、米海軍のヴァンガード計画（p.208）による人工衛星が打ち上げられましたが、失敗。しかし、これと並行して米陸軍による『エクスプローラー計画』も進行していました。この計画では、フォン・ブラウンが開発したレッドストーン系のロケット『ジュノーI』の開発製造を米陸軍が担当し、それに搭載する人工衛星『エクスプローラー1号』は、JPL（ジェット推進研究所、p.34）が担当しました。そして1958年2月1日、その打ち上げに成功。ガイガーカウンターを搭載したエクスプローラー1号は、地球周回軌道に見事到達したのです。

1958.7/29

アメリカ航空宇宙局／設立日

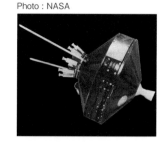

NASA設立後、最初に打ち上げたのは JPL が開発したパイオニア1号。高度11万3854kmに到達したが弾道飛行だった。

🇺🇸NASA（アメリカ航空宇宙局）

National Aeronautics and Space Administration, NASA

「スプートニクショックを受けた米国、NASAを設立」

組織DATA

設立／1958年7月29日
名称／アメリカ航空宇宙局（NASA）
本部所在地／
アメリカ合衆国ワシントンD.C.

組織DATA

・ラングレー研究センター
（1917年設立、バージニア州）
・エイムズ研究センター
（1939年設立、カリフォルニア州）
・グレン研究センター
（1941年設立、オハイオ州）
・NASA本部
（1958設立、ワシントンD.C.）
・アームストロング飛行研究センター
（1958年設立、カリフォルニア州）
・ゴダード宇宙飛行センター
（1959年設立、メリーランド州）
・ジェット推進研究所
（1958年設立、カリフォルニア州）
・マーシャル宇宙飛行センター
（1960年設立、アラバマ州）
・ジョンソン宇宙センター
（1961年設立、テキサス州）
・ケネディ宇宙センター
（1962年設立、フロリダ州）
・ステニス宇宙センター
（1974年設立、ミシシッピー州）

グレン研究センター（1941）
ゴダード宇宙飛行センター（1959）
エイムズ研究センター（1939）
アームストロング飛行研究センター（1958）
ジェット推進研究所（1958）
マーシャル宇宙飛行センター（1960）
NASA本部（1958）
ラングレー研究センター（1917）
ジョンソン宇宙センター（1961）
ケネディ宇宙センター（1962）
ステニス宇宙センター（1974）

California
Ohio
Maryland
Washington, D.C.
Virginia
Alabama
Texas
Mississippi
Florida

NASAは主なセンターを全米に11ヵ所持ち、それぞれの施設は独自な役割を果たしている。

ケネディ宇宙センターは有人宇宙機の射場。海岸沿いに39パッドA（右）とBがある。隣接するケープ・カナベラルは宇宙軍軍施設。

　ソ連がスプートニクの打ち上げに成功すると、米大統領アイゼンハワーは宇宙開発における指揮系統を再編することを決定します。当時、アメリカにはNACA（国家航空宇宙諮問委員会）がありましたが、このNACAを軸にその他組織を統合し、1958年、新たな連邦機関『アメリカ航空宇宙局』、NASAを設立。全米に展開する11ヵ所の主たる施設は独自の役割を持ち、フォン・ブラウンが初代所長を務めたマーシャル宇宙センターではロケットの開発を主任務とし、ステニス宇宙センターではその試験を行い、JPLは無人探査機を開発。ケネディ宇宙センターは有人宇宙機を打ち上げ、軌道に乗るとジョンソン宇宙センターがその管制を行います。

月探査機／打上日

■ ルナ1号／2号／3号

Luna 1/2/3

Photo : NASA

1号と同型のルナ2号。推進装置は搭載せず、発信する電波が途絶えたことで月への衝突が確認された。

「月に接近した1号、到達した2号、裏側を撮影した3号」

Photo : NASA

打上・人工衛星DATA

ロケット／ボストーク（ルナ）8K72
打上サイト／バイコヌール宇宙基地
●ルナ1号
国際標識番号／1959-012A
探査機質量／361kg
打上日／1959年1月2日
●ルナ2号
国際標識番号／1959-014A
探査機質量／390.2kg
打上日／1959年9月12日
●ルナ3号
国際標識番号／1959-008A
探査機質量／278.5kg
打上日／1959年10月4日

ロケットDATA

仕様／液体燃料3段式ロケット
第1段（ブースター）／RD107×4基
第2段（コア）／RD108×1基
第3段（コア）／RD109×1基

Photo : NASA

ルナ3号は、はじめはスピン安定制御、地球から約7万km離れるとジェット制御方式に切り替えられた。

Photo : NASA

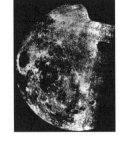

撮影現像装置『イェニセイ‐2』を搭載したルナ3号が撮影し、人類がはじめて目にした月の裏側の写真。

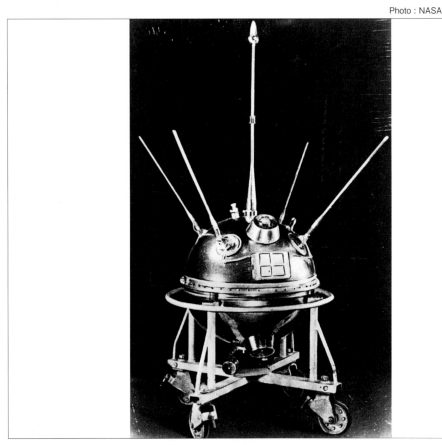

ルナ1号は3つの周波数で発信。月への航行中、ヘリウムを1kg放出し、その輝きは地球上からも観測された。

ソ連が次に目指したのは月であり、『ルナ計画』（p.229）でも次々と成果を残します。『ルナ1号』は月面に衝突させる予定でしたが軌道が外れ、しかし1959年1月4日、月の高度5,995kmを通過したことで、史上はじめて月近傍に到達した探査機になりました。ルナ1号は地球を周る楕円軌道ではなく、太陽を中心とする太陽周回軌道に入ったため、史上初の「人工惑星」でもあります。同年9月14日には『ルナ2号』が月への衝突に成功。10月6日には『ルナ3号』が月の南極上空6万3,500kmを通過し、史上はじめて月の裏側の撮影に成功します。ルナ3号は撮影すると自ら現像し、それをスキャンして、データを地球へ送信したのです。

1960.7/11

二段式固体燃料ロケット／打上日

⦿ K-8/糸川英夫

K-8 / Hideo Itokawa

ペンシルロケットを手にする糸川英夫。大正元年、東京に生誕。東京大学教授を務めた。その名は小惑星の名にも。

「糸川英夫のカッパロケットが宇宙へ到達」

打上DATA

打上日／1960年7月11日
ロケット／カッパ8（1号機）
打上サイト／秋田県岩城町道川海岸

『K-8』DATA

仕様／個体燃料2段式ロケット
寸法／全長10.90m、直径0.42m
質量／1,500kg
ペイロード／50kg
飛翔距離／160km

軌道・運用DATA

軌道／弾道飛行
高度／180km

K-8ロケットの打ち上げの様子。カッパは1961年からの28年間で合計81機が上げられた。

K-8に搭載された電離層直接観測器。カッパを共同開発したプリンス自動車工業での撮影。

ランチャーにセットされたK-8ロケット。「カッパ」とは、ギリシャ文字の「K」の意。

日本におけるロケット研究の第一人者である糸川英夫。その開発は1955年、全長わずか23cm、重量202gのペンシルロケットの水平発射からはじまります。1956年には国内初となる本格的な地球観測用ロケット『カッパ・ロケット』の試射が秋田県の道川海岸で開始され、その43機目となる『K-8』の1号機が1960年7月、はじめて高度180kmを記録し、つまり高度100km以上と定義されている宇宙に到達。さらに11号機が高度202kmに達し、電離層にも到達しました。1963年からはM（ミュー）、1966年からはL-4Sロケットの開発も並行して行い、L-4Sの5号機ではじめて軌道投入に成功。日本初の人工衛星『おおすみ』（p.68）を宇宙へ送り届けました。

1961.4/12

有人宇宙船／打上日

■ボストーク1号/ユーリイ・ガガーリン

Vostok 1 / Yurii Alekseyevich Gagarin

「人類がはじめて宇宙に到達した瞬間」

ガガーリンの体には数項目の検査用テレメトリーがつけられていた。激しく跳ねているのは打ち上げ時の心拍数と思われる。

打上DATA

打上日／1961年4月12日
ロケット／ボストーク8K-72K
打上サイト／バイコヌール宇宙基地

宇宙船DATA

国際標識番号／1961-012A
宇宙船／ボストーク3KA
打上時質量／4,725kg

ロケットDATA

仕様／液体燃料3段式ロケット
寸法／全長38.36m、本体直径2.95m
第1段（ブースター）／RD107×4基
（総推力／3883.4kN）
第2段（コア）／RD108×1基（推力／912kN）
第3段／RD0109×1基（推力／54.5kN）
燃料／液体酸素×RP-1
ペイロード／LEO・4,730kg

軌道DATA

軌道／地球周回軌道（遠327km - 近169km）
軌道傾斜角／64.95度
期間／1時間48分　周回数／1周

搭乗員

ユーリイ・ガガーリン

1. ВНИМАНИЕ		
2. МИНУТНАЯ ГОТОВНОСТЬ	9.01′51″	
3. КЛЮЧ НА СТАРТ	9.03′00″	
4. ПРОТЯЖКА I	9.03′06″	
5. ПРОДУВКА	9.03′16″	
6. КЛЮЧ НА ДРЕНАЖ	9.03′51″	9.04′51″
7. ПУСК	9.05′51″	9.05′51″
8. ПРОТЯЖКА 2	9.06′41″	9.06′41″
9. ЗАЖИГАНИЕ	9.06′51″	9.06′51″

ガガーリンのミッション確認カード。打ち上げ時のタイムスケジュールが秒単位で記されている。

「地球は青かった」の発言の後、ガガーリンは「しかし、どこを見ても宇宙に神はいなかった」と続けた。

人類としてはじめて宇宙へ行ったのはソ連のユーリイ・ガガーリン。1961年4月12日に打ち上げられて地球周回軌道に到達すると、続いて42分間の逆噴射を行い大気圏に再突入。高度7,000mで座席ごとカプセルから射出され、パラシュートで地上に降りました。その間わずか1時間48分。地球を1周して無事帰還しました。彼が宇宙飛行士第一号に選ばれたのは小柄だったためでもあり、なぜならボストーク1号の船内が非常に狭かったからです。彼は軌道上で中尉から少佐に昇進したことを伝えられますが、それは無事帰還できる可能性が低いと、高官が考えていたからだと言われています。米国がはじめて有人宇宙飛行に成功したのはこの23日後でした。

Photo : Roscosmos

質量4,725kgの宇宙船ボストーク1号は、全長38.36m、総質量287tの3段式ロケット、ボストーク8K-72Kで打ち上げられた。

丸い帰還カプセルが、機械モジュールから分離した図。大気圏へ再突入する直前に分離し、丸い部分だけが大気圏へ降下する。

Photo : Science Photo Library/aflo

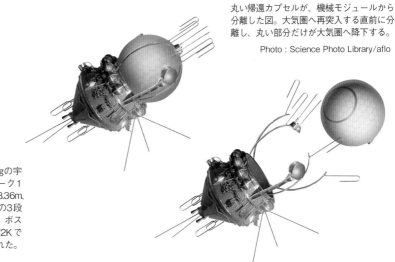

Photo : NASA

ボストーク1号の計器パネル。宇宙空間でヒトがどのような状態になるか未知だったため、姿勢制御などは基本的に自動制御された。

Photo : RSC Energia

ガガーリンが搭乗したボストーク1号のカプセル部。写真はモスクワのマルチメディア美術館で公開されたときの様子。普段はRSCエネルギアが保管。

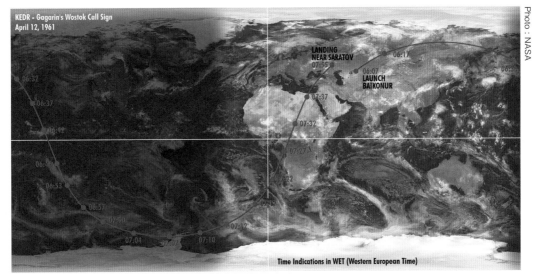

Photo : NASA

ボストーク1号は、もっとも地球から離れた遠地点が327km、近地点が169kmの楕円軌道を飛行。

1961.5/5

有人宇宙船／打上日

🇺🇸 フリーダム7／アラン・シェパード

MR-3 "Freedom7" / Alan B. Shepard Jr.

「アメリカ初の有人弾道飛行、マーキュリー計画」

Photo : NASA

5分間の無重力状態のなかでシェパードは、米国人としてはじめて宇宙から地球を眺めた。彼はこの10年後、アポロ14号で月面を歩く。

打上DATA

打上日／1961年5月5日
ロケット／レッドストーンMRLV（MR-7）
打上サイト／ケープ・カナベラル

宇宙船DATA

国際標識番号／MERCR3
名称／マーキュリー・レッドストーン3号
通称／フリーダム7
宇宙船質量／955kg

ロケットDATA

仕様／液体燃料1段式ロケット
エンジン／A-7×1基
燃料／液体酸素×エタノール

軌道DATA

軌道／準弾道軌道（遠187.5km）
期間／15分22秒

Photo : NASA

宇宙船『フリーダム7』の打ち上げ前、打ち上げ手順を確認するアラン・シェパード。

Photo : NASA

マーキュリー計画に選出された7名の宇宙飛行士はマーキュリー7と呼ばれ、各々の搭乗機に、末尾に7が付く愛称を付けた。

ガ ガーリンの打上からわずか23日後、アメリカのアラン・シェパードが米国人としてはじめて宇宙に到達します。これはアメリカの有人宇宙飛行計画『マーキュリー』における最初の有人飛行でした。ガガーリンのボストーク1号が周回軌道に乗って地球を一周したのに対し、シェパードが搭乗した『フリーダム7』は、宇宙には到達するが軌道に乗らずに自然落下する「弾道飛行」によるもので、打ち上げから15分22秒後、ケープ・カナベラル沖483kmの大西洋に着水しました。シェパードの体には上昇時に6Gが掛かり、約5分間の無重力を体験し、再突入時に12弱のGを受けて無事帰還しました。この成功を機にアメリカの有人宇宙計画が加速します。

最終的な組み上げとテストが行われるマーキュリー宇宙船カプセル。宇宙船の上部に伸びるのはエスケープ・タワーと呼ばれる緊急脱出装置。

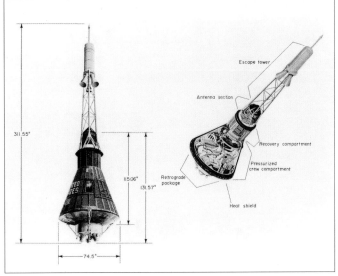

エスケープ・タワーの頂部に燃料タンクとロケット3基を搭載。打ち上げ時に異常があれば点火され、ロケットから分離して射出される。全高311.55インチ（7.9m）。

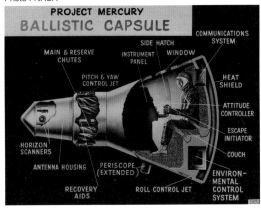

マーキュリー宇宙船のスケルトン図。「バリスティック」とは弾道の意。全長3.3m、最大直径1.89mのカプセル内は非常に狭い。

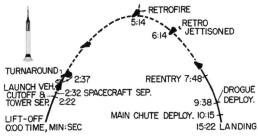

打ち上げ2分22秒後にエンジン停止。その15秒後には姿勢を180度回転し、エンジンを上空にむけた状態で上昇。弾道飛行では逆噴射は必要ないが、テストとして5分14秒に点火している。

質量955kgの宇宙船フリーダム7を打ち上げたレッドストーン（MR-7）は、推力350kN、弾道軌道への最大ペイロードは1,800kg。

1962.2/20

🇺🇸 フレンドシップ7／ジョン・グレン

MA-6 "Friendship7" / John H. Glenn Jr.

「米国人がはじめて地球周回軌道へ」

Photo : NASA

マーキュリー計画による宇宙船『フレンドシップ7』に乗り込むジョン・グレン。狭い船内に入るには時間を要した。

打上DATA

打上日／1962年2月20日
ロケット／アトラスLV-3B
打上サイト／ケープ・カナベラル

宇宙船DATA

国際標識番号／1962-003A
名称／マーキュリー・アトラス6号
通称／フレンドシップ7
宇宙船質量／1,352kg

ロケットDATA

仕様／液体燃料1.5段式ロケット
（ブースターが第0.5段、コアが第1段）
エンジン／コア・XLR-105-5×1基
　　　　　ブースター・XLR-89-5×2基
燃料／液体酸素×RP-1

軌道DATA

軌道／地球周回軌道（遠265km - 159km）
軌道傾斜角／32.5度
地球周回／3周
期間／4時間55分23秒

Photo : NASA

大気圏再突入時、窓外を流れる火の破片が逆噴射部のものか、耐熱シールドが砕けているのか不安だったという。

Photo : NASA

アトラスLV-3Bロケットは、大陸間弾道ミサイルであるアトラスを改良した有人宇宙船打ち上げ用ロケット。

　アラン・シェパードが弾道飛行によって宇宙に到達してから8ヵ月半後、ジョン・グレンが搭乗した宇宙船『フレンドシップ7』が、米国宇宙船としてはじめて地球周回軌道に投入され、有人宇宙飛行においてソ連に追い付きます。しかし、地球を2周したところでトラブルが発生。着水時の衝撃緩衝用のエアバッグのセンサーが異常な状態を示し、それは宇宙船底部に貼られた耐熱シールドが脱落しかかっていることを示唆します。そのため周回3周目で帰還することを決定し、通常では逆噴射後に切り離す逆噴射部を接続したまま大気圏に再突入、無事帰還しました。後日、耐熱シールドには異常はなく、センサーの故障であったことが判明しました。

1962.9/12

アメリカ大統領／ライス大学での講演

ケネディ大統領は1961年5月の議会で「いま宇宙開発ほど人類の記憶に残るものはなく、より重要なものも存在しない」と演説。

🇺🇸 ジョンF.ケネディ米国大統領
John F. Kennedy, President of The United States

「We Choose to Go to the Moon」

DATA

●ライス大学での講演
日時／1962年9月12日
場所／ライス大学スタジアム
（テキサス州ヒューストン）
●ジョンF. ケネディ
（1917年5月29日〜1963年11月22日）
大統領任期／
1961年1月20日〜1963年11月22日

Photo : NASA

ヒューストンにあるライス大学のスタジアムで演説するジョンF.ケネディ大統領。

Photo : NASA

Photo : NASA

上／ホワイトハウスでアラン・シェパードを祝福するケネディ大統領。下／その3日後、ケープ・カナベラルを初めて訪問。

有 人宇宙飛行においてソ連に遅れをとったアメリカは、アラン・シェパード（p.44）の宇宙到達に沸き立ちます。その20日後、それまで宇宙開発に対して慎重な態度を示していたジョンF. ケネディ大統領は議会の演説で、「この国は10年以内に人を月に到達させ、無事地球へ帰すことに取り組むべき」と主張。その翌年の1962年9月12日には、テキサス州ヒューストンにあるライス大学で、かの有名な演説を行います。"We Choose to Go to the Moon"、「我々が10年以内に月へ行くことを決めたのは、それが容易だからではなく困難だからです」。彼が凶弾に倒れたのはこの1年2ヵ月後、マーキュリー計画が終了し、ジェミニ計画がはじまる前でした。

1962.12/14

金星探査機／金星への最接近日

🇺🇸 マリナー2号

Mariner 2

「はじめての金星探査、地球外惑星への到達」

Photo : Science Photo Library/aflo

アトラス・アジェナBは、アトラス・ミサイルの上に第2段用ロケットであるアジェナを搭載したロケットである。

打上DATA

打上日／1962年8月27日
ロケット／アトラス・アジェナB
打上サイト／ケープ・カナベラル

探査機DATA

国際標識番号／1962-041A
バス寸法／全高3.66×全幅1.04m
打上時質量／202.8kg

ロケットDATA

仕様／液体燃料2.5段式ロケット
寸法／全長36m、直径3m
打上時質量／155t
ペイロード／金星遷移軌道：261kg

軌道DATA

軌道／太陽周回軌道
金星最接近／1962年12月14日

Photo : NASA

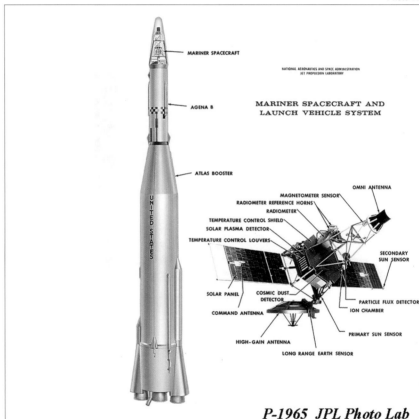

Photo : NASA

マリナー2号は10機ほどの観測器を搭載。アトラスは第1段の脇にブースター2基を持つ2.5段式ロケット。

Photo : NASA

マリナー2号は史上はじめて地球外惑星、つまり金星へ到達し、史上はじめてフライバイに成功。

Photo : NASA

マリナー2号は1号の予備機として作られたが、1号が失敗したため2号として運用された。

1 960年代に入ると、アメリカは惑星探査にも積極的に取り組みます。NASAは『マリナー計画』（p.213）において、金星、火星、水星に向けて計10機の無人探査機を打ち上げましたが、その第一弾としてマリナー1号機が金星へ向かいました。しかし、これは軌道投入に失敗。次に打ち上げられた『マリナー2号』は、地球周回軌道から離脱し、金星へ近づく太陽周回軌道に乗せることに成功し、これがアメリカにとって初の人工惑星となりました。マリナー2号は打ち上げから約3ヵ月半後の1962年12月14日、金星に34,827kmまで接近し、史上はじめて金星に到達した探査機に。また、このとき史上初となるフライバイ（p.181）にも成功しています。

1963.6/16

女性宇宙飛行士／打上日

Photo : Andrew Gray

ロンドンのサイエンス博物館に展示されているボストーク6号のカプセル。

▚ ボストーク6号／ワレンチナ・テレシコワ

Vostok 6 / Valentina Vladimirovna Tereshkova

「世界初の女性宇宙飛行士」

Photo : Roscosmos

打上DATA

打上日／1963年6月16日
ロケット／ボストーク8K-72K
打上サイト／バイコヌール宇宙基地

宇宙船DATA

宇宙船／ボストーク3KA
打上時質量／4,713kg

ロケットDATA

仕様／液体燃料3段式ロケット
寸法／全長38.4m、本体直径2.95m
第1段（ブースター）／RD107×4基
（総推力／3883.4kN）
第2段（コア）／RD108×1基
（推力／912kN）
第3段／RD0109×1基
（推力／54.5kN）
燃料／液体酸素×RP-1
ペイロード／LEO・4,730kg

軌道DATA

軌道／地球周回軌道
（遠212km - 近169km）
軌道傾斜角／65.09度
期間／2日22時間50分
周回数／48周

搭乗員

ワレンチナ・テレシコワ

テレシコワ（1937年-）は、ジュコフスキー空軍大学で宇宙工学を専攻。1991年までソ連邦最高会議の一員。

Photo : Roscosmos

ボストーク計画の打ち上げでは1号から6号までのすべてにR-7シリーズの液体燃料3段式ロケット、ボストーク8K-72Kを使用。

ボストーク1号では人類初の有人打ち上げに成功し（p.42）、2号では飛行時間を25時間に延ばし、3号と4号は5kmの距離でのランデブー飛行に成功します。そして5号と、その2日後に打ち上げられた6号もランデブーを行いましたが、この宇宙船『ボストーク6号』に搭乗したのが、当時25歳だったワレンチナ・テレシコワであり、彼女は世界で最初の女性宇宙飛行士となりました。キャビン内の様子はテレビで中継されましたが、2日目に発生した軌道制御用のプログラムのトラブルによって、帰還時の着陸地点が予定地から大きく外れ、テレシコワは無事帰還したものの、着陸後2時間に渡って管制が着陸地点を把握できないという事態になりました。

1963.7-1964.8

静止通信放送衛星／打上日

🇺🇸 シンコム2号/3号

Syncom 2/3

「世界初の静止衛星、東京五輪の映像伝送に貢献」

Photo : NASA

打上DATA

打上日／2号：1963年7月23日
　　　　3号：1964年8月19日
ロケット／2号：ソー・デルタB
　　　　　3号：ソー・デルタD
（ともに液体燃料3段式ロケット）
打上サイト／ケープ・カナベラル

人工衛星DATA

国際標識番号／
2号：1963-031A
3号：1964-047A
バス寸法／全高0.39m、直径0.71m
探査機乾燥質量／39kg

軌道DATA

軌道／2号：地球同期軌道
　　　3号：静止軌道
軌道傾斜角／2号：33.1度
　　　　　　3号：0.1度

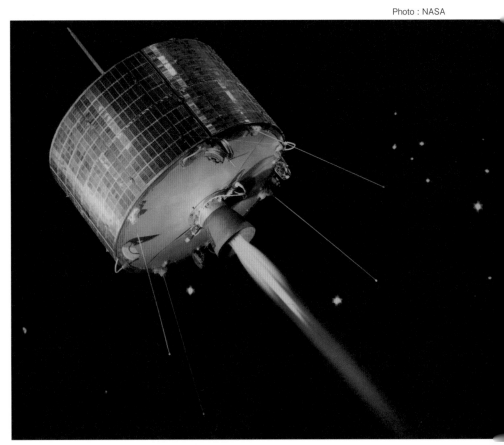

シンコム2号・3号は同型のスピン安定型衛星。上部は通信アンテナ、底部は固体推進剤モーターのノズル。

Photo : NASA

ソー・デルタの打ち上げの様子。シンコム2号はこの発展型のソー・デルタB、3号はソー・デルタDで打ち上げられた。

通信衛星の登場によって人工衛星の商用利用が促進します。1963年7月に打ち上げられた『シンコム2号』は世界で最初の静止衛星（p.178）です。つまり地上から見て空の一点にずっと留まる衛星です。高高度の静止軌道（35,786km）へ投入するにはパワーのあるロケットと繊細な制御が必要ですが、2号は『ソー・デルタB』で打ち上げられ、それを実現。ただし、軌道傾斜角が33度と大きく、地上から見ると八の字を描きましたが、電話の衛星中継テストに成功しています。翌1964年8月に上がった『シンコム3号』は、正真正銘の世界初の静止衛星となり、2ヵ月後に開催された東京オリンピックの映像を米国へ中継することに貢献しました。

1963.11/22

通信衛星／日米初の通信放送の実施日

🇺🇸🔘 リレー1号

Relay 1

「日米初の衛星放送はケネディ暗殺事件」

暗殺の数分前、テキサス州ダラスで撮影されたケネディ大統。彼の隣にはジャッキー・ケネディも乗車。

Photo：NASA

打上DATA

打上日／1962年12月13日
ロケット／ソー・デルタB
（液体燃料3段式ロケット）
打上サイト／ケープ・カナベラル

人工衛星DATA

国際標識番号／1962-068A
打上時質量／170kg

軌道DATA

軌道／地球周回軌道(低軌道)
（遠7439km - 近1322km）
軌道傾斜角／47.5度

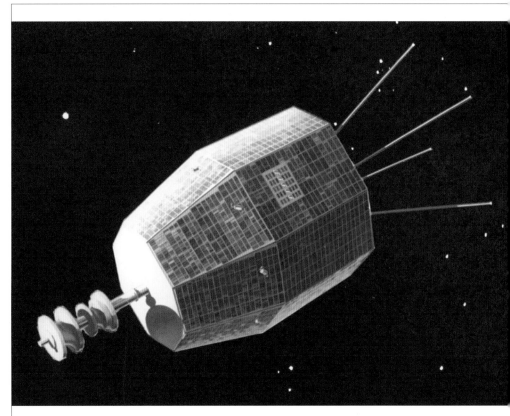

スピン安定型の通信衛星『リレー1号』。日本とアメリカの同時衛星放送を実現した。

Photo：NASA

米国側の地上局アンテナ。日本側のKDDI茨城衛星通信センターは、海底光ファイバーケーブルの普及で2007年に閉所された。

　　シンコム2号と同じ『ソー・デルタB』ロケットで1962年に打ち上げられた通信衛星が『リレー1号』です。この通信衛星は、アメリカから日本へテレビ放送をはじめて中継した衛星です。当初は事前に録画されたジョンF. ケネディ大統領の日本への挨拶が中継されるはずでしたが、1963年11月22日、実際にテスト放送がはじまり映し出されたのは、ケネディ大統領の暗殺を伝えるニュースでした。この衛星は静止軌道ではなく、地球を周回する低軌道に投入されたので、放送は3時間程度でいったん途切れました。ケネディ暗殺の映像を受信した日本側のアンテナは、茨城県高萩市に同年開設されたばかりのKDD（現KDDI）のものでした。

1964.7/28

月探査機／打上日

🇺🇸 レインジャー7号

Ranger 7

「米国がはじめて月の近接撮影に成功」

Photo : NASA

レジンジャー7号が最初に送ってきた月面の写真。月上からの高度は高度2,110km。当時としては非常に高い解像度（0.5m）による撮影に成功した。

運用DATA

打上日／1964年7月28日
ロケット／アトラスLV-3アジェナ
打上サイト／ケープ・カナベラル

機体DATA

国際標識／1964-041A
打上時質量／365.7kg
寸法／全高1.52×全幅2.51m
主要ミッション機器／
・TVビジコンカメラ×6
・フルスキャンカメラ×2
・部分スキャンカメラ×4

軌道DATA

軌道／月遷移軌道
月面衝突日／1964年7月31日
衝突地点／既知の海

Photo : NASA

レジンジャーのテレビカメラ。写真はテスト機のもので、現在はスミソニアン博物館の別館に保管されている。

Photo : NASA

レインジャー探査機はすべてアトラス・アジェナで打ち上げられた。アジェナとは2段目のロケットの名称。

Photo : NASA

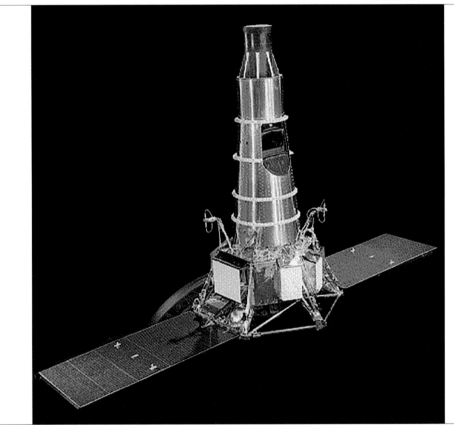

レジンジャー6号から9号は同型機。機体上部にある窓の中にカメラを搭載。

T Vビジコンカメラを搭載した探査機を月面に衝突させ、その瞬間まで、月のクローズアップ画像を撮影し続けるというミッションが、NASAの『レインジャー計画』（p.212）です。しかし、1号から3号は月への軌道投入に失敗。4号は米国探査機としてはじめて月面に到達（衝突）しましたが、データの送信に失敗。5号は制御不能に陥り、6号は撮影に失敗しています。しかし、『7号』ではじめてすべてのプログラムに成功。月面衝突の18分前からウォームアップ撮影をはじめたレインジャー7号は、その後「既知の海」に衝突する瞬間までに4,308枚のテレビ画像を地球へ送信。その画像は1年半後にはじまるアポロ計画の実現に大きく貢献しました。

1965.3/18

有人宇宙船／打上日

🇷🇺 ボスホート2号/アレクセイ・レオーノフ

Voskhod 2 / Alexey Arkhipovich Leonov

「世界ではじめて宇宙遊泳した男」

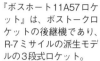

『ボスホート11A57ロケット』は、ボストークロケットの後継機であり、R-7ミサイルの派生モデルの3段式ロケット。

打上DATA

打上日／1965年3月18日
ロケット／ボスホート11A57
打上サイト／バイコヌール宇宙基地

宇宙船DATA

国際標識番号／1965-022A
宇宙船／ボスホート2号（3KD）
打上時質量／5,682kg

軌道DATA

軌道／地球周回軌道
（遠475km - 近167km）
軌道傾斜角／64.79度
期間／1日2時間2分17秒
周回数／17周

搭乗員

船長／パーヴェル・ベリャーエフ
船外活動要員／アレクセイ・レオーノフ

Photo : NASA / Dave_Woods

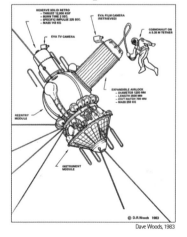

宇宙船ボスホート2号は、軌道上で展開する伸縮性のハッチを持つ。これにより船内の酸素を保持したまま船外活動が可能だった。

Photo : Science Photo Library / aflo

はじめて宇宙遊泳に成功したレオーノフ。エアロックに戻れないというトラブルに見舞われたが無事帰還。

　　　じめて宇宙遊泳に成功したのはソビエトのアレクセイ・レオーノフです。定員1名の宇宙船ボストークを3人乗りに改造したのが『ボスホート』ですが、宇宙遊泳を目的とした2号ではエアロックを装備する必要から乗員2名とされ、レオーノフとパーヴェル・ベリャーエフが搭乗しました。レオーノフが宇宙遊泳をする姿は宇宙船の固定カメラで撮影され、ソビエト国内に放送されましたが、レオーノフの宇宙服が膨らみ、エアロック内に戻れない事態になったため放送は中止。レオーノフは宇宙服の空気を少し抜くことで無事船内に戻りました。アメリカ人が宇宙遊泳に成功したのはこの約2ヵ月半後の6月3日、ジェミニ4号のエドワード・ホワイトです。

1965.6/3

有人宇宙船（地球周回軌道）／打上日

無事に帰還着水した後、回収された空母ワスプの艦上で、ジョンソン大統領からの祝福の電話を受けたエドワード・ホワイト（左）とジェームズ・マクディヴィット。

🇺🇸 ジェミニ4号／エドワード・ホワイト

Gemini 4 / Edward H. White II

「アメリカがはじめて宇宙遊泳に成功」

打上DATA

打上日／1965年6月3日
ロケット／タイタンⅡ GLV
打上サイト／ケープ・カナベラル

宇宙船DATA

国際標識番号／1965-043A
宇宙船／ジェミニ4号（GT-4）
打上時質量／3,574kg

軌道DATA

軌道／地球周回軌道
（遠282km - 近162km）
軌道傾斜角／32.53度
期間／4日1時間56分12秒
周回数／62周

搭乗員

船長／ジェームズ・マクディヴィット
操縦士／エドワード・ホワイト

ジェミニ計画では計12回の打ち上げが行われたが、すべてタイタンⅡ GLVロケットが使用された（p.16）。

ガスを噴出して動きを制御する自己操縦ユニットHSMUを握るホワイト。命綱には緊急用酸素パックを装備。

　　旧　ソビエトが史上初の船外活動に成功した約2ヵ月半後、アメリカも宇宙遊泳に成功します。ジェミニ4号に搭乗したエドワード・ホワイトは、キャビンを減圧し、船内からエアがすべて抜けたことを確認するとハッチを開いて船外に出て、ジェミニ4号から約5m離れた空間まで遊泳。15分40秒にわたり船外活動を行いました。バイザーは太陽光線から守るため金メッキが施され、足には緊急用酸素パックを装着し、手には自己操縦ユニットHSMUとカメラが握られていました。エドワード・ホワイトはその後、アポロ1号のクルーに選出されましたが、地上試験中の事故によって1967年1月27日、他の2名のクルーとともに殉職しています（p.61）。

1965.7/15

火星探査機／火星への最接近日

🇺🇸 マリナー4号

Mariner 4

「はじめて火星の近接撮影に成功」

Photo : NASA

人類がはじめて目にした火星の近接画像。テレビカメラにより撮影された画像はデジタル変換により2万画素の画像データに変換されて送信。マリナー4号は史上はじめてデジタル変換された画像を送信した。

打上DATA

打上日／1964年11月28日
ロケット／アトラス・アジェナD
打上サイト／ケープ・カナベラル

探査機DATA

国際標識番号／1964-077A
寸法／バス：全高0.46×全幅1.27m
　　　パネル展開時：全幅6.88m
打上時質量／260.68kg

ロケットDATA

仕様／液体燃料2.5段式ロケット
寸法／全長36m、直径3m
打上時質量／155t
ペイロード／火星遷移軌道：261kg

軌道DATA

軌道／太陽周回軌道
火星フライバイ／1965年7月15日

Photo : NASA

マリナー2号まではアトラス・アジェナBが使用されたが、3号と4号はアトラス・アジェナDによって打ち上げられた。

Photo : NASA

カリフォルニア州ゴールドストーンの64mアンテナがマリナー4号からの最初の信号を受信。

Photo : NASA

マリナー4号はカメラやガイガーカウンターのほか、ちり、宇宙線、放射線、太陽プラズマなどの検知器を搭載。

　マリナー2号（p.48）を金星に到達させることに成功したNASAは、マリナー計画における3号機と4号機を、今度は火星に向けて打ち上げます。3号は1964年11月5日にアトラス・アジェナDによって打ち上げられましたが、ロケットの保護シールドが外れず探査機のリリースに失敗。その23日後に実施された『マリナー4号』の打ち上げには成功し、この探査機が史上はじめて火星に到達しました。太陽周回軌道に乗って約8ヵ月間航行したマリナー4号は、1965年7月15日に火星に最接近し、史上初の火星フライバイに成功。その接近時に撮影された22枚の画像によって、人類ははじめてクレーターだらけの火星の地表を見たのです。

1965.7-1967.4

核実験監視衛星／打上日

🇺🇸 ヴェラ 3号/4号

Vela 3/4

「史上はじめてガンマ線バーストを観測」

Photo : NASA

連結された2機のヴェラ。1963～75年の間に6号までのA・B計12機が打ち上げられた。

運用DATA

打上サイト／ケープ・カナベラル
運用／DoD（米国防総省）
　　　USAF（米空軍）
『ヴェラ3』
国際標識／1965-058A/B
打上日／1965年7月20日
ロケット／アトラス・アジェナ
『ヴェラ4』
国際標識／1967-040A/B
打上日／1967年4月28日
ロケット／タイタンIII-C

探査機DATA（共通）

打上時質量／各150kg
主要ミッション機器／
・X線検出器
・ガンマ線検出器
・中性子線検出器

軌道DATA

軌道／地球周回軌道（楕円軌道）
（遠129,632km - 近93,297km）
軌道傾斜角／32.3度

Photo : NASA

ヴェラ3号を打ち上げたアトラス・アジェナは、コンベア社とジェネラル・ダイナミクス社による製造。

Photo : NASA

ヴェラが軌道上で分離する様子。1963年に米英ソ間で締結された部分的核実験禁止条約を遵守すべく米国防総省が打ち上げた。

🇺🇸 国防総省が打ち上げた『ヴェラ』は、他国の核実験を監視するための軍事衛星で、A・Bの2機がワンセットで打ち上げられました。核爆発が起こるとX線、ガンマ線、中性子線が放出されますが、ヴェラはそれらを軌道上で検出します。しかし、3号に続いて4号機が打ち上げられたころ、大気圏内ではなく、宇宙から届くガンマ線を偶然にも検出。それは人類にとって未知のものでした。5号と6号がさらに複数の発生源を特定し、それがガンマ線バーストという天文現象であることを突き止めます。ガンマ線バーストとは、超新星爆発によって発生する極度に高いエネルギーで、その数秒間の放出は、太陽が100臆年間に放出するエネルギーに匹敵します。

1965.11/26

人工衛星／打上日

■ アステリックス/ディアマンA

Asterix / Diamant A

「米ソに続いてフランスが人工衛星の打ち上げに成功」

Photo : Le Bourget Museum / Pline

打上DATA

打上日／1965年11月26日
ロケット／ディアマンAロケット
打上サイト／アマギール発射場（アルジェリア）

『アステリックス』DATA

国際標識番号／1965-096A
寸法／直径0.53m
探査機質量／42kg

『ディアマンA』DATA

仕様／液体燃料3段式ロケット
寸法／全長18.9m、直径1.4m
打上時質量／18.4t
第1段／ヴェクサン×1基（274 kN）
第2段／P2×1基（120 kN）
第3段／P064×1基（38.2kN）
燃料／赤煙硝酸×ターペンタイン
ペイロード／LEO：80kg

軌道DATA

軌道／地球周回軌道
（遠1,736km - 近530km）
軌道傾斜角／34.3度

パリのル・ブルジェ航空宇宙博物館に展示されているフランス初の人工衛星アステリックス。

Photo : Le Bourget Museum / Pline

「ディアマン」とはダイヤモンドの意。打ち上げは、当時フランスが使用していたアルジェリアのアマギール発射場で行われた。

　ソ連がスプートニクの打ち上げに成功したことを受け、当時のフランス大統領シャルル・ド・ゴールは、抑止力としてのICBM（大陸間弾道ミサイル）の開発と、それをベースにした人工衛星の打ち上げを決定します。複数タイプのICBMミサイルの飛翔実験を重ね、そのうちのひとつ、サフィールに第3段を追加して『ディアマンAロケット』を完成させます。そしてその頂部に人工衛星『アステリックス』を搭載し、1965年11月26日、打ち上げに成功しました。これによってフランスは、ソ連、米国に続いて、独自に人工衛星を打ち上げた世界で三番目の国となりました。アステリックスという名は、フランスで有名なキャラクターに由来しています。

1965.12-1966.3

有人宇宙船／打上期間

🇺🇸 ジェミニ7号/6A号/8号

Gemini 7/6A/8

「有人ランデブー飛行で30㎝まで接近、軌道上ドッキング」

Photo : NASA

空母ワスプに回収されたあと、フロリダ州にあるメイポート海軍基地で再開したジェミニ7号（左）とジェミニ6A号。

打上DATA

打上日／
7号：1965年12月4日
6A号：1965年12月15日
8号：1966年3月16日
ロケット／タイタンⅡ GLV
打上サイト／ケープ・カナベラル

宇宙船DATA

国際標識番号（打上時質量）／
7号：1965-100A（3,663kg）
6A号：1965-104A（3,546kg）
8号：1966-020A（3,789kg）

軌道DATA

軌道／地球周回軌道
（遠259～304km - 近161～300km）
軌道傾斜角／28.97～28.89度
期間／
7号：13日18時間35分01秒
6A号：1日1時間51分24秒
8号：10時間41分26秒

Photo : NASA

ランデブー航行中のジェミニ6A号のハッチから撮影されたジェミニ7号。

Photo : NASA

ジェミニ計画における1号と2号は有人だったが、すべての打ち上げにはタイタンⅡ GLVロケットを使用。ケープ・カナベラルから打ち上げられた。無人。3号から12号は有人だったが、すべての打ち上げにはタイタンⅡ GLVロケットを使用。

ジェミニ計画では、より自由度の高い宇宙航行を実現するため、2機の宇宙船によるランデブー航行やドッキング、宇宙遊泳（p.54）などが試行されましたが、1965年12月にはジェミニ7号と6A号によって5時間に渡るランデブー飛行が行われ、30㎝の距離まで接近。また、7号はこのフライトにおいて過去最長となる13日18時間以上の宇宙滞在を達成しました。その後、ニール・アームストロングが搭乗した8号では、サターンⅤの3段目を改造した無人衛星『アジェナ』と、史上初の軌道上ドッキングに成功。アポロへの布石となりました。ジェミニ8号に発生したドッキング直後の重大なトラブルは、映画『ファースト・マン』で詳しく描かれています。

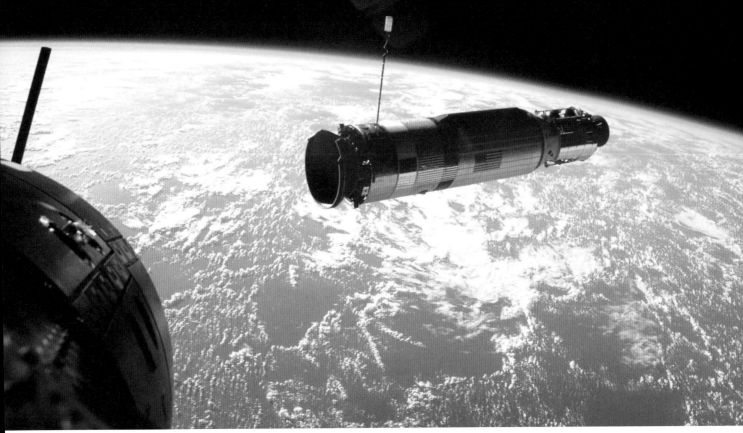

ジェミニ8号から12号では、無人の衛星アジェナを標的にドッキングのテストが繰り返された（写真は10号から撮影したアジェナ）。
Photo：NASA

Photo：NASA

ジェミニ計画では多くの実験が行われた。写真は7号が
行った光通信実験（MSC-4）用のレーザー送信機。

Photo：NASA

ジェミニ宇宙船のスケルトン図。船首にはパラシュート・システムを格納。緑色の部分は搭乗員
2名が乗る再突入部。その左手に逆噴射部と推進部が接続されている（p.20）。

1966.1-3

月探査機／打上期間

ルナ9号/10号

Luna 9/10

「はじめて月に軟着陸した9号、月周回軌道に乗った10号」

『ルナ9号』

打上DATA

打上日／1966年1月31日
ロケット／モルニヤ8K78M
打上サイト／バイコヌール宇宙基地

探査機DATA

国際標識番号／1966-006A
打上時質量／1,538kg
カプセル／58cm、99kg

ロケットDATA

仕様／液体燃料3段式ロケット
寸法／全長43.4m、本体直径2.95m
打上時質量／305t
エンジン／第1段（ブースター）×4基
　　　　　第2段（コア）×1基、第3段×1基
燃料／液体酸素×ケロシン

軌道DATA

軌道／月遷移軌道

ルナ9号・10号を打ち上げたR-7シリーズのモルニヤ8K78Mは、1964年に初ローンチされ、なんと2010年まで使用され続けた。

Photo : WDGraham

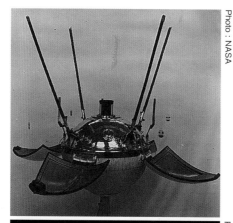

Photo : NASA

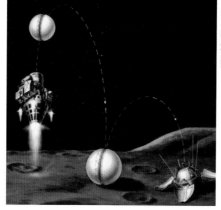

Photo : Lavochkin

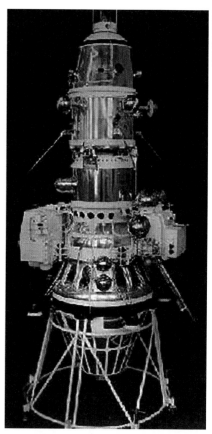

Photo : NASA

左上／ルナ9号のカプセル。左下／カプセルリリースのシークエンス図。右／月周回軌道に乗ったルナ10号。

　ソ連による無人月探査プロジェクト『ルナ計画』は、1959年から17年間の間に計25機の探査機が打ち上げられましたが、ここで見せたソビエトの遠隔操作技術には目を見張るものがあります。当計画の初期では月への探査機衝突実験や、月フライバイなどを試みましたが、1966年2月3日、『ルナ9号』は史上はじめて、無人探査機の月面軟着陸に成功します。月面に降りるとカプセルの外殻が開いてアンテナを伸ばし、月面の撮影、データ採取をして地球に送信しました。この際の探査機は、月へ向かう軌道からそのまま月面へ降下しましたが、その2ヵ月後に打ち上げられた『ルナ10号』では、史上はじめて月周回軌道に乗ることに成功しました。

1967.1/27

有人宇宙船／事故発生日

アポロ1号の紀章。以下はグリソムの生前の言葉。「もし私たちが死んだら、それを受け入れてほしい。何かが起こっても計画が遅れないことを願っています。宇宙制覇は生命のリスクに見合う価値があります」。

🇺🇸 アポロ1号

Apollo 1

「地上テストで火災事故、宇宙飛行士3名が犠牲に」

事故DATA

発生日／1967年1月27日
場所／ケープ・カナベラル34番発射台
宇宙船／アポロ1号（AS-202）

搭乗員・主な過去ミッション

●船長／ガス・グリソム
（1926年4月3日〜1967年1月27日）
　マーキュリー・レッドストーン4号
　ジェミニ3号
●副操縦士／エドワード・ホワイト
（1930年11月14日 - 1967年1月27日）
　ジェミニ4号
●飛行士／ロジャー・チャフィー
（1935年2月15日-1967年1月27日）
　ジェミニ4号の交信担当員

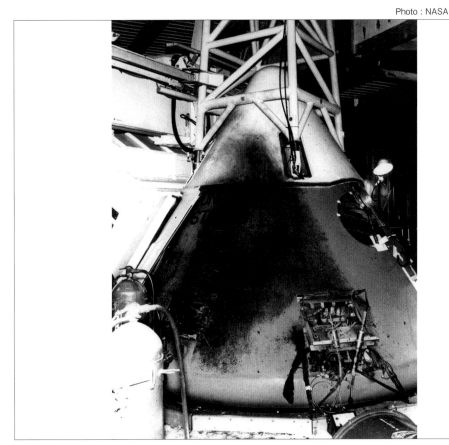

事故後のアポロ1号の司令船。アメリカの宇宙開発における最初の死亡事故となった。

左からグリソム、ホワイト、チャフィー。後日、アポロ15号のクルーによって、彼らの名が刻まれた盾が月面に設置されている。

　ジェミニ計画が成功裏に終わり、アポロ計画へ移行した矢先、『アポロ1号』の事故が発生します。ケープ・カナベラルの34番発射台に設置されたアポロ宇宙船での予備訓練中、突如、船内で火災が発生。船内に搭乗していたガス・グリソム、エドワード・ホワイト（p.54）、ロジャー・チャフィーの3名が殉職したのです。絶縁体が裂けた配線がスパークを起こし、船内の純粋酸素に発火したことが原因でした。また、ハッチが内側からしか開けられない構造だったことも要因となりましたが、皮肉にもこの機構の採用は、グリソムが搭乗したリバティベル7（p.28）のハッチが、着水後に不意に吹き飛び、水没事故を起こしたことがきっかけでした。

1967.4/24

■ ソユーズ1号

Soyuz 1

ソユーズロケットとコマロフ。その名は月クレーターや小惑星の名として残る。遺灰は赤の広場のクレムリンの壁墓所に埋葬。

「地球帰還に失敗、はじめての飛行中の死亡事故」

打上DATA

打上日／1967年4月23日
ロケット／ソユーズ11A511
打上サイト／バイコヌール宇宙基地

宇宙船DATA

国際標識番号／1967-037A
宇宙船／ソユーズ7K-OK（1号）
打上時質量／6,450kg

ロケットDATA

仕様／液体燃料3段式ロケット
寸法／全長45.60m　本体直径10.3m
打上時質量／308t
第1段（ブースター）／RD107×4基
第2段（コア）／RD108×1基
第3段／RD0110×1基
ペイロード／LEO・6,450kg

軌道・運用DATA

軌道／地球周回軌道（遠211km - 近198km）
軌道傾斜角／51.7度
期間／1日2時間47分　周回数／18周
帰還日（事故発生日）／1967年4月24日

搭乗員・主な過去ミッション

ウラジミール・コマロフ
（1927年3月16日〜1967年4月24日）
・ボスホート1号

はじめての宇宙死亡事故の犠牲者となったウラジミール・コマロフ。

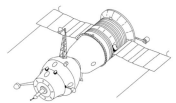

Figure 1-6. Original Soyuz spacecraft.

初フライトではさまざまな問題が発生したソユーズ7K-OK。この事故の半年後には無人テスト機として2号が打ち上げられた。

ア　ポロ1号の事故から3ヵ月後、ソビエトの新型宇宙船『ソユーズ1号』にも不幸が訪れます。ウラジミール・コマロフが搭乗した宇宙船ソユーズ1号は、打ち上げ直後に展開する予定だったソーラーパネルの片側が開かず、船内の電力不足が発生。地球周回13周目には自動制御システムが機能しなくなりました。家族との交信の後、コマロフは手動で逆噴射ロケットを点火し、大気圏へ再突入しましたが、設計に不備があったメインパラシュートが開かず、予備パラシュートもそれと絡まって開かず、減速しないまま時速145kmで地面に激突し、即死したのです。有人宇宙計画においてフライト中に発生した死亡事故としては、これが最初の事例となりました。

1967.10/18

金星探査機／カプセル投下日

⚘ ベネラ4号

Venera 4

これはベネラ4号のものと同種の7号の投下カプセル。金星の熱くて高圧な環境に耐えるため、非常に堅牢な造りになっている。

「金星大気層に探査カプセルを投下」

打上DATA

打上日／1967年6月12日
ロケット／モルニヤ8K78M
打上サイト／バイコヌール宇宙基地

探査機DATA

国際標識番号／1967-058A
打上時質量／1,106kg
バス寸法／全長3.5m

ロケットDATA

仕様／液体燃料3段式ロケット
寸法／全長43.4m、本体直径2.95m
打上時質量／305t
エンジン／第1段（ブースター）×4基
　　　　　第2段（コア）×1基、第3段×1基
燃料／液体酸素×ケロシン

軌道DATA

軌道／金星遷移軌道

金星への遷移軌道上で通信途絶したまま金星に激突したベネラ3号。予定では4号と同様にカプセルを投下するはずだった。

ベネラ4号のメインバス（探査機本体）。投下したカプセルに続いて金星の大気圏に突入して消滅した。

有 人月探査が激化する一方で、ソビエトは金星探査プロジェクト『ベネラ計画』（p.231）も強化します。1965年11月に打ち上げられた『ベネラ3号』は、金星へ向かう軌道上で通信が途絶。そのまま金星へ衝突したと考えられ、地球以外の惑星地表に到達した史上初の人工物とされています。続く『ベネラ4号』は、金星への探査カプセル投下に成功。時速1,032kmで落下するカプセルは直径2.2mのパラシュートを開いてブレーキを掛け、高度55kmで探査機器を起動。続いて高度52kmで直径55mのメインパラシュートを開くと大気中を漂いながらデータを取得し、高度25kmに達するまでの93分間、地球へ23セットのデータを送信しました。

1968.12/21

有人宇宙船／打上日

🇺🇸 アポロ8号

Apollo 8

「初の有人月周回軌道。月の裏側を肉眼で初観測」

左から司令船操縦士のジム・ラヴェル、月着陸船操縦士のウィリアム・アンダース、船長のフランク・ボーマン。

Photo : NASA

打上DATA

打上日／1968年12月21日
ロケット／サターンV（SA-503）
打上サイト／ケネディ宇宙センター（39A）

宇宙船DATA

国際標識番号／1968-118A
司令船・機械船（CSM）／CSM-103
質量／CSM：28,817kg

軌道DATA

軌道／月周回軌道
（遠118km - 近109km）
期間／6日3時間42秒
月周回数／10周

搭乗員

船長／フランク・ボーマン
司令船操縦士／ジム・ラヴェル
月着陸船操縦士／ウィリアム・アンダース

Photo : NASA

サターンVで打ち上げられる『アポロ8号』。ケネディ宇宙センターから発射された最初の有人宇宙船となった。

Photo : NASA

サターンVの第3段の上部フェアリングが開き、CSM（司令船と機械船）が分離するシーンのイメージ。

1960年代初頭、あらゆる宇宙開発においてソビエトに先を越されていたアメリカは、有人月探査に関しては「世界初」を狙い、アポロ計画を進めます。しかし、ソビエトが1968年に有人月面着陸を予定しているという情報がNASAに届くと、当時のNASA長官ジョージ・ロウは、地球周回試験を行う予定だった『アポロ8号』を、月周回軌道に乗せるよう提言します。結果、アポロ8号の搭乗員は、人類としてはじめて月に到達し、月周回軌道に乗り、月の裏側を肉眼で見ることになりました。アポロ8号の搭乗員3名は、11号の月面着陸のためのランドマーク、地形などを調査し、7ヵ月後のアポロ11号の有人月面着陸の成功に大きく貢献しました。

世界的に有名になった「地の出」の写真。

月の裏側の写真。ジム・ラヴェルいわく「手が届きそうなほど近かった」。

船内の様子は全米に
生中継された。ちょ
うどクリスマスに月
軌道にいたジムは
「サンタクロースが
いたよ」と語った。

ケネディ宇宙センタ
ーのコントロールセ
ンター。打ち上げが
完了すると管制はジ
ョンソン宇宙センタ
ー（ヒューストン）
に移される。

アポロの誘導コンピュータのチップ。左が現物で2cmほど。右は拡大図。

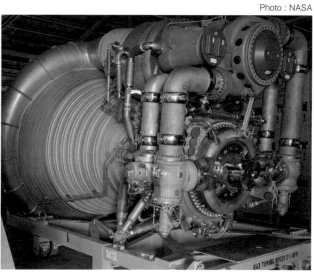

アポロに搭載された史上最大のロケットエンジン『F-1』。

1969.7/20

有人宇宙船（月面探査）／月面への着陸日

🇺🇸 アポロ11号

Apollo 11

『アポロ11号』の搭乗員。左からニール・アームストロング、マイケル・コリンズ、バズ・オルドリン。

「人類がはじめて月に降り立った瞬間」

打上DATA

打上日／1969年7月16日
ロケット／サターンV（SA-506）
打上サイト／ケネディ宇宙センター（39A）

宇宙船DATA

●司令船・機械船／コロンビア（CSM-107）
国際標識番号／1969-059A
●月着陸船／イーグル（LM-5）
国際標識番号／1969-059C
質量／CSM：30,332g、LM：14,696kg

軌道DATA

軌道／月周回軌道（遠122km - 近101km）
期間／8日3時間18分35秒
月周回数／30周
着陸日／1969年7月20日

搭乗員

船長／ニール・アームストロング
司令船操縦士／マイケル・コリンズ
着陸船操縦士／バズ・オルドリン

Photo : NASA

Photo : NASA

さきに月面に降り立ったアームストロングが、バズ・オルドリンの下船の様子を撮影したワンカット。

宇宙船『アポロ11号』を打ち上げたサターンVロケットSA-506。ケネディ宇宙センターのLC-39Aパッドから打ち上げられた。

月周回軌道を回る司令船コロンビアにコリンズを残し、アームストロングとオルドリンが搭乗した月着陸船イーグルは、1969年7月20日20時17分（UTC/協定世界時）、人類としてはじめて月面「静かの海」に着陸しました。イーグルが降下しているとき、コンピュータの過負荷を知らせるアラートが鳴るもののミッションは続行され、燃料があと10秒分しか残っていない状態で、アームストロングの手動操縦によって無事着陸しました。その6時間40分後、アームストロングが月面へ降りる様子はテレビで生中継され、19分後にはオルドリンも降り立ち、ふたりは2時間31分間にわたって船外活動を行い、21.5kgのサンプルを採取しました。

Photo : NASA

月面から上昇し、司令船とドッキングする直前の月着陸船。

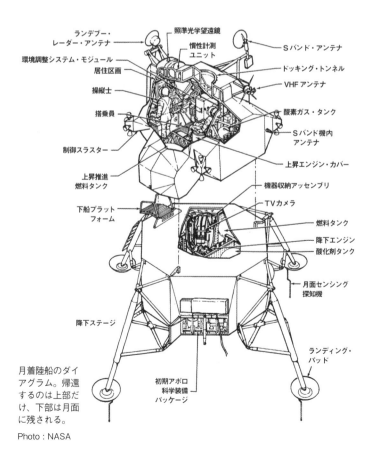

ランデブー・レーダー・アンテナ
照準光学望遠鏡
慣性計測ユニット
環境調整システム・モジュール
居住区画
操縦士
搭乗員
制御スラスター
上昇推進燃料タンク
下船プラットフォーム
Sバンド・アンテナ
ドッキング・トンネル
VHFアンテナ
酸素ガス・タンク
Sバンド機内アンテナ
上昇エンジン・カバー
機器収納アッセンブリ
TVカメラ
燃料タンク
降下エンジン
酸化剤タンク
月面センシング探知機
降下ステージ
初期アポロ科学装備パッケージ
ランディング・パッド

月着陸船のダイアグラム。帰還するのは上部だけ、下部は月面に残される。

Photo : NASA

HERE MEN FROM THE PLANET EARTH
FIRST SET FOOT UPON THE MOON
JULY 1969, A. D.
WE CAME IN PEACE FOR ALL MANKIND

NEIL A. ARMSTRONG
ASTRONAUT

MICHAEL COLLINS
ASTRONAUT

EDWIN E. ALDRIN, JR.
ASTRONAUT

RICHARD NIXON
PRESIDENT, UNITED STATES OF AMERICA

月面に設置された11号の銘板。搭乗員3人と、当時の大統領ニクソンのサインが記されている。

Photo : NASA

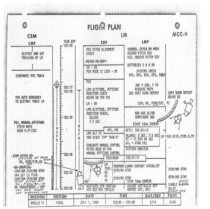

FLIGHT PLAN

月面着陸用のフライトプラン。秒刻みのスケジュールがぎっしり記されている。

Photo : NASA

1970.2/11

人工衛星／打上日

● おおすみ

Ohsumi

L-4Sによる打ち上げ。電波が補足できなくなった後も軌道を回り続け、2003年8月2日、北アフリカ上空で大気圏に突入した。

「日本初の人工衛星、地球周回軌道へ」

打上DATA

打上日／1970年2月11日（JST）
ロケット／L-4S（5号機）
打上サイト／内之浦宇宙空間観測所

『おおすみ』DATA

国際標識番号／1970-011A
寸法／全長1m、最大直径0.48m
質量／24kg（第4段の燃焼後）

ロケットDATA

仕様／固体燃料4段式ロケット
寸法／全長16.5m、本体直径0.735m
打上時質量／9.4t
第1段／L753×4基
第2段／L753(short)×1基
第3段／L500×1基
第4段／L480×1基
ペイロード／LEO・26kg

軌道DATA

軌道／地球周回軌道（楕円軌道）
（遠5140km - 近350km）
軌道傾斜角／31度
運用停止日／1970年2月12日
落下日／2003年8月2日

日本初の人工衛星おおすみは翌日、電池が切れるまでの間、信号を発信し続けた。

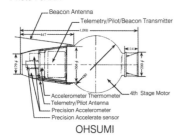

OHSUMI

全長1,000mm、最大直径480mm。2本のフック型アンテナと、4本のホイップ型アンテナを備える。

日本がはじめて打ち上げに成功した人工衛星がこの『おおすみ』です。この打ち上げに成功したことで日本は、ソビエト、アメリカ、フランスに次いで、世界で4番目に人工衛星の打上げに成功した国となりました。この衛星の目的は、ミューロケットによる人工衛星の打上げ技術の習得と、衛星についての工学的試験です。発射後約2時間半を経過したときに内之浦で信号を受信したことで、おおすみが地球を1周したことが確認でき、その信号は6周目まで受信されました。その名称は、日本におけるロケット開発の第一人者である糸川英夫博士が、地元の協力を得て建設した内之浦宇宙空間観測所がある、鹿児島県の大隅半島からつけられています。

1970.4/11

有人宇宙船（月面探査）／打上日

🇺🇸 アポロ13号

Apollo 13

「全世界が注視した"栄光なる失敗"」

Photo : NASA

左から、着陸船操縦士のフレッド・ヘイズ、船長ジム・ラヴェル、司令船操縦士ジョン・スワイガート。空母イオウジマが回収。

打上DATA

打上日／1970年4月11日
ロケット／サターンV（SA-508）
打上サイト／ケネディ宇宙センター（39A）

宇宙船DATA

●司令船／オデッセイ（CM-109）
国際標識番号／1970-029A（CSM）
●月着陸船／アクエリアス（LM-7）
国際標識番号／1970-029C
質量／CM：28,945g、LM：15,235kg

軌道・運用DATA

軌道／（自由帰還軌道）
事故発生日／1970年4月14日
月最接近／1970年4月15日（254km）
期間／5日22時間54分41秒

Photo : NASA

Photo : NASA

上／大気圏再突入の直前、月着陸船アクエリアスを破棄。下／SMとLMが大気圏再突入時に燃える様子は地上から観測できた。

Photo : NASA

大気圏再突入の直前、司令船から分離された機械船。側面パネルが破断していることをこのときはじめて確認。

3 度目の月面着陸を行うため、その軌道上にあった『アポロ13号』は、1970年4月14日、酸素タンクが爆発するというトラブルに見舞われて月面着陸を断念。3名の搭乗員が無事に帰還できるかを世界中が見守りました。月を回ってそのまま地球に戻る自由帰還軌道に乗って航行し、電力不足、二酸化炭素の増加、低温度などに対処しつつ、なんと軌道修正のためのロケット噴射を、コンピュータを使用せず手動で行いました。あらゆる手を尽くして搭乗員3名を帰還させたこの出来事は「栄光なる失敗」と呼ばれ、NASAの技術力と組織力を改めて世界に知らしめました。船長であるラヴェルはこのとき42歳、飛行主任のジーン・クランツは36歳でした。

1970.4/24

人工衛星／打上日

東方紅1号

Dong Fang Hong I

「中国が五番目の人工衛星打上げ国に」

打上DATA

打上日／1970年4月24日
ロケット／長征1号
打上サイト／酒泉宇宙センター

『東方紅1号』DATA

国際標識番号／1970-034A
寸法／直径1m
探査機質量／173kg

『長征1号』DATA

仕様／液体燃料3段式ロケット
寸法／全長29.86m、直径2.25m
打上時質量／81,570t
第1段／液体燃料エンジン×1基
第2段／液体燃料エンジン×1基
第3段／固体燃料エンジン×1基
液体燃料／硝酸×非対称ジメチルヒドラジン
ペイロード／LEO：300kg

軌道DATA

軌道／地球周回軌道
（遠1480km - 近273km）

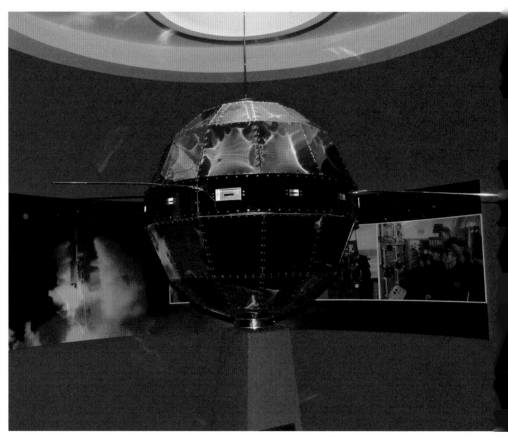

72面体の球状をした東方紅1号の表面はアルミニウム合金。電離層と大気層を観測し、曲を流し続けた。

長征1号による東方紅1号の打ち上げ成功で中国は、ソビエト、アメリカ、フランス、日本に続き、独自に人工衛星を打ち上げた五番目の国になった。

Photo：GW_Simulations

各国首脳と同様、中国の毛沢東主席もスプートニクの成功に衝撃を受け、1965年、独自に人工衛星を打ち上げることを決定します。その開発は、米国のジェット推進研究所（JPL）の共同創立者のひとりであり、「中国のロケット王」と呼ばれた銭学森（p.34）が指揮しました。同年にはじまったロケット開発により『長征1号』が完成。そのペイロードとして人工衛星『東方紅1号』が搭載され、1970年4月24日、酒泉宇宙センター（酒泉衛星発射センター）からの打ち上げに成功しました。東方紅とは、毛沢東と中国共産党を称える歌の名であり、送信機を搭載したこの人工衛星からは、26日間にわたってその曲が流され続け、それは世界中で受信されました。

1970.9-11

月探査機／打上期間

■ ルナ16号/17号

Luke 16/17

「月からのサンプルリターンと月面無人ローバー」

打上DATA

打上日／16号・1970年9月12日
　　　　17号・1970年11月10日
ロケット／プロトンK・ブロックD
（液体燃料4段式ロケット）
打上サイト／バイコヌール宇宙基地

探査機DATA

●16号
国際標識番号／1970-072A
打上時質量／5,725g
●17号（ルノホート1）
国際標識番号／1970-095A
打上時質量／5,600g

軌道DATA

軌道／月遷移軌道

ルナ16号の帰還カプセル。着地すると転がり防止の風船が膨らみ、着陸地点を知らせるためのアンテナが伸びる。

Photo : NASA

Photo : Roscosmos

Photo : Roscosmos

ルナ16号のアームはサンプルを採取して持ち上げるとそのまま機体頂部のカプセルに届く仕組み。そして上部だけが帰還する。

Photo : NASA

Photo : NASA

上／月からの試料サンプルリターンに成功したルナ16号。下／ルナ17号の月面探査ローバー『ルノホート』。

有 人月探査においてアメリカに先を越されたソビエトは、無人探査機でも月探査は可能であることを実証します。アポロ13号が帰還した5ヵ月後、『ルナ16号』が打ち上げられました。ランダーは月面に着陸するとアームを伸ばして月の地表を掘削し、サンプルを採取。それを機体頂部のカプセルに収納して、アッパーステージが月を離脱。地球近傍でカプセルをリリースして地球へ帰還させます。これによりソ連は101gの月の試料を入手しました。また、『ルナ17号』は史上初の宇宙探査ローバー『ルノホート』を月面に着地させます。地上局から遠隔操作が可能なこのローバーは、10ヵ月間運用され、その間に10.5km移動し、2万枚の写真を撮影しました。

1970.12/12

X線小型天文衛星／打上日

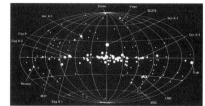

ウフルのX線全天マップ。全天マップとは、地球から観測し得るすべての空の地図。中央から左右に天の川銀河が拡がる。画面中央が銀河の中心。

🇺🇸 SAS-A「ウフル」

SAS A (Uhuru), Explorer 42

「史上初のX線観測衛星、ブラックホール候補をはじめて特定」

運用DATA

打上日／1970年12月12日
ロケット／スカウト
打上サイト／サンマルコ（ケニア）

機体DATA

国際標識／1970-107A
別名／エクスプローラー42
打上時質量／141.5kg
主要ミッション機器／
・全天X線観測機
（比例計数管）

軌道DATA

軌道／地球周回軌道（略円軌道）
（遠572km - 近531km）
軌道傾斜角／3.0度

ウフルは、ブラックホールの有力候補やパルサー（ケンタウルス座X-3）を史上はじめて発見した。

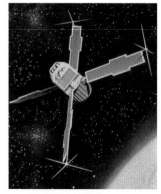

バス（宇宙機の本体部分）は全高1.16m。4枚のソーラーパドルでニッカド電池を充電。三軸制御方式を採用。

NASAの『SAS-A ウフル』は、史上初のX線観測衛星です。12分に1回自転しながら宇宙全体をスキャンして全天マップを作製し、339個のX線源を発見。それらは「ウフル・カタログ」にまとめられました。この機体は、小田稔氏（当時MIT在席）が考案した「すだれコリメータ」を搭載。格子上の金属マスク2枚をX線検出器の前に配し、入射するX線源の位置を厳密に絞り込み、はくちょう座にある青色超巨星を観測。太陽の30倍もの質量を持つその天体は、もっと重い見えない天体（伴星）と引き合っていましたが、それがブラックホールの有力候補であることを史上はじめて特定。その天体は「はくちょう座X-1」と命名されました。

1971.4/19

ソビエト宇宙ステーション／打上日

🇷🇺 サリュート1号

Salyut 1

「ソビエトが打ち上げた世界初の宇宙ステーション」

Photo : RSC Energia

コロリョフ設計局（OKB-1、現RSCエネルギア）で開発中のサリュート1号。

Photo : NASA / RIA-Novosti

ステーションDATA

国際標識番号／1971-032A
打上日／1971年4月19日
打上サイト／バイコヌール宇宙基地
ロケット／プロトン8K82K
寸法／全長20m、最大直径4.15m
与圧区画体積／100㎥
質量／18,425kg　定員／3名
軌道／低軌道(遠214km - 近180km)
軌道傾斜角／51.4度
落下日／1971年10月11日

『ソユーズ11号』DATA

国際標識番号／1971-053A
打上日／1971年6月6日
型式／ソユーズ7K-OKS
寸法／全長7.95×直径2.72m
帰還日／1971年6月30日

ソユーズ11号搭乗員・主な過去ミッション

●ゲオルギー・ドブロボルスキー
（1928年6月1日～1971年6月30日）
●ウラディスラフ・ボルコフ
（1935年11月23日～1971年6月30日）
　ソユーズ7号
●ビクトル・パツァーエフ
（1933年6月19日～1971年6月30日）

サリュート1号（右）とソユーズ宇宙船が軌道上でドッキングする際のイメージ図。

Photo : NASA

質量18.4トンのサリュート1号を打ち上げたプロトンKロケット。プロトンKは2012年まで使用された。

ア メリカとの有人月探査競争に敗れたソビエトは、宇宙ステーションに宇宙開発の可能性を見出し、1971年4月19日、世界初の単体モジュール型の宇宙ステーション『サリュート1号』（p.220）を打ち上げます。人員輸送のための宇宙船『ソユーズ11号』が、サリュート1号との初ドッキングに成功しますが、この船が事故を起こします。3名のクルーはサリュート1号に3週間滞在した後、大気圏に再突入しましたが、宇宙船内の直径1mmほどのバルブに欠陥があり、酸素が船外に漏出。ソユーズ11号は着陸しましたが、3名は窒息死していました。宇宙船を改修する間、サリュート1号の運用は中止され、同年には大気圏に再突入し、そのまま破棄されました。

1971.11/14

火星探査機／火星周回軌道への投入日

Photo : NASA

火星に接近中の『マリナー9号』が撮影した火星。軌道上から7,000枚以上の写真を撮影、地球へ送信した。

🇺🇸 マリナー9号

Mariner 9

「火星周回軌道への投入に成功した初の探査機」

打上DATA

打上日／1971年5月30日
ロケット／アトラス・セントールSLV-3C
打上サイト／ケープ・カナベラル

探査機DATA

国際標識番号／1971-051A
バス寸法／全高2.28×全幅1.38m
打上時質量／558.8kg

ロケットDATA

仕様／液体燃料3段式ロケット
寸法／全長38m、直径3.05m
質量／148.404t
第0段／アトラスMA-5×1基
第1段／セントールSLV-3 C/D×1基
第2段／セントールD/E×1基
推力／1,939.29kN
ペイロード／LEO・1,800kg

軌道DATA

軌道／火星周回軌道(楕円)
(後期：遠16,860km - 近1,650km)
軌道傾斜角／64.4度
軌道投入／1971年11月14日

Photo : NASA

史上はじめて地球以外の惑星の周回軌道に投入された火星探査機マリナー9号。

Photo : NASA

それまでの火星探査機よりも低高度で飛び、かつ高解像度の撮影に成功。火星の7割近くの地形図作成に貢献した。

マリナー計画によってNASAはさらに偉業を成し遂げます。1964年に打ち上げられたマリナー4号（p.55）は、史上はじめて火星フライバイを行いましたが、その6年半後に打ち上げられたこの『マリナー9号』は、1971年11月14日、史上はじめて火星周回軌道に乗り、解像度の高い写真を撮影し、地球に送信しました。地球以外の惑星の周回軌道へ入ったのは、このマリナー9号が世界ではじめてです。有人月面探査における米ソの戦いに決着がついたこのころ、その目標は惑星探査に設定されていましたが、実際、このマリナー9号が軌道に投入された13日後には、ソビエトの『マルス2号』が世界ではじめて火星地表に到達しています。

1971.11/27

火星探査機／2号の火星地表への到達日

Photo : NASA

マルス3号が搭載した超小型探査ローバー
『プロップM』。通信が途絶しなければ世界
初の火星探査ローバーになるはずだった。

☭ マルス2号/3号

Mar 2/3

「火星地表にはじめて届いた2号、軟着陸した3号」

Photo : NASA

『マルス2号』

打上DATA

打上日／1971年5月19日
ロケット／プロトンK・ブロックD
打上サイト／バイコヌール宇宙基地

オービターDATA

国際標識番号／1971-045A
質量／3,440kg
軌道／火星周回軌道(楕円軌道)
(遠24,940km - 近1,380km)
軌道傾斜角／48.9度
軌道投入日／1971年11月27日

ランダーDATA

国際標識番号／1971-045D
質量／1,210kg
着陸日／1971年11月27日

Photo : NASA

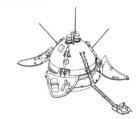

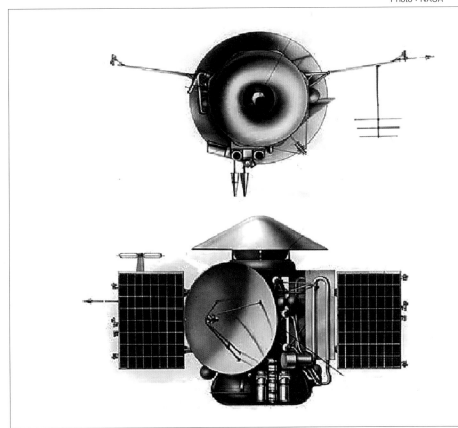

上図は『マルス』をロケット側から見た図。下図の三角錐の部分にランダーが格納されている。

Photo : NASA

上／ランダーの三角錐の部分が脱落すると
中からランダー本体が表れる。下／大気圏
突入時はこの状態で三角錐の部分から進入。

ア メリカのマリナー9号が火星周回軌道に乗った13日後、ソビエトの『マルス2号』のランダー（着陸探査機）が火星への着陸に失敗して激突。結果的にこれが火星地表に到達した世界初の人工物となりました。その5日後には『マルス3号』も火星に到達。こちらはランダーの着陸に成功するものの15秒で通信が途絶します。2号と3号は同型で、軌道上を回り続けるオービター（軌道周回機）と、そこから分離、投下されるランダーで構成され、なんと3号は小型探査ローバーを搭載。しかし運用には至りませんでした。オービターは軌道上から撮影しつつ、様々なデータを取得。2機のマルスが着陸したとき、火星地表では激しい砂嵐が発生していました。

1973.5/14

宇宙ステーション／打上日

『スカイラブ』では、さまざまな実験や、太陽のコロナホールの観測、地球観測などが行われた。

🇺🇸 スカイラブ

Skylab

「アメリカ初の宇宙ステーション」

打上DATA

打上日／1973年5月14日
ロケット／サターンV（SA-513）
打上サイト／ケネディ宇宙センター（39A）

ステーションDATA

国際標識番号／1973-027A
寸法／全長25.1m（アポロCSM除く）
　　　最大直径6.6m
居住区画容積／343㎥
質量／77,088kg
定員／3名

軌道DATA

軌道／地球周回軌道
（遠442km - 近434km）
軌道傾斜角／50度
期間／2,249日　周回数／34,981周
落下日／1979年7月11日

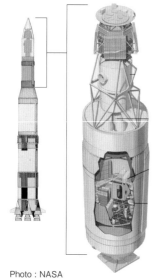

アポロ計画では月着陸船が格納されるサターンVロケットの第3段を改造して『スカイラブ』は製造された。

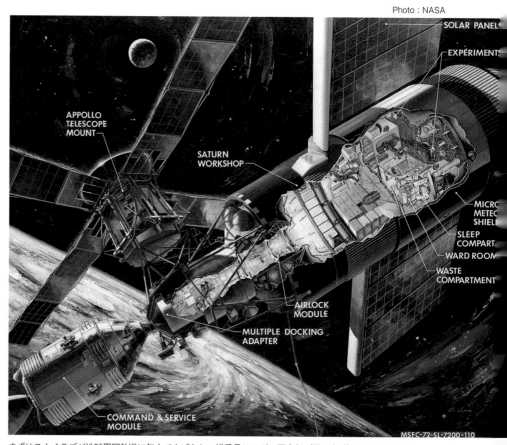

SOLAR PANEL
EXPERIMENT
APPOLLO TELESCOPE MOUNT
SATURN WORKSHOP
MICRO METEO SHIELD
SLEEP COMPART
WARD ROOM
WASTE COMPARTMENT
AIRLOCK MODULE
MULTIPLE DOCKING ADAPTER
COMMAND & SERVICE MODULE

MSFC-72-SL-7200-110

まずはスカイラブが地球周回軌道に無人で上げられ、搭乗員はアポロ司令船（図の左手）で送り込まれた。

NASAはアポロを20号まで月に飛ばす予定でしたが、すでに有人月面探査においてソビエトに勝利し、一方で予算確保が難しくなり、米国民の関心が薄れたことなどによって、17号を最後に中止します。そこでNASAは、アポロ計画のために用意されていたサターンVの第3段ロケットであるS-ⅣBを改造して、アメリカ初の宇宙ステーションを打ち上げる計画を立案します。アポロ17号のラストフライトから半年後の1973年5月14日、総質量77トンの『スカイラブ』は打ち上げられ、3回に渡って計9人の宇宙飛行士が171日間滞在し、さまざまな実験が行われました。1979年に大気圏に再突入するまでの約6年の間に、地球を34,981周しました。

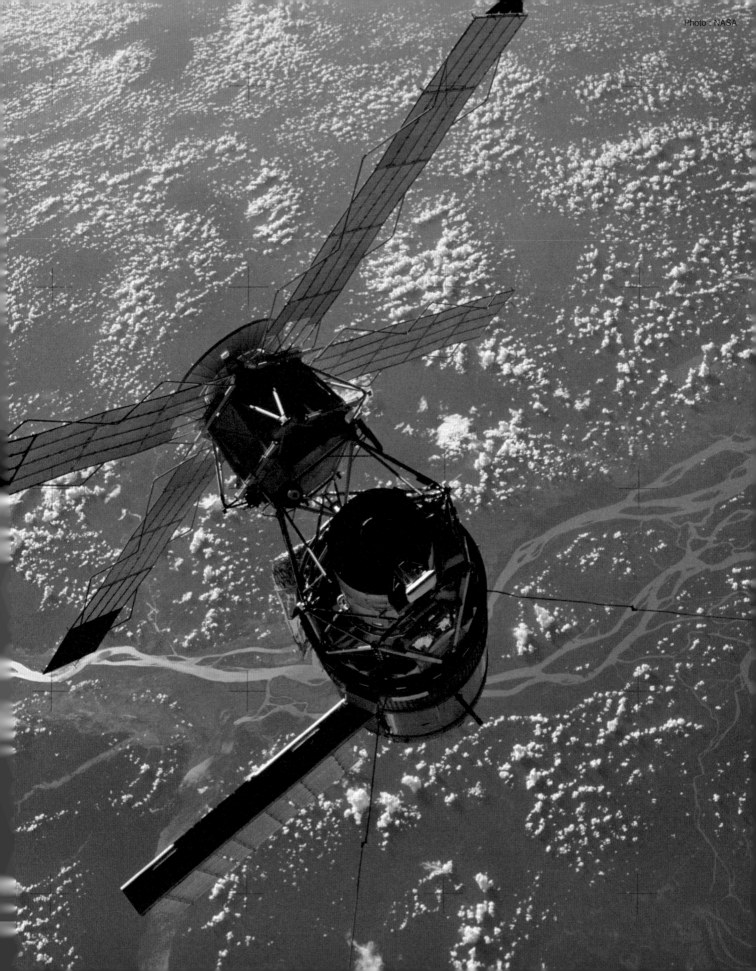

1973.12/4

惑星探査機／木星への最接近日

同時期に進められたマリナー計画の後期の探査機と同様、アトラス・セントールSLV・3Cで打ち上げられた。

Photo : NASA

🇺🇸 パイオニア10号

Pioneer 10

「はじめて木星に接近、太陽系外へ飛行を続ける」

打上DATA

打上日／1972年3月2日
ロケット／アトラス・セントールSLV-3C
（液体燃料3段式ロケット）
打上サイト／ケープ・カナベラル

探査機DATA

国際標識番号／1972-012A
寸法／アンテナ直径2.74m
打上時質量／258kg

軌道・運用DATA

軌道／双曲線道（運用停止時）
木星フライバイ／1973年12月4日
木星最接近距離／132,252km
通信途絶／2003年1月22日
運用停止／2006年3月4日

Photo : NASA

史上はじめて木星をフライバイする『パイオニア10号』のイメージ図。

Photo : NASA

Photo : NASA

上／パイオニア10号が成し遂げた木星の近接撮影。下／JPLで組まれる10号。パイオニア計画の開発と運用は主にJPLが担当。

1958年に開始されたパイオニア計画では、初期には月、後期には惑星間空間の探査が行われましたが、この『パイオニア10号』では木星探査に臨みます。パイオニア10号は打ち上げから1年9ヵ月後の1973年12月4日、木星の高度約13万2,000kmでフライバイを行い、木星の近接撮影などを実行。木星に到達した史上初の探査機となりました。その後は太陽系から脱する双曲線軌道へと投入され、太陽系外を目指して航行。地上レーダー施設の改善によって、想定よりもパイオニア10号との通信は長期にわたり、それは打ち上げから31年後の2003年1月22日に通信が途絶するまで続けられました。現在では太陽系を脱し、星間空間を航行しています。

1974.3/29

水星・金星探査機／水星近傍の初通過日

■ マリナー10号

Mariner 10

アトラス・セントールSLV・3Cは、アトラスの3段目にセントール・ロケットを搭載した3段式ロケット。

Photo : NASA

「金星フライバイを経て、世界ではじめて水星に到達」

Photo : NASA

打上DATA

打上日／1973年11月3日
ロケット／アトラス・セントールSLV-3C
（液体燃料3段式ロケット）
打上サイト／ケープ・カナベラル

探査機DATA

国際標識番号／1973-085A
バス：寸法／全高3.7×全幅1.39m
打上時質量／473.9kg

軌道DATA

軌道／太陽周回軌道
金星フライバイ／1974年2月5日
水星フライバイ／1974年3月29日
（水星最接近距離／327km）

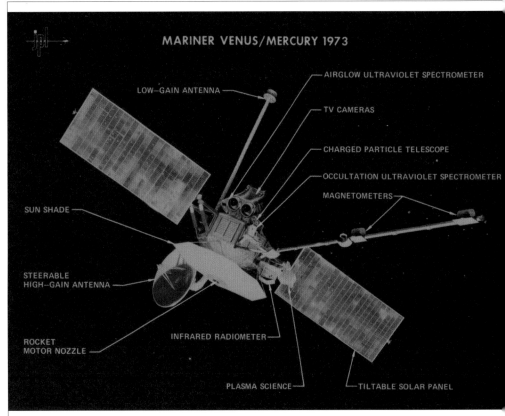

MARINER VENUS/MERCURY 1973

LOW−GAIN ANTENNA
AIRGLOW ULTRAVIOLET SPECTROMETER
TV CAMERAS
CHARGED PARTICLE TELESCOPE
OCCULTATION ULTRAVIOLET SPECTROMETER
MAGNETOMETERS
SUN SHADE
STEERABLE HIGH−GAIN ANTENNA
INFRARED RADIOMETER
ROCKET MOTOR NOZZLE
PLASMA SCIENCE
TILTABLE SOLAR PANEL

2枚の太陽電池パネル、高感度アンテナ、TVカメラ、テレスコープなどを装備。下部にロケットを搭載。

Photo : NASA

Photo : NASA

上／一機の探査機で複数の惑星を巡ったのはマリナー10号が史上初。下／マリナー10号が地球へ送信してきた水星の画像。

N ASAが推し進めたマリナー計画では、2号は金星に到達し（p.48）、4号は火星に到達し（p.55）、9号は火星周回軌道への投入に成功しました（p.74）。そしてこの計画の最終機である『マリナー10号』は、史上はじめて水星に到達します。水星に探査機を送り込むということは、太陽に近づくことでもあります。その領域では、太陽の重力を強く受けた探査機の速度がどんどん速くなるため、探査機を軌道に投入するのが非常に難しくなります。そのためマリナー10号では、水星の手前にある金星で減速フライバイ（p.181）を行ってから水星への軌道に近づきました。太陽を中心にした軌道を巡りながら、何度も水星でのフライバイを繰り返したのです。

1974.8

超大型有人ロケット／開発中止

☭N1

N1

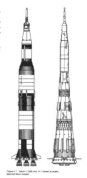

「ソビエトの超大型ロケットN1の開発中止が決定」

Photo：Roscosmos

『N1』DATA

仕様／液体燃料5段式ロケット
寸法／全長105.3m、最大直径17m
打上時質量／2,750t
第1段／NK-15×30基
（総推力／45,400kN）
第2段／NK-15V×8基
（総推力／14,040kN）
第3段／NK-21×4基
（総推力／1,610kN）
第4段／NK-19×1基
（推力／446kN）
第5弾／RD-58×1基
（推力／83.36kN）
燃料／液体酸素×RP-1（全エンジン）
ペイロード／LEO：95t、月遷移軌道：23.5t

打上テスト結果

打上サイト／バイコヌール宇宙基地（LC-110）
●1号機（N-1/3L）
打上日／1969年2月21日
結果／発射68秒後、第1段全エンジン停止。
●2号機（N-1/5L）
打上日／1969年7月3日
結果／発射10数秒後、第1段全エンジン停止。
　　　発射台に墜落して爆発。
●3機目（N-1/6L）
打上日／1971年6月26日
飛翔時間／発射50秒後、分解、爆発。
●4機目（N-1/7L）
打上日／1972年11月23日
結果／発射107秒後、第1段爆発。

月面着陸を目的に開発された旧ソ連の超大型液体燃料5段式ロケット「N1」。

Photo：NASA

N1 が搭載する予定だった『ルナー・オービター』。左が居住区。右のブロックは月面降下モジュールと推進区画からなる。

ビエトは米国のアポロ計画に対抗し、有人月面着陸計画『L-3』（p.6）を1964年から進めていました。その成功のカギを握っていたのがこの大型ロケット『N1』の開発です。アポロ計画における大型ロケット『サターンＶ』は、その第1段に史上最大のロケットエンジンF-1を5基搭載していましたが（p.17）、このN1では『NK-15』というF-1より小型のエンジンを30基搭載していました。そのため構造が複雑になり、計4回行われた打ち上げテストでは、内2回で全エンジンが停止するという事態に陥ります。また、その他2回のテストでは上昇中に分解、爆発が発生。N1はいちども宇宙に到達することなく、1974年8月に開発が中止されました。

1975.5/30

欧州宇宙機関／設立日

ESA（欧州宇宙機関）
European Space Agency, ESA

「当初10ヵ国、現在は24ヵ国が参加」

ESAとして最初に打ち上げられたのはガンマ線観測衛星『COS・B』（1975年8月）。ただし、NASAのデルタで打ち上げられた。

Photo : ESA

組織DATA

設立／1975年5月30日
名称／欧州宇宙機関（ESA）
本部所在地／フランス・パリ

参加国DATA

●正規参加国
フランス、ドイツ、イタリア、イギリス、
ベルギー、スペイン、スイス、オランダ、
スウェーデン、オーストリア、ノルウェー、
デンマーク、フィンランド、アイルランド、
ポルトガル、ギリシャ、ルクセンブルク
●準加盟国
スロベニア
●協力国
ラトビア、リトアニア、スロバキア、
ブルガリア、キプロス
●特別協力国
カナダ

Photo : ESA / CNES / Arianespace

1979年12月24日、アリアン1の初号機がフランス領にあるギアナ宇宙センターから打ち上げられた。

Photo : ESA

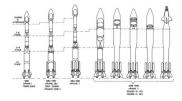

ESAが独自に開発したアリアン・ロケット。左からアリアン1、2および3、4。そして仕様が違う5機のアリアン5が並ぶ。

大国であるソビエトとアメリカが次々に成果を挙げるなか、フランスを中心としたヨーロッパの国々は結束し、1962年には欧州宇宙研究機構、1964年には欧州ロケット開発機構を設立しますが、当時は多くの打ち上げを米国などに頼る状況でした。しかし、1975年5月30日には欧州宇宙機関（ESA）を設立します。ESAでは特にロケットの開発に注力し、1979年12月に『アリアン1』の初打ち上げに成功すると、その打ち上げを請け負う民間宇宙開発企業『アリアンスペース』を立ち上げ、宇宙ビジネスを促進させます。2022年現在では『アリアン5』が運用されていますが、同年中には『アリアン6』の初打ち上げが予定されています。

1975.7/17

米ソ宇宙船の共同飛行計画／ドッキング日

Photo : NASA

アポロ・ソユーズテスト計画
Apollo-Soyuz Test Project

「冷戦下で行われた米ソ宇宙船の初ドッキング」

『アメリカ』

打上DATA

打上日／1975年7月15日
ロケット／サターンIB
打上サイト／ケネディ宇宙センター（39B）

『アポロ』DATA

国際標識番号／1975-066A
質量／14,856kg　定員／3名

軌道運用DATA

軌道／地球周回軌道（遠231km - 近217km）
期間／9日1時間28分　周回数／148周

搭乗員

船長／トーマス・スタッフォード
司令船操縦士／ヴァンス・ブランド
ドッキング装置操縦士／ディーク・スレイトン

『ソビエト』

打上DATA

打上日／1975年7月15日
ロケット／ソユーズU
打上サイト／バイコヌール宇宙基地

『ソユーズ19号』DATA

国際標識番号／1975-065A
質量／6,800g　定員／2名

軌道DATA

軌道／地球周回軌道（遠231km - 近218km）
期間／5日22時間30分　周回数／96周

搭乗員

船長／アレクセイ・レオーノフ
操縦士／ワレリー・クバソフ

ドッキングDATA

第一回／1975年7月17日
第二回／1975年7月19日
ドッキング総時間／1日23時間07分03秒

Photo : NASA

アポロ宇宙船（図の左手）とソユーズ宇宙船がドッキングし、ドッキングモジュールを介して搭乗員たちが往来。

1 950年代初頭から宇宙開発合戦を繰り広げた米ソでしたが、アポロ計画が終了し、両国とも宇宙ステーションの建造を成し遂げたこの時期、米ソ初となる共同プロジェクト『アポロ・ソユーズテスト計画』が実現します。アメリカ側はアポロ宇宙船、ソビエトはソユーズ19宇宙船を使用し、双方を連結させるシステムを共同開発。1975年7月17日、ドッキングに成功します。宇宙ステーションの建造などによって搭乗員の宇宙滞在時間が長期化する中、相互援助の体制を整える狙いもありました。この計画で培った技術はその後のISS計画（p.112）などにも役立ちました。米国にとっては、これがアポロ宇宙船を使用した最後のミッションとなりました。

ドッキングモジュールでの一枚。トーマス・スタッフォード（上）とレオーノフ（p.53）。

NASAがリリースしたドッキングのイメージ。バックに描かれた月が時代を象徴している。

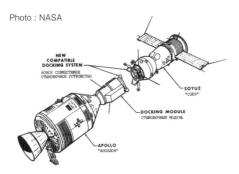

アポロとソユーズがドッキングする際のイメージ・ダイアグラム。ドッキングシステムは共同開発された。

INTERNAL ARRANGEMENT OF DOCKED CONFIGURATION

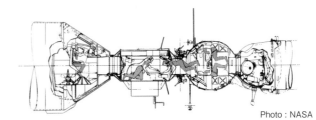

両宇宙船の搭乗員が行き来するためのドッキングモジュールが、アポロ側に取り付けられている。

2名が搭乗したソユーズ19は、ソユーズUロケットで打ち上げられた。

3名が搭乗したアポロ宇宙船は、サターンIBロケットで打ち上げられた。

ミッション・プロファイル

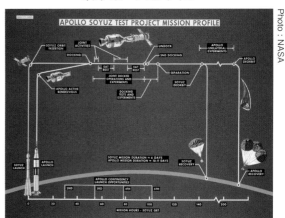

当時リリースされた『アポロ・ソユーズテスト計画』のミッションプロファイル。双方の打ち上げからドッキング、帰還までを描写。

1976.7/20

火星探査機／1号ランダーの火星地表への着陸日

🇺🇸 バイキング1号/2号

Viking 1/2

「火星周回軌道への投入後、ランダーを火星地表へ」

Photo : NASA

バイキング1号が地球へ送信してきた火星の赤い大地のパノラマ画像。はじめて目にする鮮明な火星地表の画像に世界は驚いた。

Photo : NASA

打上DATA

打上日／1号・1975年8月20日
　　　　2号・1975年9月9日
ロケット／タイタンIIIE・セントール
打上サイト／ケープ・カナベラル

探査機DATA

国際標識番号(オービター)／
1号・1975-075A、2号・1975-083A
質量／オービター883kg、ランダー572kg

軌道・運用DATA

軌道／火星周回軌道(楕円軌道)
軌道投入日／1号・1976年6月19日
　　　　　　2号・1976年8月7日
ランダー着陸日／1号・1976年7月20日
　　　　　　　　2号・1976年9月3日

バイキングのランダーは883kg。パラシュートで降下するが、最後に逆噴射して着陸する。

Photo : NASA

Photo : NASA

オービター(上)は火星周回軌道に入るとランダー(下)を分離。ランダーはロケット噴射で軌道を離れ、パラシュートで着陸。

NASAのマリナー計画(p.55)、ソビエトのマルス計画(p.75)によって火星探査が進められてきましたが、NASAはさらに進化した火星探査『バイキング計画』へと移行します。この計画では同型の2機の探査機『バイキング1号』と『2号』が火星に送り込まれました。この探査機は、火星軌道上を周回し続けるオービターと、そこから切り離されて火星表面に着陸するランダーから構成されていましたが、1976年6月19日に1号のオービターの火星周回軌道投入、7月20日にはランダーの着陸に成功し、2号も同年9月3日に無事着陸。『バイキング1号』から送られてきた火星の赤い地面のパノラマ写真は大きく報道され、世界の人々に衝撃を与えました。

1977.7/14

静止気象衛星／打上日

🇺🇸🇯🇵 ひまわり1号

Himawari, GMS

「気象庁とNASDAが開発した気象衛星」

ロケットに搭載される前のひまわり1号機。日本の気象情報をより正確で早いものにした革新的な人工衛星だ。

Photo：JAXA

打上DATA

打上日／1977年7月14日
ロケット／デルタ2914
打上サイト／ケープ・カナベラル

探査機DATA

国際標識番号／1977-065A
寸法／全高2.7m、直径2.2m
質量／325kg（静止化後の初期）

軌道・運用DATA

軌道／地球周回軌道（静止軌道）
（高度約36,000km）
軌道傾斜角／0度
経度／東経140度

Photo：JAXA

ひまわりの1号機は直径2.2mの円筒形。回転することで姿勢を安定させるスピン安定方式の衛星。

Photo：JAXA

アメリカのロケットで打ち上げられたひまわりは1号だけであり、2号からはすべて日本のロケットで打ち上げられている。

日本の上空にずっと留まる静止軌道（p.178）に投入され、日本の気象を観測し続ける気象衛星『ひまわり』の第一号機は、1977年7月、アメリカのケープ・カナベラルからデルタ・ロケットによって打ち上げられました。1973年からNASDAが開発を進めたひまわりは、打ち上げの翌日に地球周回軌道上の遠地点で噴射を行って軌道を変え、赤道上の東経140度、つまり日本の南方上空にピタリと留まることに成功。同年新設された気象庁気象衛星センターによって運用が開始されました。1981年に『ひまわり2号』が日本のN-II（p.237）によって種子島から打ち上げられると、2号に道を譲るように高高度の墓場軌道に移動し、その役目を終えました。

1977.8-9

惑星探査機／2号・1号の打上期間

🇺🇸 ボイジャー1号/2号

Voyager 1&2

「1号は木土、2号は木土天海を経て星間空間へ」

ボイジャーに搭載された『地球の音』という名のレコード。金メッキ加工され、各国の言語や音楽などが録音されている。

Photo : NASA

打上DATA

打上日／2号・1977年8月20日
　　　　1号・1977年9月5日
ロケット／タイタンIIIE・セントール
打上サイト／ケープ・カナベラル

探査機DATA

国際標識番号／
2号・1977-076A、1号・1977-084A
打上時質量／721.9kg

「2号」軌道DATA

木星フライバイ／1979年7月9日
（距離／570,000km）
土星フライバイ／1981年8月25日
（距離／101,000km）
天王星フライバイ／1986年1月24日
（距離／81,500km）
海王星フライバイ／1989年8月25日
（距離／4,951km）

「1号」軌道DATA

木星フライバイ／1979年3月5日
（距離／349,000km）
土星フライバイ／1980年11月12日
（距離／124,000km）
タイタン・フライバイ／1980年11月12日
（距離／6,490km）

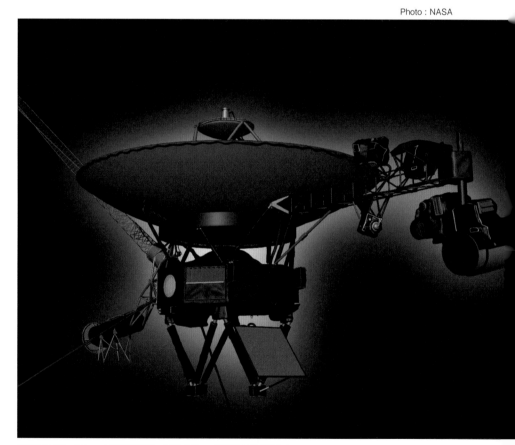

NASAのJPL（ジェット推進研究所）がボイジャー計画の主管を務めた。

2機のボイジャーはケープ・カナベラルからタイタンIIIE・セントールロケットで打ち上げられた。

姉妹機である『ボイジャー1号』と『2号』（p.10）が、1977年に打ち上げられました。『1号』は木星、土星をフライバイしながら観測を行い、『2号』は木星、土星をフライバイしたあと世界ではじめて天王星、海王星に到達。人類がはじめて目にする画像や豊富なデータを地球に送信しました。また、それぞれの惑星で新しい衛星を数多く発見しています。この2機のボイジャーはさらに太陽を離れ、いまは太陽圏外を航行しており、『1号』は2012年8月に太陽圏から脱出したことをNASAが確認。その後、2017年11月にはなんと、37年ぶりのエンジン再始動に成功しています。『2号』は2018年11月に太陽圏を脱出したことが確認されています。

『太陽系を離脱したボイジャー1/2号とパイオニア10/11号の位置

Photo : NASA

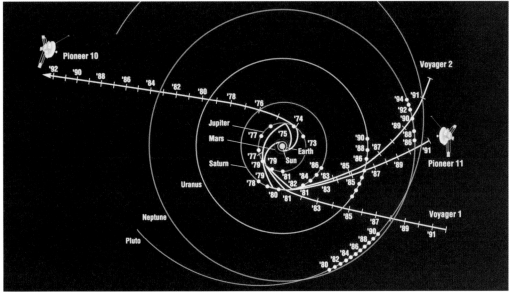

1997年にNASAが公表した航行図。現在もっとも遠方を航行しているのはボイジャー1号。

ボイジャー1号が発見した木星の環

Photo : NASA/JPL

木星の環を発見したのはボイジャー1号。それを受けてボイジャー2号がこの高解像度画像を撮影した。

土星

Photo : NASA

2機のボイジャーが撮影した写真から、土星の嵐の存在が判明。雷も電波として観測された。

Photo : NASA

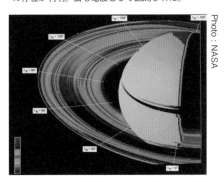

ボイジャー2号が撮影した土星の環のデータ写真。それぞれの名称も示されている。

天王星

Photo : NASA

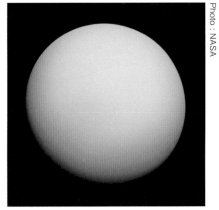

ボイジャー2号によってはじめて近接撮影された天王星の美しい写真。

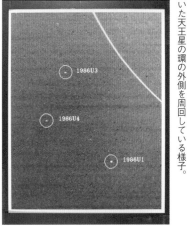

2号は天王星の衛星を3つ新たに発見。すでに知られていた天王星の環の外側を周回している様子。

Photo : NASA

海王星

Photo : NASA/JPL

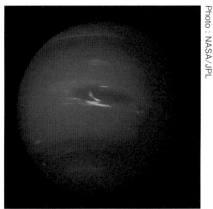

2号がはじめて近接撮影した海王星。木星の大赤班に似た大暗班の存在が確認された。

Photo : NASA

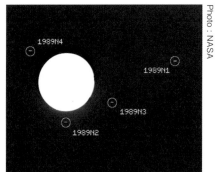

ボイジャー2号は海王星の衛星を新たに6つ発見したが、ここにはそのうちの3つが映っている。

1978.2/22

GPS衛星／打上日

■ ナブスター1号

NAVSTAR 1, GPS 1-1

「世界初のGPS衛星をアメリカが打ち上げ」

Photo : SDAMS

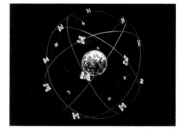

軌道を説明するイメージイラスト。1970年代当時のナブスターは、6つの軌道にそれぞれ4基のナブスター衛星が配置された。

打上DATA

打上日／1978年2月22日
ロケット／アトラスF
打上サイト／ヴァンデンバーグ空軍基地

探査機DATA

国際標識番号／1978-020A
寸法／全幅5.3m（パネル展開時）
質量／450kg

軌道・運用DATA

軌道／地球周回軌道
（遠20,308km - 近20,095km）
軌道傾斜角／63.3度
運用停止／1985年7月

Photo : NASA

パネルを展開した全幅は5.3m。約700ワットの電力を生成する太陽電池パネルを搭載。

Photo : SDAMS

GPSとは「グローバル・ポジショニング・システム」の略。海軍が運用していたトランジット衛星の後継システムとして登場。

現在の社会において必要不可欠なものとなったGPS。そのシステムを実現するために、世界ではじめて打ち上げられたのがナブスター1号です。地球を均等に巡る6つの軌道上にそれぞれ4つのナブスター衛星を配置することで、地球上のどの場所からも常時3つの衛星を捉えることができ、それらが発する信号を受信することで、現在位置を知ることができるというシステムです。各衛星は、4個の原子力時計を搭載していて、それを基準に正確な位置情報を発しますが、その誤差は36,000年に1秒という超高精度なものです。暗号化された高精度なP信号は軍事専用とされ、民間にも開放されている信号は、粗計測用のC/Aです。

1978.11/13

高エネルギー天文観測衛星／打上日

HEAO-2のイメージング比例計数管（IPC）が捉えた超新星残骸「カシオペヤ座A：Cas A」。超新星残骸とは、恒星が爆発した残骸のこと。

🇺🇸 HEAO-2 アインシュタイン観測機
High Energy Astronomy Observatory 2

「世界初の完全イメージングX線望遠鏡」

Photo : NASA

運用DATA
打上日／1978年11月13日
ロケット／アトラス・セントール
打上サイト／ケープ・カナベラル

機体DATA
国際標識／1978-103A
バス寸法／直径2.67×全高5.68m
打上時質量／3130kg
主要ミッション機器／
・クリスタル分光計（FPCS）
・高解像度撮像装置（HRI）
・イメージング比例計数管（IPC）
・モニター比例計数管（MPC）
・固体分光計（SSS）

軌道DATA
軌道／地球周回軌道（略円軌道）
（遠476km - 近465km）
軌道傾斜角／23.5度

Photo : NASA

1号機と同様、HEAO-2はフロリダにあるケープ・カナベラル空軍基地からアトラス・ロケットによって打ち上げられた。

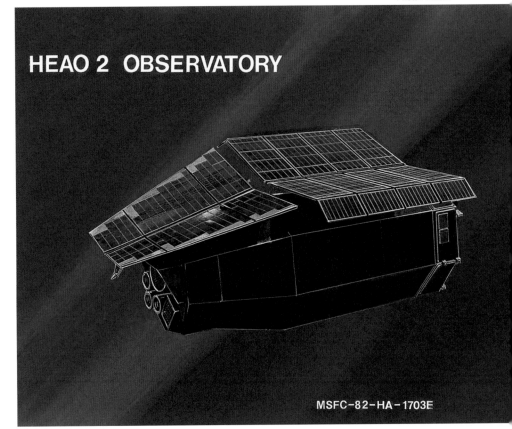

HEAO 2 OBSERVATORY

MSFC-82-HA-1703E

予定軌道に投入されたHEAO-2は、その名称を「アインシュタイン観測機」に改名された。

可 視光線以外の光（紫外線、赤外線）や放射線（ガンマ線、X線）、電波などは、ヒトの目で見ることができませんが、専用の観測機器で捉えたそのデータを、視認できる画像に変換（イメージング化）することは可能です。このHEAO-2は、撮像されたX線画像をイメージング化できる機器をはじめて搭載した天文観測機であり、超新星残骸の高分解能分光による撮像に成功しました。観測機器の精度が大幅に向上した『HEAO-2』は、1977年8月に打ち上げられた初号機『HEAO-1』よりも数百倍高い感度で撮像できました。そのため微弱なX線発生源まで捕捉することが可能となり、数千におよぶX線発生源を新たに発見しています。

1979.2/21

X線天文衛星／打上日

Photo : JAXA

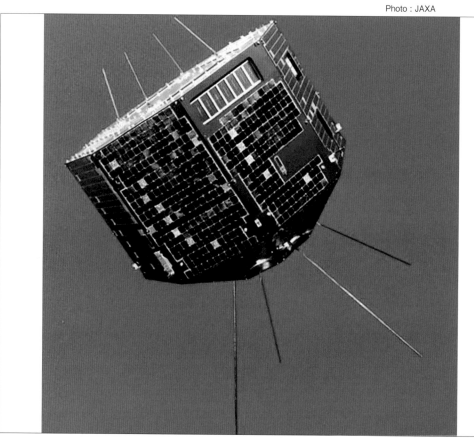

UHF Antenna
Hard X-ray Observation Device
Very Soft X-ray Observation Device
Yo-Yo Despinner
Soft X-ray Observation Device
HAKUCHO

直径80cmの機体全体が回転するスピン安定方式を採用。磁気コイルにより機体頂部を高精度で観測対象に向けることが可能。

🔳 はくちょう

CORSA-b

「日本初のX線天文衛星、バースト源を多数発見」

Photo : JAXA

運用DATA

打上日／1979年2月21日
ロケット／M-3C（4号機）
打上サイト／内之浦宇宙空間観測所
運用／ISAS（宇宙科学研究所）

機体DATA

国際標識／1979-014A
バス寸法／直径0.8×全高0.7m
打上時質量／96kg
主要ミッション機器／
・超軟X線測定器（VSX）
・軟X線測定器（SFX）
・硬X線測定器（HDX）

軌道DATA

軌道／地球周回軌道（略円軌道）
（遠577km - 近545km）
軌道傾斜角／30度

搭載した観測機器は、透過性に違いのある硬X線、軟X線、超軟X線に対応。

Photo : JAXA

はくちょうは鹿児島県にある内之浦宇宙空間観測所から、三段式の固体燃料ロケットM-3Cで打ち上げられた。

『は くちょう』は日本初の天文観測衛星であり、日本初のX線天文衛星です。JAXA（宇宙航空研究開発機構）の前身であるISAS（宇宙科学研究所）が開発運用したこの観測衛星には、小田稔氏考案の「すだれコリメータ」(p.72)が搭載され、1979年2月に打ち上げられました。中性子星が発するX線バーストなどを広いスペクトル帯域で検出し、その強度変動も観測。8つの新たなX線バースト源や、パルサーの異常な周期変化の観測にも成功しています。この機体はスピン安定方式を採用していましたが、衛星に搭載したコイルに電流を流し、それを地球の磁場と作用させることで、衛星のスピン軸を任意の方向に、正確に向けることが可能でした。

1979.9/1

惑星探査機／土星への最接近日

■ パイオニア11号

Pioneer 11

「木星を経て土星へ初到達、新たな衛星と"環"を発見」

Photo : NASA

太陽系を離脱したパイオニア11号が、星間空間（インターステラー・スペース）を航行するイメージ図。

打上DATA

打上日／1973年4月6日
ロケット／アトラス・セントールSLV-3C
打上サイト／ケープ・カナベラル

探査機DATA

国際標識番号／1973-019A
アンテナ直径／2.74m
打上時質量／259kg

軌道・運用DATA

軌道／双曲線軌道（運用停止時）
木星フライバイ／1974年12月3日
（距離／42,960km）
土星フライバイ／1979年9月1日
（距離／20,900km）
運用停止日／1995年9月30日

土星に接近するパイオニア11号のイメージ図。

Photo : NASA

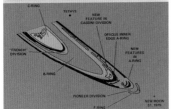

パイオニア11号は土星をフライバイするときにE環、F環、G環の撮影に成功し、その存在をはじめて明らかにした。

『パイオニア11号』は、木星にはじめて到達した10号とほぼ同型の姉妹機であり、10号が打ち上げられた1年1ヵ月後の1973年4月6日に打ち上げられました。10号に続いて木星に2番目に到達した探査機であり、また、世界ではじめて土星に到達した探査機でもあります。木星へは10号よりも近い4万2,960kmまで接近し、フライバイで加速、そのまま土星へ向かいました。1979年9月1日には土星から2万900kmの近地点でフライバイを行いつつ、さまざまなデータを取得しました。土星では新たな輪、E環、F環、G環を発見しています。1995年11月には通信が途絶しますが、10号と同様、現在は太陽系の外に出て、いまも航行を続けています。

1981.4/12

再利用型有人宇宙輸送システム／初号機の打上日

第一回打ち上げでは、アポロ16号で月面に降り立った機長のジョン・ヤング（左）と、操縦士ロバート・クリッペンが搭乗。

🇺🇸 スペースシャトル計画
Space Shuttle Program

「シャトルの打上開始、新たな宇宙時代の到来」

『STS-1』打上DATA

打上日／1981年4月12日
打上サイト／ケネディ宇宙センター（39A）

オービターDATA

国際標識番号／1981-034A
ミッション名／STS-1
オービター／コロンビア号

軌道・運用DATA

軌道／地球周回軌道
高度／307km、軌道斜傾角／40.3度
期間／2日6時間20分　地球周回／36周

搭乗員

機長／ジョン・ヤング
操縦士／ロバート・クリッペン

『スペースシャトル』基礎DATA

全高／56.1m　打上時質量／2030t
ペイロード／LEO：24.4t、ISS：16t
●オービター
寸法／全高37.2m　スパン23.8m
乾燥質量／78.4〜78.8t
エンジン／SSME×3基
●外部燃料タンク（ET）
寸法／全高47.1m　直径8.5m
本体質量／26.5t　推進剤／720t
●固体ロケット・ブースター（SRB）
寸法／全高45.4m、直径3.7m
本体重量／87t×2基

機体表面に熱パネルが貼られたシャトルは機体が重いため、グライダーのように滑空して着陸する際の機速は時速550kmと速い。

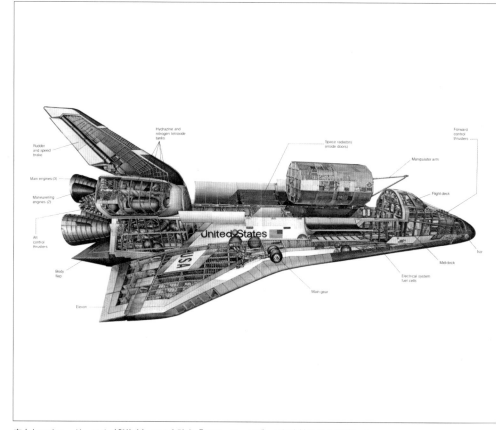

広大なペイロード・ベイ（貨物室）には実験室『スペース・ラブ』や探査機なども搭載した。

1 975年の「スカイラブ計画」（p.76）以降、有人打ち上げを中断していたNASAは、1981年にスペースシャトルをはじめて打ち上げ、有人宇宙飛行を再開します。シャトルの計画にはすべて「STS」の名が付きますが（p.203）、これは「スペース・トランスポート・システム」の略であり、再利用可能なオービターがそのまま大気圏に再突入して帰還するという新しい宇宙輸送システムであることを意味しています。機体胴体部分には広い貨物室を持ち、低軌道であれば24.4トンのペイロード（荷物）を運ぶことが可能です。大気圏内での試験機も含めて6機が製造され、2011年に計画が終了されるまでに計135回、低移動（LEO）へ打ち上げられました。

スペースシャトルとして
はじめて打ち上げられた
のはコロンビア号。初期
のシャトルの外部燃料タ
ンクは白く塗装されてい
た。1981年3月撮影。

1984.7/25

女性宇宙飛行士／宇宙遊泳実施日

Photo : NASA

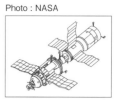

サリュート7号（右）にソユーズがドッキングした図。1号から7号まですべて単体モジュールのステーションであり、一回の打ち上げで軌道に上げることができた。

☭ サリュート7号 / スベトラーナ・サビツカヤ

Salyut 7 / Svetlana Yevgenyevna Savitskaya

「世界初の女性による宇宙遊泳と、映画化された危機」

ステーションDATA

国際標識番号／1982-033A
打上日／1982年4月19日
打上サイト／バイコヌール宇宙基地
ロケット／プロトン
寸法／全長16m、最大直径4.15m
居住区画体積／90㎡
質量／18,900kg　定員／3名
軌道／低軌道（遠278km - 近219km）
軌道傾斜角／51.6度
周回数／5,1917周
落下日／1991年2月7日

『ソユーズT7号』DATA

国際標識番号／1982-080A
打上日／1982年8月19日
型式／ソユーズT（7号機）
質量／6,850kg
帰還日／1982年12月10日

ソユーズT7号搭乗員

コマンダー／レオニード・ポポフ
エンジニア／レクサンドル・セレブロフ
研究者／スベトラーナ・サビツカヤ

Photo : RSC Energia

サビツカヤは元テストパイロットであり、MiGで世界記録を18回更新している。小惑星スヴェタは彼女の名に由来する。

Photo : ZUMA Press / aflo

1984年7月25日、サリュート7号に滞在中のサビツカヤが女性として史上はじめて船外活動を行った。

1 1982年4月、『サリュート7号』（p.220）が打ち上げられました。1984年7月には史上2人目の女性宇宙飛行士、スベトラーナ・サビツカヤが研究者として滞在し、女性としては世界初の船外活動を実施しました。しかし、その後の1985年2月、無人のサリュート7号が回転しはじめたため、ソユーズT-13のクルーが手動でドッキングを行い、電力不足や船内に張り付いた氷と戦いながら修復。その様子は映画『サリュート7』に描かれています。1986年には後継の『ミール』に機器を移すため、ソユーズT-15がサリュートとミールの間を往復するという、史上はじめての宇宙転居作業を実施。サリュート7号は1991年2月7日、大気圏に再突入しています。

1985.1-8

ハレー彗星探査機『すいせい』／打上日

頂部に展開するのは高利得アンテナ。その横に突き出すのはコントロール・ジェット。下に長く伸びるのは中ゲイン・アンテナ。

🔘 惑星間試験探査機『さきがけ』
ハレー彗星探査機『すいせい』

Sakigake, MS-T5 / Suisei, PLANET-A

「はじめて地球の重力から離脱した日本の探査機」

打上DATA

打上日／
さきがけ・1985年1月8日
すいせい・1985年8月19日
ロケット／M-3SII
打上サイト／内之浦宇宙空間観測所

探査機DATA

●『さきがけ』
国際標識番号／1985-001A
●『すいせい』
国際標識番号／1985-073A
●共通
寸法／全高0.7m、直径1.4m
　　　アンテナ直径0.8m(楕円)
質量／138〜140kg

軌道・運用DATA

軌道／太陽周回軌道

Photo : JAXA

さきがけはM-3SIIの初号機によって打ち上げられ、その飛翔性能の試験も兼ねていた。すいせいはその2号機による打ち上げ。

Photo : JAXA

さきがけとすいせいは、スピン安定型の探査機。機体周囲には太陽電池パネルをまとう。

1 985年8月、76年ぶりに回帰するハレー彗星を観測するための探査機が『すいせい』であり、それに先行して同年1月に打ち上げられた試験機が『さきがけ』です。さきがけは、日本が打ち上げた探査機としてははじめて第二宇宙速度(p.172)を超え、太陽周回軌道へ投入された最初の探査機となりました。このプロジェクトは国際協力計画であり、旧ソ連はヴェガ、欧州はジオット、米国はアイスを打ち上げ、これら探査機群は「ハレー艦隊」と呼ばれました。さきがけとすいせいは同じバス(探査機のベースとなる主要部)を使用し、紫外線撮像による彗星の自転周期、水放出率の測定、彗星のイオンと太陽風との干渉を観測するなど多くの成果を挙げました。

1986.1/28

スペースシャトル／事故発生日

Photo : NASA

STS-51-Lのクルーが製作した紀章。米国旗上には観察予定だったハレー彗星と、女性教師マコーリフの名の横にはリンゴが描かれている。

🇺🇸 スペースシャトル『チャレンジャー号』
Space Shuttle Challenger Accident

「世界に衝撃を与えたシャトルの打ち上げ失敗」

Photo : NASA

打上DATA

打上日／1986年1月28日
打上サイト／ケネディ宇宙センター（39B）

オービターDATA

国際標識番号／無
ミッション名／STS-51-L
オービター／チャレンジャー号

搭乗員

機長／ディック・スコビー
パイロット／マイケル・J・スミス
搭乗運用技術者／
ロナルド・マクネイア、
エリソン・オニヅカ、
ジュディス・レズニック
搭乗科学技術者／
クリスタ・マコーリフ、
グレゴリー・ジャービス

1986年1月28日の午前11時39分13秒（東部標準時）に打ち上げられ、その73秒後に空中分解した。

Photo : NASA

前列左からマイケル・スミス、ディック・スコビー、ロナルド・マクネイア。後列左からエリソン・オニヅカ、クリスタ・マコーリフ、グレゴリー・ジャービス、ジュディス・レズニック。

　スペースシャトルの登場によって有人宇宙飛行が日常化した1980年代半ば、『チャレンジャー号』の事故は世界を震撼とさせます。1986年1月28日、打ち上げを見守る観衆の目の前でリフトオフした『チャレンジャー号』は、1分13秒後に爆発。空中分解した機体は大西洋に落下しました。原因は、ロケット・ブースターの中間をつなぐOリングと呼ばれる部品が低気温のために硬化し、その間から燃料ガスが噴出、一瞬のうちに機体が構造破壊を起こしたのです。この事故によって高校女性教師だったマコーリフ、日系アメリカ人のオニヅカを含む搭乗員7名が犠牲となり、NASAの有人宇宙飛行は以後1年8ヵ月にわたり中止されました。

1986.2/19

宇宙ステーション／建設開始日

☭ ミール

Mir

「124tの宇宙ステーション『ミール』建設開始」

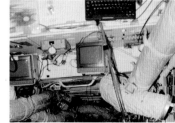

Photo : NASA

1986年2月19日、プロトン・ロケットによって最初に打ち上げられた『コアモジュール』は、主要な居住区の役割を果たす。

打上DATA

コア打上日／1986年2月19日
打上サイト／バイコヌール宇宙基地

『ミール』DATA

国際標識番号／1986-017A
寸法／19×31×27.5m
与圧区画容積／350㎥
総質量／124.34t
定員／3名

軌道・運用DATA

軌道／地球周回軌道
（遠374km - 近354km）
軌道傾斜角／51.6度
軌道上運用日数／15年31日（5,510日）
総地球周回数／86,331周
再突入日／2001年3月23日

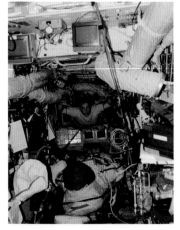

Photo : NASA

エアダクト、ケーブル類、キーボード、ブラウン管テレビなどの機材で雑然としたミールの船内。

Photo : NASA

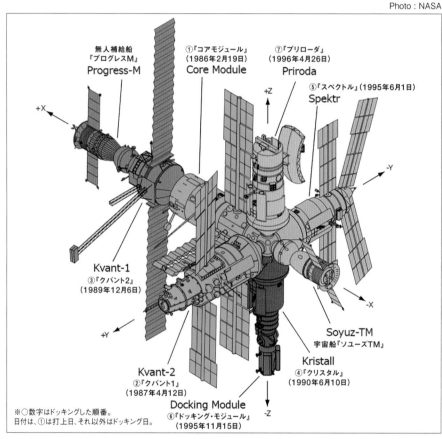

無人補給船『プログレスM』 Progress-M ① 『コアモジュール』（1986年2月19日）Core Module ⑦ 『プリローダ』（1996年4月26日）Priroda ⑤ 『スペクトル』（1995年6月1日）Spektr Kvant-1 ③ 『クバント2』（1989年12月6日）Soyuz-TM 宇宙船『ソユーズTM』Kristall ④ 『クリスタル』（1990年6月10日）Kvant-2 ② 『クバント1』（1987年4月12日）Docking Module ⑥ 『ドッキング・モジュール』（1995年11月15日）

+X　+Z　-Y　-X　+Y　-Z

※○数字はドッキングした順番。
日付は、①は打上日、それ以外はドッキング日。

1986年から1996年の10年間、7回に分けて各モジュールが打ち上げられてミールは完成した。

　サリュート（p.73、94、220）に続いてソビエトが打ち上げた宇宙ステーションが、この『ミール』です。質量18.2トンのサリュート1号は一回の打ち上げで宇宙に送ることができましたが、この『ミール』の総質量は124トン。まずはコアモジュールを打ち上げてから、大型モジュールを6基、計7基のモジュールを10年にわたり打ち上げ、組み上げていきました。この『ミール』のコアモジュールが1986年2月19日に打ち上げられると、すでに軌道上にあったサリュート7号とランデブー飛行を行い、その間をソユーズ宇宙船で往復し、研究設備などをミールに移送しました。ミールはISSの建設が進む2001年3月23日、大気圏に再突入し、投棄されました。

1988.11/15

再使用型宇宙往還機／打上日

■ ブラン/エネルギア

Buran / Energia

「ロシアのブラン、たった一度のテストフライト」

ドイツのシュパイアー技術博物館に展示されているブランのプロトタイプ。大気圏内の滑空飛行テストで25回フライトした機体。

打上DATA

打上日時／1988年11月15日（無人）
ロケット／エネルギア
打上サイト／バイコヌール宇宙基地

『ブラン』DATA

国際標識番号／1988-100A
寸法／全長36.37×全幅23.92
　　　×全高16.35m
オービター質量／42,000kg
打上時質量／75,000kg
ペイロード／30,000kg

『エネルギア』DATA

仕様／液体1.5段式ロケット
エンジン／RD-170×4基
補助ロケット／RD-0120×4基
総質量／2524.6t
寸法／全長59m、直径7.75m
ペイロード／
LEO・88,000kg、GTO・22,000kg

軌道・運用DATA

軌道／地球周回軌道
（遠263km - 近251km）
期間／206分

エネルギアに搭載された状態で輸送される再使用型宇宙往還機ブラン。

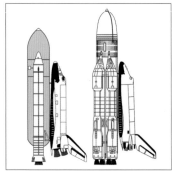

左がスペースシャトル、右がエネルギアに搭載されたブラン。この状態でのシャトルの全高が56.1mなのに対し、ブランは59m。

ソ連が開発した再使用型宇宙往還機が『ブラン』であり、それを軌道まで上げる大型ロケットが『エネルギア』です。エネルギアは2度の打ち上げに成功しており、1回目は軍事衛星、2回目は無人のブランを搭載しました。その打ち上げでブランは地球周回軌道に乗りましたが、ブランが飛んだのはこの1度だけであり、その後、この計画は財政難とソ連崩壊により中止されました。ブランのコンセプトはシャトルに似ていますが、シャトルがエンジンを持たない外部燃料タンクに、エンジンを3基搭載したオービターが搭載されるのに対し、ブランには逆噴射用エンジンとスラスターしかなく、打ち上げ用のエンジンは使い捨てのタンク自体に搭載されていました。

1989.11/18

宇宙マイクロ波背景放射探査機／打上日

Photo : NASA

太陽や地球からの電磁波を遮るシールドが頂部にあり、その中にマイクロ波や赤外線を検出する機器を搭載。

🇺🇸 COBE

Cosmic Background Explorer, COBE

「宇宙マイクロ波背景放射でビッグバンを証明」

運用DATA

打上日／1989年11月18日
ロケット／デルタ
打上サイト／ヴァンデンバーグ空軍基地

機体DATA

国際標識／1989-089A
別名／エクスプローラー66
打上時質量／2,206kg
主要ミッション機器／
・差分マイクロ波ラジオメータ（DMR）
・遠赤外絶対分光測光計（FIRAS）
・拡散赤外背景放射実験装置（DIRBE）

軌道DATA

軌道／地球周回軌道
（円軌道、太陽同期軌道）
軌道高度／900km
軌道傾斜角／99度

Photo : NASA

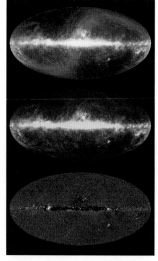

COBEの全天マップ。その解析からビッグバンを証明した米国のスムートとマザーは2006年にノーベル賞を受賞。

Photo : NASA

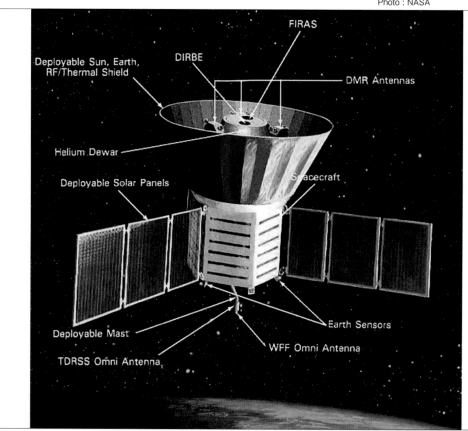

機体頂部にラジオメータ（DMR）、分光計（FIRAS）、背景放射実験装置（DIRBE）を搭載。

　宇宙マイクロ波背景放射というものの観測に特化した世界初の観測衛星がNASAの『COBE』です。マイクロ波とは、電子レンジやスマートフォンにも使用される電波の一種です。背景放射とは、それが宇宙空間のあらゆる方向から降り注ぐことを意味します。ビッグバンから40万年後に宇宙ではじめて発せられた太古の光は、宇宙の膨張によってその波長が長くなり、地球からはマイクロ波として観測されます。COBEは、4年間にわたる全天スキャンによってそのマイクロ波のムラを観測し、そのデータを分析した結果、それまで理論的に考えられていたビッグバンが、実際に発生した出来事であることを証明しました。

1990.8/10

金星探査機／金星周回軌道投入日

🇺🇸 マゼラン

Magellan

「金星の地表をレーダーでマッピング」

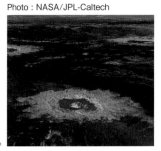

Photo : NASA/JPL-Caltech

1990年9月以降、マゼランは金星の地形の高品質レーダー画像をJPLへ向け送信。この3次元透視図には火山活動と衝突クレーターの奇妙な層が見られる。

運用DATA

打上日／1989年5月4日
ロケット／スペースシャトル
アトランティス(STS-30)
打上サイト／ケネディ宇宙センター

機体DATA

国際標識／1989-033B
打上時質量／3,449kg
主要ミッション機器／
・合成開口レーダー(SAR)

軌道DATA

軌道／金星周回軌道(極軌道)
軌道投入日／1990年8月10日
(遠7,762km - 近295km)
軌道傾斜角／85.5度

Photo : NASA

アトランティス号のカーゴから、慣性上段ロケットに搭載されリリースされるマゼラン。

Photo : NASA

ケネディ宇宙センターの組み立て棟で、慣性上段ロケット(スター48B)の上に設置されたマゼラン。

『マリナー2号』(p.48)が史上はじめて金星に到達すると、NASAは続いて5号、10号を金星に到達(すべてフライバイ)させます。その後、『パイオニア・ヴィーナス1号』(p.215)を金星周回軌道に投入し、同2号を金星大気圏内に降下させて貴重なデータを取得。そして1989年には『マゼラン』を打ち上げます。この探査機はスペースシャトルのカーゴ部からリリースされたはじめての惑星探査機であり、リリース後には2段式の慣性上段ロケット(IUS)を噴射して太陽周回軌道に乗り、1年3ヵ月後には金星周回軌道に入りました。マゼランは合成開口レーダーによって金星表面の98%をマッピングし、その重力場を測定することに成功しています。

1990.4/24

宇宙望遠鏡／打上日

🇺🇸 ハッブル宇宙望遠鏡

Hubble Space Telescope, HST

「地球軌道上に浮かぶ望遠鏡、多難を乗り越え運用へ」

Photo : NASA / ESA / L. Bedin

2019年2月、宇宙の誕生と同時期に生まれたと思われる最古の銀河系『Bedin-1』がハッブル望遠鏡によって発見された。

打上DATA

打上日／1990年4月24日
ロケット／ディスカバリー号（STS-31）
打上サイト／ケネディ宇宙センター（39B）

探査機DATA

国際標識番号／1990-037B
寸法／全長13.2m、直径4.2m
打上時質量／11.6t

軌道DATA

軌道／地球周回軌道
（遠541km - 近537km）
軌道傾斜角／64.9度

Photo : NASM / Y.Suzuki

米国のスミソニアン本館には原寸サイズのハッブル望遠鏡のレプリカが展示されていて、その大きさに驚かされる。

Photo : NASA

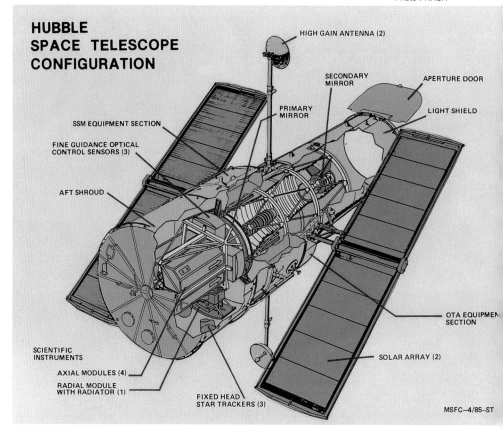

HUBBLE SPACE TELESCOPE CONFIGURATION

- HIGH GAIN ANTENNA (2)
- SECONDARY MIRROR
- APERTURE DOOR
- PRIMARY MIRROR
- LIGHT SHIELD
- SSM EQUIPMENT SECTION
- FINE GUIDANCE OPTICAL CONTROL SENSORS (3)
- AFT SHROUD
- OTA EQUIPMENT SECTION
- SOLAR ARRAY (2)
- SCIENTIFIC INSTRUMENTS
- AXIAL MODULES (4)
- RADIAL MODULE WITH RADIATOR (1)
- FIXED HEAD STAR TRACKERS (3)

MSFC-4/85-ST

右手の開閉ドアが開くと、光はまずはプライマリ・ミラーへ、次にセカンダリ・ミラーへ反射して集光される。

地上から天体観測をする場合、天候、空気中のチリ、空気の揺らぎなどに影響を受けますが、望遠鏡が宇宙空間にあればより精度の高い観測ができます。その発想のもと打ち上げられたのが『ハッブル宇宙望遠鏡』です。大型バスほどの大きさを持つ反射望遠鏡で、可視光線、近紫外線、近赤外線によって観測します。1990年の打ち上げ直後は集光レンズに歪みがあったため予定した精度の撮影ができず、その後、ソフトウェアによる補正や、シャトル搭乗員による直接補修作業（1993年、STS-61）などが行われ、鮮明な画像が得られるようになりました。それ以後は、ブラックホールやダークマターの存在を裏付けるなど、数々の歴史的発見を重ねています。

1990.12/2

日本人宇宙飛行士／打上日

秋山氏が参加したミッション「ソユーズTM-11」の徽章。日の丸と、スポンサーであるTBSのロゴが大きく記載されている。

Photo : Roscosmos

🔘 秋山豊寛

Toyohiro Akiyama

「日本人が宇宙へ。ソユーズに初搭乗、ミールに初滞在」

打上DATA

打上日時／1990年12月2日
ロケット／ソユーズU2
打上サイト／バイコヌール宇宙基地

宇宙船DATA

●打上船／ソユーズTM-11
国際標識番号／1990-107A
打上時質量／7,150kg
●帰還船／ソユーズTM-10
国際標識番号／1990-067A

軌道・運用DATA

軌道／地球周回軌道
（遠400km - 近367km）
軌道傾斜角／51.6度
秋山氏滞在時間／7日21時間54分
帰還日／1990年12月10日

Photo : TASS/aflo

宇宙船ソユーズTM-11を搭載したソユーズU2ロケット。秋山氏は、往路はTM-11、復路はTM-10に搭乗。

Photo : TASS/aflo

ソビエトの宇宙ステーション『ミール』の滞在搭乗員に迎えられる秋山氏（右）。

　　日本人の宇宙飛行士第一号は、TBSアナウンサーの秋山豊寛氏です。1989年、TBSとソビエト宇宙総局が調印し、民間人としてはじめて宇宙船の商業利用をしました。約一年間、バイコヌールで訓練を受け、1990年12月にソユーズU2ロケットで打ち上げられ、その様子は特番で生中継されました。打ち上げ上昇時の「ダンプで砂利道を走っているような感じ」や、ソユーズ宇宙船で発した「これ本番ですか？」などのコメントが有名です。秋山氏は、『ミール』に滞在した唯一の日本人。実は、毛利衛氏がスペースシャトルで飛ぶほうが先の予定でしたが、チャレンジャー号の事故によってスケジュールが遅れたため、彼が第一号となりました。

1991.4/5

ガンマ線観測衛星／打上日

🇺🇸 コンプトンガンマ線観測衛星
Compton Gamma Ray Observatory, CGRO

「グレート・オブザバトリー計画によるガンマ線観測機」

Photo : NASA

Energetic Gamma Ray Experiment Telescope (EGRET)

広視野ガンマ線検出器「EGRET」の構造図。宇宙から飛来したガンマ線の高エネルギー光子は装置上部で捉えられ、下部のエネルギー計測計で検出される。

運用DATA

打上日／1991年4月5日
ロケット／スペースシャトル(STS-37)
打上サイト／ケネディ宇宙センター

機体DATA

国際標識／1991-027B
打上時質量／16,329kg
主要ミッション機器／
・広視野ガンマ線検出器
・全天ガンマ線バースト検出器
・ガンマ線コンプトンカメラ
・硬X線-ガンマ線検出器

軌道DATA

軌道／地球周回軌道(楕円軌道)
(遠457km - 近362km)
軌道傾斜角／28.5度

Photo : NASA / CGRO / EGRET / Dirk Petry

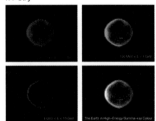

CGROが撮像した地球。低エネルギーは赤、中エネルギーは緑、高エネルギーは青。左下はそれらの合成画像。

Photo : NASA

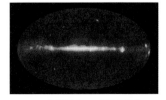

CGROの広視野ガンマ線検出器「EGRET」によって撮像されたガンマ線による全天マップ。

Photo : NASA

スペースシャトル・アトランティス号からリリースされるCGRO。

NASAの宇宙望遠鏡による「グレート・オブザバトリー計画」(p.215)において、ハッブル(p.104)に続いて打ち上げられたのが、この『コンプトンガンマ線観測衛星』(CGRO)です。この機体はスペースシャトルに搭載され、地球を周回する遠地点457kmの低軌道へリリースされました。広視野ガンマ線検出器(EGRET)や全天ガンマ線バースト検出器(BATSE)など、1972年に打ち上げられた『SAS-B』の機器よりも大幅に感度が向上した観測機を搭載。天文学を大いに発展させた「EGRET全天マップ」を作成し、ガンマ線バーストの発生源を多数発見しました。姿勢制御用ジャイロの故障のため、2000年6月、制御落下により大気圏に再突入しました。

1994.2/3

米ロ共同宇宙計画／シャトル（STS-60）打上日

🇺🇸🇷🇺 シャトル・ミール計画

Shuttle-Mir program

「ロシアのミール建設にシャトルが貢献」

Photo : NASA

シャトル・ミール計画の2回目のミッション STS-63では、アイリーン・コリンズが 女性としてはじめてシャトルの操縦士に。

打上DATA

第1回シャトル打上日／1994年2月3日
ロケット／STS-60（ディスカバリー号）
国際標識番号／1994-006A
打上サイト／ケネディ宇宙センター

ミッションDATA

第2回 STS-63 ディスカバリー号
第3回 STS-71 ディスカバリー号
第4回 STS-74 アトランティス号
第5回 STS-76 アトランティス号
第6回 STS-79 アトランティス号
第7回 STS-81 アトランティス号
第8回 STS-84 アトランティス号
第9回 STS-86 アトランティス号
第10回 STS-89 エンデバー号
第11回 STS-91 ディスカバリー号
※詳細はp.202参照

Photo : NASA

Photo : NASA

STS-84のアトランティス号から撮影されたミールのドッキング・ポート。

3回目のミッション STS-71におけるディスカバリー号の打ち上げ。このミッションではじめてミールとシャトルがドッキング。

アメリカは1981年からシャトルの運用を開始し、独自に宇宙基地を建設する『フリーダム計画』（p.6）を立案しますが、1993年、米ソ冷戦の終焉と財政難を理由に議会がこれを却下。一方でソ連は1986年にミールの建設を開始しますが、1991年にソ連が崩壊すると、ミールへの輸送船として見込まれていた再利用型の宇宙船『ブラン』（p.100）の開発と、ミール2号の建設が中止されます。こうした両国の状況と並行して、1988年にはISS計画が動き始め、1990年にはソ連の参加も決定します。この『シャトル・ミール計画』は、宇宙長期滞在のノウハウとミールを持つロシアと、シャトルを運用する米国が、ISS建設に備えて行った共同宇宙計画です。

Photo : NASA

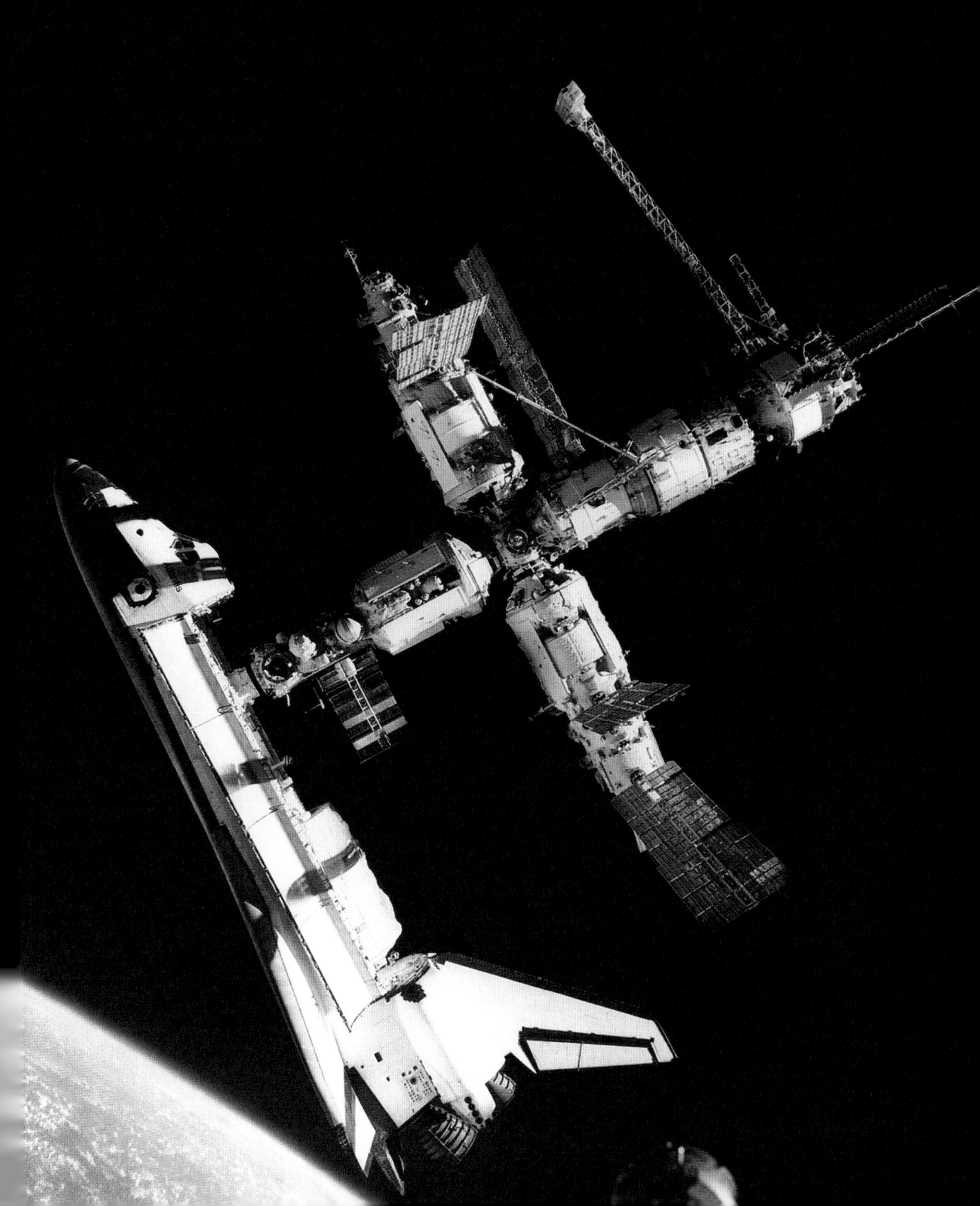

1995.12/7

木星探査機／木星周回軌道への投入日

🇺🇸 ガリレオ
Galileo

「木星周回軌道へ初投入、プローブを投下」

Photo : NASA

ガリレオのプローブは、木星の大気圏に入るとシールドが外れ、パラシュートが開き、大気圏内のさまざまなデータを採取してガリレオに転送。57分で通信が途絶した。

打上DATA

打上日／1989年10月18日
ロケット／アトランティス号(STS-34)
打上サイト／ケネディ宇宙センター

探査機DATA

国際標識番号／1989-084B
寸法／全長9m、アンテナ直径4.6m
打上時質量／2,380kg

軌道・運用DATA

金星フライバイ／1990年2月10日
小惑星ガスプラ最接近／1991年10月29日
小惑星イダ最接近／1993年8月28日
プローブ投下／1995年7月13日
木星周回軌道投入／1995年12月7日
木星大気圏突入(運用停止)／2003年9月21日

Photo : NASA/JPL-Caltech/SETI Institute

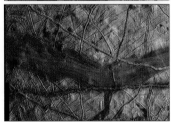

上／アトランティス号から軌道上で分離、打ち上げられるガリレオ。下／ガリレオが軌道上から撮影したエウロパ。青い部分は氷。

Photo : NASA

木星の衛星イオ（左）をバスするガリレオ。大きな高利得アンテナが展開せず、主に小型アンテナが使用された。

スペースシャトル『アトランティス号』から軌道上でリリースされた木星探査機ガリレオは、金星と地球でのフライバイを経て、木星へ向かう遷移軌道に入ります。1995年7月13日にガリレオが放ったプローブ（観測機カプセル）は、12月7日に木星の大気圏に突入し、57分間に渡ってデータを送信しました。また同日、ガリレオ自体も周回軌道に乗り、史上はじめて木星周回軌道に投入された探査機となりました。ガリレオは軌道に入る以前には、シューメーカー・レヴィ第9彗星が木星に衝突する様子を観測・撮影し、木星の周回軌道上からは木星の衛星ガリレオやイオの観測も行い、予定よりもはるかに長く、7年間にわたって探査を続けました。

1997.7/4

火星探査機&ローバー／火星着陸日

🇺🇸 マーズ・パスファインダー

Mars Pathfinder

「火星に着陸したランダーからローバーが出動」

Photo : NASA

ランダーのカメラからの撮影。手前のスロープを降りてソジャーナが出動。ランダーから12m以内を毎秒1センチの速度で走行。

打上DATA

打上日／1996年12月4日
ロケット／デルタⅡ 7925
打上サイト／ケープ・カナベラル
国際標識番号／1996-068A

ランダーDATA

名称／パスファインダー・ランダー
乾燥質量／264kg

ローバーDATA

名称／ソジャーナ・ローバー
寸法／65×48×30cm
乾燥質量／10.6kg

軌道・運用DATA

軌道／火星遷移軌道
（火星周回軌道に乗らず大気圏突入）
着陸日／1997年7月4日
着陸地点／アレス渓谷
通信途絶／1997年9月27日

Photo : NASA

ソジャーナ（上）はカメラやX線分光計を搭載。下はパスファインダーの構造図。右のパネル上にソジャーナが載っている。

Photo : NASA

ランダーであるパスファインダー（中央）を真上から見た画。左上の岩陰にソジャーナが見える。

N ASAは低コストで高効率な惑星探査『ディスカバリー計画』を進めていましたが、その一環として火星に送り込まれたのがこの無人探査機『マーズ・パスファインダー』です。探査機が収納されたカプセルが火星の大気圏に投下されると、パラシュートとロケット噴射で減速し、高度30mでランダー（着陸機）である『パスファインダー』を分離。ランダーは全体がエアバッグに包まれていて、バウンドしながら着地します。やがてエアバッグのガスが抜けるとランダーが露出し、その中からローバー『ソジャーナ』が出てくるというユニークなシステムでした。ソジャーナは火星地表で運用された史上初のローバーとなりました。

1998.11/20

宇宙ステーション／建設開始日

ISS（国際宇宙ステーション）

International Space Station, ISS

コアモジュール『ザーリャ』と、アメリカの接続モジュールがドッキングした状態をシャトルから撮影。

「『ザーリャ』の打ち上げを皮切りに344.4tの基地建設がはじまる」

『ザーリャ』打上DATA

打上日／1998年11月20日
ロケット／プロトンK
打上サイト／バイコヌール宇宙基地

『ISS』DATA

国際標識番号／1998-067A
寸法／73×108.5×20m
居住区画容積／373㎡
総質量／344.378t
定員／6名
※上記データは2011年7月のISS完成時のもの。
※2022年3月時点での各諸元は以下。
総質量／444.6t
居住区画容積／915.6㎡
滞在クルー／過去最高11名

軌道DATA

軌道／地球周回軌道（低軌道）
（遠418km - 近413km）
軌道傾斜角／51.6度

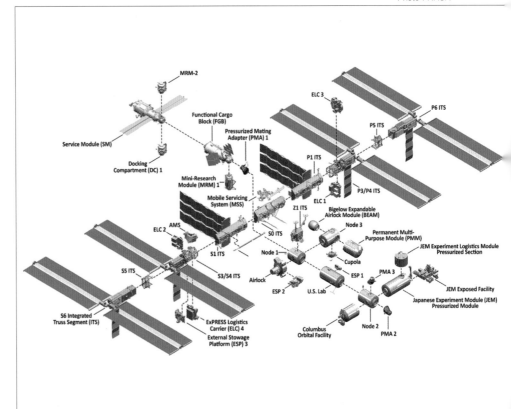

ISSの最終形態のイメージイラスト。完成時の総質量は344.4トン。その大きさはサーカーコートと同等だ。

米国として初のISSミッションとなったエンデバー号の打ち上げ（STS-88）。ザーリャにドッキングさせる接続モジュールを輸送。

1 980年代半ば、レーガン大統領は宇宙ステーションの建設を目指す『フリーダム計画』を発表しますが、チャレンジャー号の事故や予算的な問題から結果的に中止され（p.6）、その計画の一部は『国際宇宙ステーション計画』（ISS計画）へ引き継がれました。この計画にはアメリカ、日本、カナダ、ESA（欧州宇宙機関）などが参加を表明しますが、1991年のソビエト崩壊の直前には、ソビエト（現ロシア）も参加を表明。その結果、ロシア上空にISSを通過させるため、当初予定していたよりも軌道傾斜角が深くなり、また、ISSのコアモジュールとしてロシアの『ザーリャ』の採用が決定されました。こうして1998年11月20日、ISS建設が始まったのです。

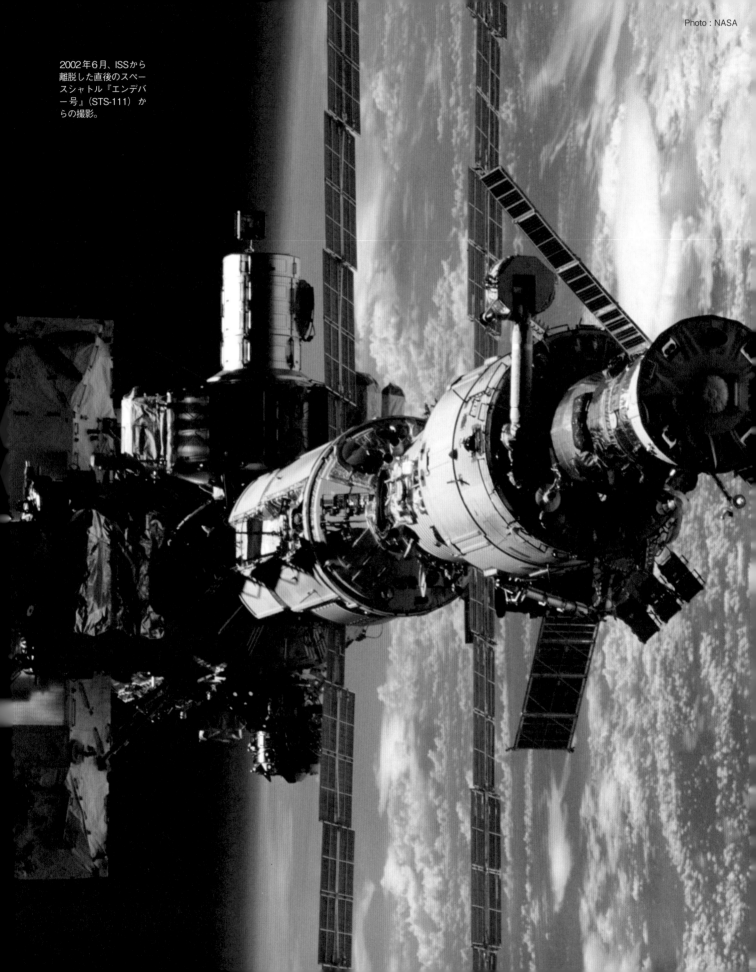

Photo：NASA

2002年6月、ISSから
離脱した直後のスペー
スシャトル『エンデバ
ー号』（STS-111）か
らの撮影。

1999.7/23

X線観測衛星／打上日

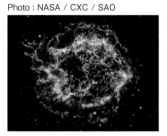

Photo : NASA / CXC / SAO

チャンドラが撮像した超新星残骸「カシオペヤ座A」。この画像によって人類ははじめてコンパクト天体（中性子星と思われる）の姿を垣間見た。

🇺🇸 チャンドラ
Chandra X-ray Observatory

「かに星雲のパルサーにリングとジェットを発見」

Photo : NASA / CXC & J.Vaughan

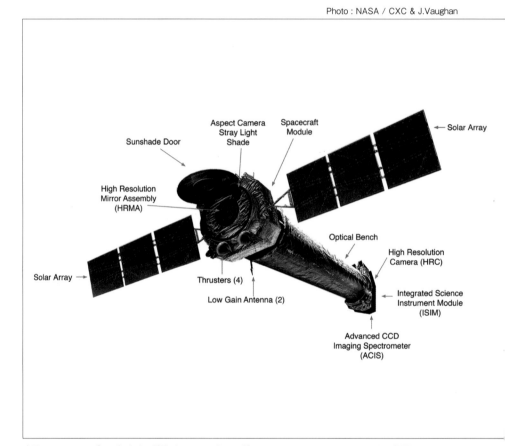

全長11.8m。ハッブルの打上時の質量が11.1トンなのに対し、チャンドラは5.86トンとかなり軽量。

運用DATA

打上日／1999年7月23日
ロケット／スペースシャトル（STS-93）
打上サイト／ケネディ宇宙センター

機体DATA

国際標識／1999-040B
バス寸法／全長11.8×全幅4.3m
打上時質量／4790kg
主要ミッション機器／
・ヴォルター式反射鏡
・画像分光計（ACIS）
・高解像度カメラ（HRC）
・高分解能分光計（HETGS）
・高分解能分光計（LETGS）

軌道DATA

軌道／地球周回軌道（長楕円軌道）
（遠140,000km - 近9,942km）
軌道傾斜角／28.5度

Photo : NASA / CXC / University of Amsterdam

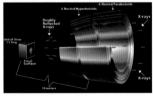

ミラーシステムは樽のような形状。X線は正面から鏡に当たると透過してしまうが、かすめ角で当たると反射する。

Photo : NASA

高分解能分光計「LETGS」の拡大写真。低エネルギーX線の放射エネルギーを1,000分の1の精度で測定可能。

X線観測衛星『チャンドラ』は、NASAのグレート・オブザバトリー計画における3機目の機体であり、非常に数多くの発見を成し遂げ、天文学に大きな発展をもたらしています。1999年7月にコロンビア号からリリースされたチャンドラは、遠地点14万kmの長楕円軌道へ投入されました。高分解能分光カメラなどにより、超新星残骸のなかにあるコンパクト天体（中性子星と思われる）を史上はじめて撮像。かに星雲の中央に位置するパルサーにリングとジェットを発見し、クオーク星の存在を示唆するなどしています。また、2006年には銀河団どうしの衝突の観測により、ダークマター（暗黒物質）が存在する有力な証拠を発見しています。

2001.6/30

宇宙マイクロ波背景放射探査機／打上日

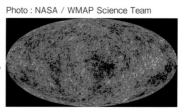

9年間のWMAPデータから作成された初期宇宙の詳細な全天マップ。角分解能は0.2度。137.7億年前の温度変動を色の違いで表示。

🇺🇸 WMAP ウィルキンソン・マイクロ波異方性探査機

WMAP

「宇宙年齢・宇宙の広さをマイクロ波で特定」

運用DATA

打上日／2001年6月30日
ロケット／デルタII
打上サイト／ケープ・カナベラル

機体DATA

国際標識／2001-027A
正式名称／
ウィルキンソン・マイクロ波異方性探査機
打上時質量／840kg
主要ミッション機器／
・グレゴリー式反射鏡
・疑似相関微分放射計

軌道DATA

軌道／太陽-地球ラグランジュ点L2、
　　　リサージュ

Photo : NASA

Afterglow Light
Pattern
375,000 yrs.

Dark Ages

Development of
Galaxies, Planets, etc.

Dark Energy
Accelerated Expansion

Inflation

WMAP

Quantum
Fluctuations

1st Stars
about 400 million yrs.

Big Bang Expansion
13.77 billion years

インフレーション（初期宇宙の急膨張期）やビッグバンから137.7億年が経過した宇宙の構造を描いた図。

Photo : NASA

WMAPの全体写真。上部にある丸い反射鏡が受けたマイクロ波を放射計に送る。土台となる円盤は太陽光パネル。

ビッグバン直後に放出された光が130数億年かけてやっと地球に届いています。宇宙は膨張し続けているため、ドップラー効果で音が低く聴こえるように、その光は波長が長くなり、マイクロ波として観測できます。それを捕捉するのが『WMAP』です。WMAPは「太古の宇宙の残り火」と言われる宇宙マイクロ波背景放射（CMB、p102参照）の小さな変動パターンをマッピングし、マイクロ波全天図を作成。宇宙を満たすCMBの温度差（異方性）の観測により、宇宙年齢が約138億年であること、宇宙の大きさが780臆光年以上であること、暗黒物質や暗黒エネルギーの総量などを明らかにして、ビッグバンと宇宙の成り立ちの解明に多大な貢献を果たしました。

2001.10/24

火星探査機／火星周回軌道投入日

🇺🇸 2001マーズ・オデッセイ

2001 Mars Odyssey

「火星の南極と北極の氷下に大量の水を発見?」

Photo : NASA/JPL-Caltech

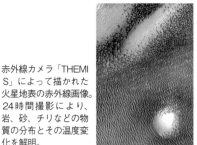

赤外線カメラ「THEMIS」によって描かれた火星地表の赤外線画像。24時間撮影により、岩、砂、チリなどの物質の分布とその温度変化を解明。

Photo : NASA

映画「2001年宇宙の旅」に登場する宇宙船から「オデッセイ」(長い冒険の意) と名付けられた。

運用DATA

打上日／2001年4月7日
ロケット／デルタⅡ
打上サイト／ケープ・カナベラル

探査機DATA

国際標識／2001-013A
バス寸法／2.2×1.7×2.6m
打上時質量／725kg

軌道DATA

軌道／火星周回軌道
(太陽同期軌道)
周回軌道投入／2001年10月24日
軌道高度／400km
軌道傾斜角／93.1度

Photo : NASA

デルタⅡの全長は39m。初期の開発製造はマクドネル・ダグラス社、2006年以降はボーイング社 (ULA社) が製造。

デルタⅡロケットによって2001年4月に打ち上げられ、その半年後に火星周回軌道に投入された『2001マーズ・オデッセイ』は、現役 (2022年時点) の火星探査機としてはもっとも古い機体です。火星の極軌道を20年以上にわたって周回し続けている同機は、火星地表をマッピングし、水から出来た氷がある地点を突き止め、火星の衛星を研究するために必要なデータを収集し続けています。また、後に続く火星探査ローバーの着陸地点の選定に貢献し、着陸したローバーとの通信を中継する役割も果たしています。赤外線カメラ「THEMIS」(熱放射システム) は、火星の衛星フォボスとダイモスにも向けられ、その物質の特定にも活用されています。

2003.2/1

スペースシャトル／事故発生日

微小重力研究を行ったSTS-107
の記章には、微小重力を表す「μg」
が中心に描かれた。7つの星はクルー
ーを表し、ラモーンの名の横には
イスラエル国旗が添えられていた。

🇺🇸 スペースシャトル『コロンビア号』

Space Shuttle Columbia Accident

「大気圏再突入時にシャトルが破壊される」

打上DATA

打上日／2003年1月16日
打上サイト／ケネディ宇宙センター（39A）

オービターDATA

国際標識番号／2003-003A
ミッション名／STS-107
オービター／コロンビア号

軌道・運用DATA

軌道／地球周回軌道
高度／278km
軌道傾斜角／51.6度
軌道滞在時間／15日22時間20分
帰還日（事故発生日）／2003年2月1日

搭乗員

機長／リック・ハズバンド
軌道船操縦士／ウィリアム・マッコール
搭載物指揮官／マイケル・アンダーソン
搭乗運用技術者／カルパナ・チャウラ、
　　　　　　　　デイビッド・ブラウン、
　　　　　　　　ローレル・クラーク
搭乗科学技術者／イラン・ラモーン

ケネディ宇宙センターのRLVハンガー。機体形状にあわせてコロンビアの残骸が並べられ、原因究明が行われた。

左からブラウン、ハズバンド機長、クラーク、チャウラ、アンダーソン、マッコール、そしてイスラエル初の宇宙飛行士ラモーン。

ISSの建設が順調に進むなか、スペースシャトルの2度目の惨事が発生します。2003年2月1日、大気圏に再突入した『コロンビア号』が、テキサス州とルイジアナ州の上空で空中分解したのです。その破片が墜落する様子はテレビでも報道され、世界に衝撃を与えました。事故の原因は打ち上げ時に発生しており、スーツケースほどの大きさの発砲断熱材が外部燃料タンクから剥離脱落し、それがオービター（シャトル本体）の左主翼に激突。大気圏に再突入した際に、そこから機体が破壊されたのです。空中分解した機体のパーツは広範囲にわたって拡散しましたが、NASAは地元民の協力も得てそれらを回収。事故発生の徹底究明が行われました。

2003.8/25

赤外線宇宙望遠鏡／打上日

🇺🇸 スピッツァー宇宙望遠鏡

Spitzer Space Telescope, SST

「太陽周回軌道上の赤外線宇宙望遠鏡」

Photo : NASA/JPL-Caltech

370光年離れたゼータ星は秒速24kmという高速で移動する恒星（写真左へ移動）。その衝撃波が星間塵に衝突してできた波紋がスピッツァーによって観測された。

打上DATA

打上日／2003年8月25日
ロケット／デルタⅡ 7920H ELV
打上サイト／ケープ・カナベラル

探査機DATA

国際標識番号／2003-038A
望遠鏡直径／85cm
打上時質量／950kg
探査機質量／855kg

軌道・運用DATA

軌道／太陽周回軌道
運用停止日／2020年1月30日

Photo : NASA/JPL-Caltech

天の川銀河から発せられる赤外線を背景に描かれたスピッツァー宇宙望遠鏡。

Photo : NASA/JPL-Caltech

左がソーラーパネル、六角形の台座がバス、その上に極低温望遠鏡アセンブリ、冷却装置が続く。上の黒い棒状が望遠鏡。

N ASAの宇宙望遠鏡計画『グレート・オブザバトリー』の一環として打ち上げられた『スピッツァー宇宙望遠鏡』。ハッブルは主に可視光線を観測しますが、これは赤外線を観測する宇宙望遠鏡であり、地球を追いながら太陽を回る「地球後縁太陽周回軌道」に投入されました。134億年前に発せられた最古の銀河の光を捉えたり（宇宙誕生は138臆年前とされる）、系外惑星も数多く発見。精度高く観測するにはソーラーパネルで太陽光からの熱を遮り、液体ヘリウムで極低温まで望遠鏡を冷やす必要がありましたが、ヘリウムが5年半で尽きたあとも、有効に機能した赤外線カメラ（IRAC）による観測を10年以上続け、2020年1月に運用が終了しました。

2003.10/1

宇宙航空研究開発機構／設立日

🔲 JAXA（宇宙航空研究開発機構）
Japan Aerospace Exploration Agency, JAXA

「日本の宇宙開発を担うJAXAが発足」

Photo : JAXA

探査機の管制も行う筑波宇宙センターは展示館「スペースドーム」も併設。写真はISSモジュール「きぼう」の実物大モックアップ。

組織DATA

設立／2003年10月1日
形態／国立研究開発法人
本社／調布航空宇宙センター内

施設

●研究開発・打ち上げ・管制実務担当施設
筑波宇宙センター（茨城県つくば市）
調布航空宇宙センター（東京都調布市）
相模原キャンパス（神奈川県相模原市）
●射場
種子島宇宙センター（鹿児島県南種子町）
内之浦宇宙空間観測所（鹿児島県肝付町）
●実験・開発施設
能代ロケット実験場（秋田県能代市）
（固体ロケットモーターの試験など）
角田宇宙センター（宮城県角田市）
（液体燃料ロケットエンジン燃焼試験など）
●宇宙通信施設
勝浦宇宙通信所（千葉県勝浦市）
（地球軌道上にある衛星の追跡・管制）
増田宇宙通信所（鹿児島県中種子町）
（ロケットや衛星の追跡・管制）
沖縄宇宙通信所（沖縄県恩納村）
（地球軌道上にある衛星の追跡・管制）

Photo : JAXA

大型のH-IIAロケットを打ち上げる種子島宇宙センターの射場。

Photo : JAXA

内之浦宇宙空間観測所のM（ミュー）センター台地。ここにはM型ロケット発射装置やイプシロンロケット発射装置などが整う。

2 003年10月1日、日本の宇宙航空の開発を担う『JAXA』が設立されました。正式名称は「国立研究開発法人・宇宙航空研究開発機構」と言います。かつて日本の宇宙事業と言えば『NASDA』（宇宙開発事業団）が知られていましたが、そのNASDAと、『ISAS』（文部科学省宇宙科学研究所）と、『NAL』（航空宇宙技術研究所）が統合されて出来たのが、現在のJAXAです。ロケットを打ち上げる「射場」としては種子島宇宙センターと内之浦宇宙空間観測所（ともに鹿児島）を持ち、探査機を管制する施設としては、筑波宇宙センター（茨城）、相模原キャンパス（神奈川）、調布航空宇宙センター（東京）があり、調布にはJAXAの本社もあります。

2003.10/15

有人宇宙船／打上日

🇨🇳 神舟5号

Shenzhou 5

「米ロに続いて中国が独自に有人宇宙飛行を達成」

Photo : NASA

宇宙船『神舟5号』は酒泉宇宙センターから長征2号F型ロケットによって打ち上げられた。長征ロケットは欧米では『LONG MARCH』と表記される。

打上DATA

打上日／2003年10月15日
ロケット／長征2号F型
打上サイト／酒泉宇宙センター

宇宙船DATA

国際標識番号／2003-045A
打上時質量／7,790kg

軌道DATA

軌道／地球周回軌道
（遠336km - 近332km）
軌道傾斜角／42.4度
期間／21時間22分45秒
地球周回数／14周
帰還日／2003年10月15日

Photo : CadNav（left-top）, CMSA（others）

神舟はソユーズと同様、3モジュール仕様の宇宙船。左下は帰還直後、右はフェアリングへの収納作業。

Photo : CMS

上は構造図。降下モジュールを切り離すと左の軌道機は無人偵察衛星として活用された。下は搭乗員のヤン・リィウェイ。

20 世紀の宇宙開発はアメリカ、旧ソビエトを筆頭に、フランス、日本がリードしていましたが、2000年ごろから中国の躍進が始まります。その契機となった最初の出来事が、この有人宇宙船『神舟5号』の打ち上げ成功です。宇宙飛行士ヤン・リィウェイが搭乗した神舟5号は、胡錦濤の総書記就任に合わせて2003年10月15日、酒泉宇宙センター（p.4）から長征2号F型ロケットによって打ち上げられ、高度約334kmの地球周回軌道に乗りました。この成功によって中国は、ロシア、アメリカに継いで、独自にヒトを宇宙に送り込んだ3番目の国となりました。『神舟5号』は軌道を14周し、ヤンは約21時間後に内モンゴル自治区に無事帰還しました。

2003.12/25

火星探査機／火星周回軌道投入日

Photo : ESA

ビーグル2は残念ながら着陸に失敗。史上初となる火星地中に潜る観測機器を搭載し、地質と鉱物、生命の痕跡を探査する予定だった。

🇪🇺 マーズ・エクスプレス / ビーグル2

Mars Express / Beagle 2

「ESAの火星探査機、ビーグル2は着陸失敗」

運用DATA

打上日／2003年6月2日
ロケット／ソユーズFG・フレガート
打上サイト／バイコヌール宇宙基地

探査機DATA

国際標識／2003-022A
バス寸法／1.5×1.8×1.4m
打上時質量／1,120kg
（オービター113kg、着陸機60kg）

軌道DATA

軌道／火星周回極軌道（楕円軌道）
周回軌道投入／2003年12月25日
（遠10,107km - 近298km）
ビーグル2投下／上記同日（失敗）
軌道傾斜角／86.3度

Photo : ESA

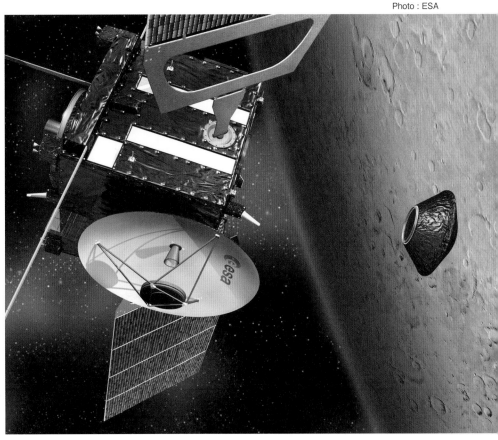

マーズ・エクスプレスが火星周回軌道に入る直前、火星地表に向けて着陸機ビーグル2が投下された。

Photo : ESA

欧州宇宙機関はロシアと長期契約を結んでいるため、ロシアのソユーズによって探査機を打ち上げることが多い。

E SA（欧州宇宙機関）が2003年に火星へ送り込んだのが『マーズ・エクスプレス』です。火星周回軌道上から火星地表全体を高解像度（10m/ピクセル）で画像化し、とくに選定した領域は同2mの超高解像度で画像化する能力を持ちます。また、同100mの解像度で地表の鉱物組成のマップを作成し、さらには数kmの深度までの地下構造を明らかにしています。オービター（周回軌道機）であるマーズ・エクスプレスは、その軌道に入る同日、ランダー（着陸機）である『ビーグル2』を火星地表に投下しましたが、直後に通信途絶、着陸に失敗しました。ちなみにこの機体名は、設計から機体開発までの期間が通常よりも急がれたことに由来します。

火星探査ローバー／火星地表への着陸日

Photo : NASA/JPL-Caltech

アームの先端にあるツールで岩石表面を研磨し、アルファ粒子Ｘ線分光計を使用して岩石の化学元素を特定する。

🇺🇸 スピリット/オポチュニティ
Mars Exploration Rovers, Spirit & Opportunity

「探査ローバーが２機、火星地表に投入される」

共通DATA

ロケット／デルタⅡ 7925
打上サイト／ケープ・カナベラル
ローバー質量／185kg
軌道／火星遷移軌道

『スピリット』DATA

打上日／2003年6月10日
国際標識番号／2003-027A
着陸日／2004年1月4日
着陸地点／グセフクレーター
運用停止日／2011年5月24日

『オポチュニティ』DATA

打上日／2003年7月4日
国際標識番号／2003-032A
着陸日／2004年1月25日
着陸地点／イーグルクレーター
運用停止日／2019年2月14日

Photo : NASA/JPL-Caltech

スピリットとオポチュニティは同型の火星探査ローバー。オポチュニティの総走行距離は45kmを超える。

Photo : NASA

両火星探査機は固体ロケット・ブースターを９基搭載した三段式ロケット『デルタⅡ 7925』によって打ち上げられた。

NASAのジェット推進研究所（JPL）は2003年、パスファインダー（p.111）に続いてさらに２機の探査ローバーを火星に送り込みます。１号機は『スピリット』、２号機は『オポチュニティ』。２機は同型機で質量185kg。着陸方法は基本的にパスファインダーと同じですが、質量10.6kgのパスファインダーのローバーよりはるかに大型で高い機動力を持ち、火星地表を広範囲に渡って移動しました。２機は岩石を削り、それを観測機器に取り入れ、顕微鏡で観察し、そのデータを地球に送りました。『スピリット』は約６年３ヵ月後に通信が途絶。『オポチュニティ』は2018年6月10日の通信途絶まで、なんと14年５ヵ月間にわたって探査を続けました。

2004.6/21

民間有人宇宙船／打上日

🇺🇸 スペースシップワン

Space Ship One

「史上初の民間宇宙船が宇宙へ到達」

Photo : Mars Scientific.com / Clay Center Observatory

後継機『スペースシップ2』は2014年に墜落死亡事故を起こしたが、2018年に米空軍が規定した宇宙（80km以上）に到達。

打上DATA

打上日／2004年6月21日
ロケット／スペースシップワン
打上サイト／モハーヴェ宇宙港
開発／モハーヴェ・エアロスペース・ベンチャーズ
製造・スケールド・コンポジット

母機『ホワイトナイト』DATA

離陸時重量／8,165kg
寸法／全幅25m
ロケット／J85-GE-5×2
推力／11kN×2基
上昇限度高度／16,000m
ペイロード／3,600kg
定員／3名

宇宙船『スペースシップワン』DATA

正式機体名／
スケールド・コンポジット・モデル316
離陸時質量／3,600kg
寸法／全長5×全幅5m、
　　　胴体直径1.52m
翼面積／15㎡
ロケット／固体ハイブリッドロケット
推力／74kN
定員／1名(最大3名)

Photo : Virgin Galactic / Jim Koepnick

運搬用飛行機『ホワイトナイト』に抱えられた状態の『スペースシップワン』。

Photo : Virgin Galactic

同機に続く『スペースシップ2』(p.164)はリチャード・ブランソン（左）率いるヴァージン・ギャラクティック社が運用。

モ　ハーヴェ・エアロスペース・ベンチャーズ社によって開発された宇宙船『スペースシップワン』は、2004年6月21日、国際航空連盟（FAI）が規定する宇宙（高度100km以上）への弾道飛行に成功。民間企業による有人宇宙船が宇宙に到達したのは、これが史上はじめてのことでした。同機は運搬用飛行機『ホワイトナイト』の胴体下部に吊り下げられ、高度約15kmまで上昇し、そこから切り離されるとロケットを点火し、そのまま上昇して宇宙へ向かいます。また、宇宙船はそのままグライドして帰還・着陸できるという再利用機でもあります。続いて開発された『スペースシップ2』は2018年12月、搭乗員2人を乗せて高度82.7mに到達しました。

2004.6/30

惑星探査機／土星軌道への投入日

1997年の打ち上げ当時、全高6.8mのカッシーニは、NASAとJPLが開発した探査機としては最大級のサイズ。カッシーニとホイヘンスを合わせた乾燥質量は約2.5トン。

🇺🇸🇪🇺 カッシーニ / ホイヘンス・プローブ

Cassini / Huygens

「初の土星人工衛星、13年間で7衛星を発見」

打上DATA

打上日／1997年10月15日
ロケット／タイタンIV・セントール
打上サイト／ケープ・カナベラル

探査機DATA

国際標識番号／1997-061A
寸法／全高6.8m、アンテナ直径4m
打上時質量／5,655kg
探査機質量／2,523kg
ホイヘンス質量／320kg

軌道・運用DATA

金星フライバイ／1998年4月26日
　　　　　　　　1999年6月24日
地球フライバイ／1999年8月18日
木星フライバイ／2000年12月30日
土星周回軌道投入／2004年6月30日
ホイヘンス投下／2004年12月24日
ホイヘンス着陸／2005年1月14日
土星の環を通過／2017年4月26日
土星大気圏突入（運用停止）／2017年9月15日

上／土星大気圏へ突入し、最後の瞬間まで地球にデータを送るカッシーニ。下／カッシーニが撮影した土星の環。

タイタンIVで打ち上げられたカッシーニは金星と地球でのフライバイを経て木星へ向かい、さらに木星フライバイを経て土星へ。

打ち上げから7年後の2004年6月、『カッシーニ』は土星周回軌道へ入り、史上初の土星の人工衛星になりました。同年12月には観測機『ホイヘンス』を分離し、衛星タイタンへ着陸させます。ホイヘンスは機能が停止するまでの3時間40分に渡って取得データを送信しました。その後もカッシーニは土星軌道を10年以上も回り続け、土星の新衛星7つを発見し、膨大なデータと写真を取得。そして『グランド・フィナーレ』というミッション最後の段階では、史上はじめて土星の環の間を通過しながら観測を行い、2017年9月、原子力電池や本体に付着した微生物で衛星を汚染しないよう、土星大気圏に突入して燃え尽き、その役目を終えました。

Photo：NASA/JPL-Caltech/Space Science Institute

土星の5つの衛星をワンショットで抑えた画像。左からヤヌス、パンドラ、エンケラドゥス、レア、いちばん右の大きな天体がミマス。

Photo：NASA/JPL-Caltech

2013年7月19日には、土星の軌道上から14億4000万キロ離れた地球を撮影。矢印が地球。

Photo：NASA/JPL-Caltech

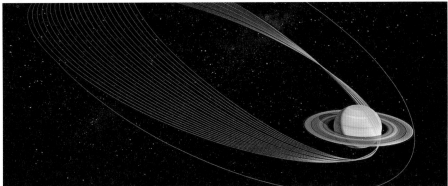

土星の極軌道を周回するカッシーニの軌道イメージ図。

Photo：NASA/JPL-Caltech

上／カッシーニが撮影した土星の第2衛星エンケラドゥス。下／エンケラドゥスが間欠泉から氷を吹き上げていることを発見。

Photo：NASA/JPL-Caltech

土星の第7衛星ハイペリオン。カッシーニが2005年9月に近傍をパスした際、この衛星の表面が異様な状態であることが判明。

Photo：NASA/JPL-Caltech / A. Tavani

右／ESA（欧州宇宙機関）が開発した『ホイヘンス』がタイタン地表へ着陸したイメージ。中／ホイヘンスがタイタンの地表で撮影した実画像。左／ホイヘンスとカッシーニによる調査で衛星タイタンの内部組成が明らかになりつつある。

2006.3/10

火星探査機／火星周回軌道投入日

リコネッサンス・オービターはJPLが開発、ロッキード・マーティン社が製造。観測機器はジョンズ・ホプキンス大学応用物理研究所（APL）などが提供。

🇺🇸 マーズ・リコネッサンス・オービター

Mars Reconnaissance Orbiter, MRO

「超高精度カメラで火星地表を撮影、水を調査」

運用DATA

打上日／2005年8月12日
ロケット／アトラスV 401
打上サイト／ケープ・カナベラル

探査機DATA

国際標識／2005-029A
バス寸法／全高6.5m
高利得アンテナ／直径3.7m
太陽光パネル／全幅13.6m
打上時質量／2,180kg

軌道DATA

軌道／火星周回軌道（太陽同期軌道）
（遠320km - 近255km）
周回軌道投入／2006年3月10日
軌道傾斜角／93.1度

火星周回軌道（極軌道）を航行するイメージ図。「リコネッサンス」とは「偵察」の意。

ケープ・カナベラル空軍基地からアトラスV 401による打ち上げ。探査機の質量は乗用車とほぼ同じ約2トン。

『マーズ・リコネッサンス・オービター』は2005年8月に打ち上げられ、2006年3月、火星を周回する極軌道に投入されました。それ以前の火星探査機は、地表にあるスクールバスほどの大きさの物体を識別しましたが、この機体が搭載した高解像度近赤外線カメラ「HiRISE」は、テーブルサイズの物体まで識別。このカメラによって火星地表のクローズアップ写真を撮影し、鉱物などを分析しています。また、『2001マーズ・オデッセイ』（p.116）がその存在を示唆した「水からなる氷」を、地中レーダー「SHARAD」などによって追跡調査。こうした精密な観測データは、後に打ち上げられたランダーやローバーの着陸地の決定に貢献しています。

2006.4/11

金星探査機／金星周回軌道投入日

■ビーナス・エクスプレス
Venus Express

「ESAが金星の大気を長期観測」

Photo : ESA/INAF-IASF

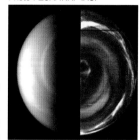

可視光・赤外線熱画像分光計（VIRTIS）によって撮影された金星の南半球の映像。高度20万6,452kmからの撮影。

運用DATA

打上日／2005年11月9日
ロケット／ソユーズFG・フレガート
打上サイト／バイコヌール宇宙基地

探査機DATA

国際標識／2005-045A
打上時質量／1,270kg
バス寸法／1.5×1.8×1.4m

軌道DATA

軌道／金星周回軌道（極軌道）
（遠63,000km - 近460km）
周回軌道投入／2006年4月11日
軌道傾斜角／90度

Photo : ESA / D. Ducros

地球地表の観測衛星と同様、その惑星の全地表を観測する場合、探査機は極軌道に投入される。

Photo : ESA

カザフスタンのバイコヌール宇宙基地から、ロシアのソユーズFG・フレガートによって打ち上げられた。

欧 州宇宙機関（ESA）が『マーズ・エクスプレス』（2001年、p.121参照）の機体をアレンジして、2005年11月に金星へ向け打ち上げたのが『ビーナス・エクスプレス』です。同機は金星全域の大気を詳細に観測するため極軌道に投入されました。赤外線、可視光線、紫外線など、幅広い電磁波帯を観測する機器を7種搭載し、金星の大気や雲のほか、プラズマ環境のデータも収集し、金星の表面特性を詳細に研究。灼熱の惑星である金星の表面温度のグローバルマップも作成しています。設計寿命は2年でしたが、それを大幅に超える9年2ヵ月間にわたって運用されました。これほど長期間にわたって金星を探査したのは同機が史上はじめてです。

2007.9/14

月周回衛星／打上日

🇯🇵 かぐや

Kaguya, SELENE

Photo : JAXA

かぐやは蛍光X線分光計、ガンマ線分光計、粒子線計測器、レーザ高度計、月レーダサウンダー、地形カメラなどの機器を搭載。

「月の地下に巨大洞窟を発見した月周回衛星」

打上DATA

打上日／2007年9月14日（UTC・JST）
ロケット／H-ⅡA（13号機）
打上サイト／種子島宇宙センター

主衛星『かぐや』DATA

国際標識番号／2007-039A
打上時質量／2,900kg
軌道／月周回軌道（極軌道・円）
高度／100km　軌道傾斜角／90度
落下日／2009年6月11日

リレー衛星『おきな』DATA

質量／約50kg
軌道／月周回軌道（極軌道・楕円）
高度／約100 - 2,400km

VRAD衛星『おうな』DATA

質量／約50kg
軌道／月周回軌道（極軌道・楕円）
高度／約100 - 800km

Photo : JAXA

かぐやのモジュールは上下2部から構成され、ふたつ合わせると高さ4.2m、質量3トンにもなる。

Photo : JAXA

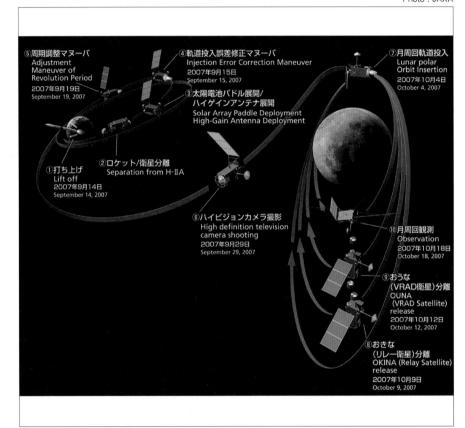

主衛星であるかぐやは高度100kmの円軌道を周回、『おきな』と『おうな』は楕円軌道を周回する。

　月の極軌道に投入された『かぐや』には、NHKが開発したハイビジョン・カメラが搭載されていましたが、地球に送信されてきたその映像の美しさに世界は大いに驚きました。月の起源と進化過程の解明を使命とした月周回衛星かぐやは、『おきな』と『おうな』という子衛星を軌道上で分離し、そのサポートを受けながら月観測を行うというユニークな機構を持ち、その支援によって月の裏側からも地球へデータが送信できました。また後年、かぐやの電波レーダーなどで得られたデータを解析した結果、月の火山帯の地下数十から数百メートルの深さに複数の洞窟が発見され、そのひとつは距離が数十kmにおよぶ巨大なものであることが判明しています。

2009.3/7

太陽系外惑星探査機／打上日

Photo : NASA/Ames/JPL-Caltech

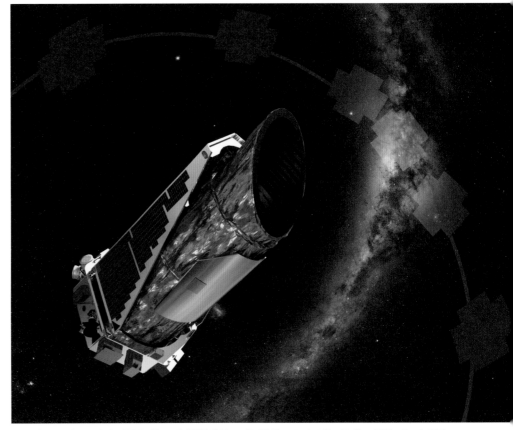

2015年、太陽に似た恒星ケプラー452を周回する、惑星『ケプラー452b』を発見。地球に非常に似た環境である可能性が高い。

🇺🇸 ケプラー

Kepler

「太陽系外の惑星を2600個発見」

打上DATA

打上日／2009年3月7日
ロケット／デルタⅡ
打上サイト／ケープ・カナベラル

探査機DATA

国際標識番号／2009-011A
寸法／全長4.7×全幅2.7m
　　　反射鏡直径1.4m
打上時質量／1,052kg

軌道・運用DATA

軌道／太陽周回軌道
運用停止／2018年10月30日

Photo : NASA/Ames/JPL-Caltech

運用開始から3年は一方向を観測し続け、姿勢制御装置の一部が故障してからは数ヵ月ごとに観測エリアを変更。

Photo : NASA

ケープ・カナベラルにあるアストロテック社で、デルタⅡロケットの第3ステージにケプラーを搭載する作業が行われた。

　太陽系以外にある惑星は、1992年まで正式にはひとつも見つかっていませんでした。そうした惑星（系外惑星）を2600個も発見したのが、この系外惑星探査機『ケプラー』です。ケプラーは、地球とよく似た太陽周回軌道を、地球を追いかけながら周りつつ、太陽光を避けるために、はくちょう座の方角だけに向けられていました。明るく光る恒星の前を暗い惑星が横切ると、恒星の光が少しだけ変化します。それを検出し、遠い惑星の存在を明らかにするのです（トランジット法）。恒星から一定の距離（ハビタブル・ゾーン）にある惑星であれば、気温が適度で水があり、ヒトが住めるかもしれません。そうした住居可能な惑星を探すのがケプラーの使命でした。

2009.9/11

宇宙ステーション無人補給機＆新型ロケット／初打上日

⦿ こうのとり / H-ⅡB

H-Ⅱ Transfer Vehicle 1, HTV1 / H-ⅡB

「JAXAのISS補給機『こうのとり』の初打ち上げ」

ISSのロボットアームが、HTVの非与圧部にある曝露パレットを引き出す。ここには船外実験装置などを1.9トンを搭載可能。

Photo : JAXA

打上DATA

打上日／2009年9月11日（1号）
ロケット／H-ⅡB
打上サイト／種子島宇宙センター

『こうのとり』DATA

国際標識番号／2009-048A
寸法／全長9.8、直径4.4m
打上時質量／10.5t
ペイロード／6t

『H-ⅡB』DATA

仕様／液体燃料2段式ロケット
寸法／全長56.6m、最大直径5.2m
質量／531t（衛星含まず）
ブースター／SRB-A×4基
第1段／LE-7A×2基
第2段／LE-5B-2×1基
推力／1,939.29kN
ペイロード／LEO：19,000kg
　　　　　　 GTO：8,000kg

Photo : JAXA

上／H-ⅡBのフェアリングが分離して補給機が露出。下／右から、推進モジュール、電気モジュール、曝露パレットのある非与圧部、与圧部。

全長10m、直径4mの「こうのとり」は、観光バスほどの大きさ。

　ISS（国際宇宙ステーション）に補給物資を運ぶISS無人補給機『こうのとり』（HTV）の打ち上げが、2009年9月に開始されました。その積載能力は世界最大であり、ロシアのプログレスが2.4トン、米国のシグナスやドラゴンが3トン台なのに対し、HTVは6tの物資を輸送します。これを可能にしたのが、H-ⅡAロケットを改良してパワーアップした『H-ⅡB』です。HTVはISSにドッキングして補給物資を補充すると、不要物資を載せてISSを離脱。大気圏に再突入して燃え尽きますが、7号機ではISS離脱後にカプセルを分離して地球に帰還させています。HTVとH-ⅡBは11年間運用されましたが、9号機を最後に、2020年8月にその役目を終えました。

2010.6/4

再利用型ロケット／打上日

🇺🇸 ファルコン9
Falcon 9

「スペースXの再利用型ロケット、初打上成功」

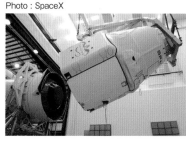

ファルコン9が打ち上げるISS補給船『ドラゴン』（写真）、有人宇宙船『クルー・ドラゴン』は、ISSへの往復機としてNASAに選定され、公式運用されている。

Photo : SpaceX

運用DATA

打上日／2010年6月4日
ロケット／ファルコン9 v1.0
打上サイト／ケープ・カナベラル

『ファルコン9 v1.0』DATA

寸法／全高53m、直径3.66m
（現行モデル『Block 5』は全高70m）
打上時質量／318t
第1段エンジン／マーリン1C×9
第2段エンジン／マーリン1C×1
推進剤／RP-1×液体酸素
ペイロード（初打上時）／
ドラゴン宇宙船（評価テスト機）
（国際標識2010-026A）
ペイロード能力／
LEO：8,500kg、GTO：3,400kg

軌道DATA

軌道／地球周回軌道

Photo : SpaceX

Photo : SpaceX

初号モデル『V1.0』の初打ち上げ（左）。その搭載エンジン「マーリン」。

Photo : SpaceX

2016年4月には、洋上のドローン船への自律着陸にも成功。以後、主に第1段の着陸には同船が活用されている。

　世界のロケット事情を大きく変えたのが、米国の民間企業であるスペースX社の『ファルコン9』です。それ以前の半額程度のコストで打ち上げ可能なこの2段式液体燃料ロケットは、宇宙機の打ち上げ機会を増やすことに貢献。軍事衛星やISS補給船、有人宇宙船（p.157）にも使用され、2022年時点では世界でもっとも打ち上げ回数が多いモデルとなっています。2010年に初号モデル『V1.0』の初打ち上げに成功。2015年には『FT』により、切り離された第1段ロケットが自律的に地上基地に帰還。垂直姿勢で着陸することにも成功し、さらなる低コスト化を実現しました。帰還した第1段は複数回使用できるため、再利用型ロケットと呼ばれています。

2010.6/13

小惑星探査機／地球帰還日

Photo : JAXA

人類がはじめて目にする小惑星イトカワ。このユニークな形状は、ふたつの岩石が結合した結果と考えられている。

Release 051101-1 ISAS/JAXA

🇯🇵 はやぶさ

Hayabusa, MUSES-C

「世界初、小惑星からのサンプルリターン」

打上DATA

打上日／2003年5月9日(JST)
ロケット／M-V(5号機)
打上サイト／内之浦宇宙空間観測所

探査機DATA

国際標識番号／2003-019A
打上時質量／510kg
寸法／1×1.6×2m
　　　太陽電池パドルのスパン5.7m
エンジン／イオンエンジンμ10

軌道・運用DATA

軌道／太陽周回軌道
着陸日／2005年11月20・26日
着陸地／小惑星「イトカワ」
帰還日／2010年6月13日(カプセル)

Photo : JAXA

イトカワにタッチダウンした瞬間、サンプラーホーンから弾丸を発射し、サンプルを回収する。

Photo : JAXA

『はやぶさ』本体がフェアリングに収められる様子。2003年5月9日、M-V 5号機ロケットによって打ち上げられた。

地球と似た公転軌道で太陽を周回する小惑星イトカワへ着陸し、その地表から岩石などのサンプルを地球へ持ち帰った小惑星探査機『はやぶさ』。それ以前に人類が採取したサンプルは月だけでしたが、小惑星から希少な試料を持ち帰るという史上初の偉業を成し遂げました。イトカワの岩石は、太陽系ができたころに近い状態を保存していると考えられ、太陽系の起源を解明するための貴重なサンプルとされています。はやぶさは数多くの観測機器を搭載し、膨大なデータを取得。自律航法を採用しており、自らが判断して目標に近づくようプログラムされていました。また、搭載されたイオンエンジンはトラブルが発生したものの、その有用性を実証しました。

イトカワの軌道と『はやぶさ』の運行

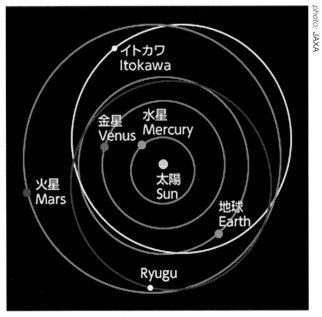

photo: JAXA

地球と火星に沿うように太陽周回軌道を周るイトカワ。地球から打ち上げられた『はやぶさ』は、地球でフライバイしたのち、イトカワへ向かった。

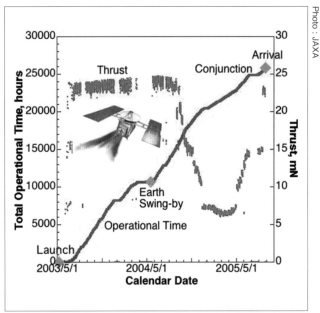

Photo : JAXA

イオンエンジンの稼働状況。下横軸が日数経過、左軸が稼働時間、右軸は出力を表す。地球でフライバイした後は出力が減っていることがわかる。

サンプルの採取からリターンまで

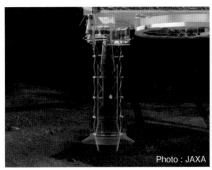

Photo : JAXA

タッチダウンすると同時にこのサンプラーホーン内から弾丸を発射、飛び散った岩石を採取する。

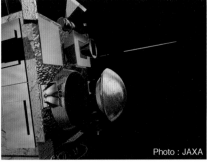

Photo : JAXA

探査機『はやぶさ』は地球近くへ帰還すると、サンプルが入ったカプセルを本体から分離。

Photo : JAXA

分離されたカプセルは2010年6月13日、大気圏へ突入してオーストラリアのウーメラ砂漠へ落下。

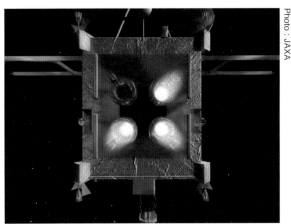

Photo : JAXA

イオンエンジンは、搭載されたキセノンという気体を電気的にイオン化し、その噴出で推力を得る。

Photo : JAXA

イトカワの微粒を電子顕微鏡で撮影。わずかなこの一片から太陽系や地球の謎を解き明かす。

イトカワ母天体で形成されていた模様。月などよりも太陽系が生まれた初期の状態を多分に残している。

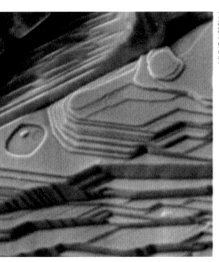

Photo : JAXA

2011.3/18

水星探査機／水星周回軌道投入日

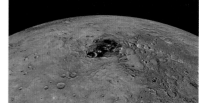

これはメッセンジャーがCCDカメラで撮影した水星の北極圏。クレーター内にある黄色い部分は水からなる氷が示されている。

🇺🇸 メッセンジャー

MESSENGER

「史上はじめて水星の周回軌道へ」

運用DATA

打上日／2004年8月3日
ロケット／デルタII
打上サイト／ケープ・カナベラル

探査機DATA

国際標識／2004-030A
打上時質量／1,107.9kg
主要ミッション機器／
・デュアル・イメージング・システム
・ガンマ線スペクトロメーター（GRS）
・中性子スペクトロメーター（NS）
・X線分光計（XRS）
・マーキュリーレーザー高度計（MLA）
・水星大気&表面組成分光計（MASCS）

軌道DATA

軌道／水星周回軌道（楕円軌道）
（遠10,300km - 近200km）
周回軌道投入／2011年3月18日
軌道傾斜角／80度

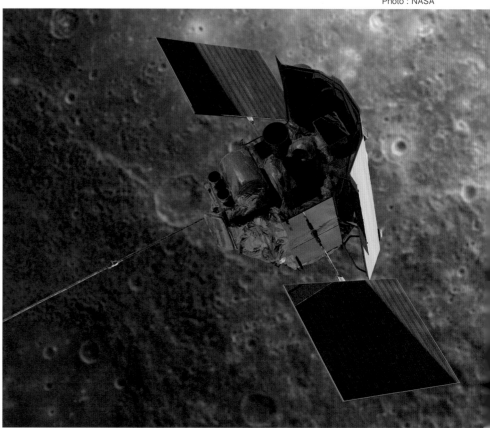

メッセンジャーは水星周回軌道上から磁場の特性を観測しつつ、水星地表100%のマッピングを完成させた。

デルタIIでの打ち上げの後、地球、金星、水星で計6回の減速フライバイを実行。最終的には水星周回軌道へ投入。

「デ」ィスカバリー計画」（p.216）の一環として2004年にNASAが打ち上げたのが水星探査機『メッセンジャー』です。水星に到達したのはNASAのマリナー10号（1974年、p.79参照）以来2機目であり、水星周回軌道への投入に成功したのはこのメッセンジャーが史上初です。水星は太陽に近いため、その重力によって探査機は高速になります。また水星の公転速度は速いため、そこへ探査機を近づけることは難しいとされています。メッセンジャーは、地球で1回、金星で2回、水星で3回の減速フライバイ（p.181）を繰り返し、最小限の燃料で水星の周回軌道に入ることに成功。10万枚近い画像を撮影し、水星の全地表のマッピングを完成させました。

2011.7/16

小惑星探査機／小惑星ベスタの周回軌道投入日

Photo : NASA

予算削減を理由にドーンの打ち上げは2度にわたって中止されそうになったが、2007年9月、デルタIIによって無事ローンチされた。

🇺🇸 ドーン

Dawn

「史上はじめて準惑星の周回軌道へ」

運用DATA

打上日／2007年9月27日
ロケット／デルタII
打上サイト／ケープ・カナベラル

探査機DATA

国際標識／2007-043A
打上時質量／1,217.7kg
バス寸法／1.64×19.7×1.77m
主要ミッション機器／
フレーミングカメラ（FC）
可視・赤外マッピング分光計（VIR）
ガンマ線・中性子分光計（GRaND）

軌道DATA

軌道／セレス周回軌道（長楕円軌道）
（遠3,974km - 近37km）
周回軌道投入／2011年7月16日
軌道傾斜角／76.1度

Photo : NASA/JPL-Caltech/UCLA

良好なカットを複数合成した小惑星ベスタの画像。ドーンは2011年7月から1年2ヵ月間ベスタを観測した。

Photo : NASA/JPL-Caltech/UCLA

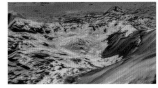

準惑星セレスのオッカトル・クレーターから塩水が露出する様子。画像ではその部分が赤く着色されている。

Photo : NASA/JPL-Caltech

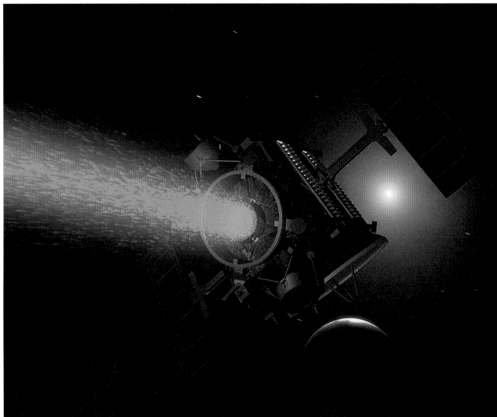

ドーンはキセノンを燃料とするイオン・スラスタ「NSTAR」を3基搭載。JPLがこのスラスタを開発した。

地　球や火星などの惑星よりも小規模な天体として「準惑星」がありますが、2022年時点において太陽系には5つの準惑星が存在しています。そのひとつ「ケレス」と、それよりも小さな小惑星「ベスタ」を調査するため、2007年にNASAが打ち上げたのが探査機『ドーン』です。準惑星の探査を主目的とし、その周回軌道への投入に成功した探査機はこのドーンが史上初です。火星と木星の公転軌道の間には、多くの小天体が集まる「アステロイド・ベルト」（小惑星帯）という領域があり、ケレスとベスタはこの領域で太陽を公転しています。ドーンは火星でフライバイをした後にケレスやベスタの周回軌道に入り、両天体の貴重なデータを取得しました。

2011.9/29

中国宇宙ステーション／打上日

■ 天宮1号

Tiangong 1

「中国初の宇宙ステーションが打ち上げに成功」

Photo：CMS

天宮1号にドッキングした宇宙船「神舟10号」の船内。右側は中国人で2人目の女性宇宙飛行士となった王亜平。

打上DATA

打上日／2011年9月29日
ロケット／長征2号F型
打上サイト／酒泉宇宙センター

ステーションDATA

国際標識番号／2011-053A
打上時質量／8,506kg
寸法／全長10.4m、直径3.35m
与圧区画容積／15㎥　定員／3名

軌道・運用DATA

軌道／地球周回軌道
（遠336km - 近332km）
軌道傾斜角／42.4度
軌道上運用日数／6年185日
再突入日／2018年4月2日

Photo：CMS

旧ソビエトとアメリカに続いて中国は、宇宙ステーション『天宮1号』の打ち上げに成功した。

Photo：CMS

上／神舟11号が天宮2号にドッキングするときの様子。下／天宮1号へ向かう神舟10号の、長征2号ロケットによる打ち上げ。

2 003年に有人宇宙飛行に成功した中国は（p.120）、その後、宇宙船『神舟7号』で船外活動にも成功し、続いて2011年9月29日には、ついに独自に宇宙ステーション『天宮1号』の打ち上げに成功します。これはコアモジュールだけの実験機であり、無人の神舟8号、有人の9号と10号とのドッキングにも成功。神舟9号では初の女性宇宙飛行士も誕生しました。しかし、2016年3月から制御不能になり、落下地点が予想できない状態のまま、2018年4月に南太平洋に墜落。続く『天宮2号』は1号よりも充実した実験機器を搭載し、2016年9月15日に打ち上げられました。1ヵ月後には神舟11号がドッキングして約1ヵ月間、有人で運用されました。

136

2013.12/19

高精度位置天文衛星／打上日

🇪🇺 ガイア

Gaia

「星の位置と速度を精密捕捉、動く天の川マップを作製」

Photo：ESA - M.Pedoussaut

サン・シールドは軌道上で展開する造り。完全に開いた時の直径は約10m。その中心部に観測機器を搭載している。機体下部がバス部。

Photo：ESA / Gaia / DPAC, CC BY-SA 3.0 IGO. Acknowledgement：A.Brown, S.Jordan, T.Roegiers, X.Luria, E.Masana, T.Prusti and A.Moitinho

運用DATA

打上日／2013年12月19日
ロケット／ソユーズ 2.1b
打上サイト／ギアナ宇宙センター

機体DATA

国際標識／2013-074A
バス寸法／直径10m
質量／1,630kg（推進剤含まず）
主要ミッション機器
・アストロ（望遠鏡システム）×2
・青色＆赤色光度計（BP/RP）
・視線速度分光計（RVS）

軌道DATA

軌道／太陽-地球ラグランジュ点L2
リサージュ

下は天の川銀河の3次元地図データ。太陽系から326光年以内にある4万個の星の今後40万年の動きを示す。

Photo：ESA - S.Corvaja

ロシアのソユーズ2.1bによって、フランス領ギアナにあるギアナ宇宙センターから打ち上げられた。

ESAは2013年、天の川銀河の3次元マップを描くことを主な目的として高精度位置天文衛星『ガイア』を打ち上げました。この機体は天体の位置と動きを明らかにする位置天文学（アストロメトリ）に特化した天文観測機です。約10億個の星の位置を測定し、そのなかで最も明るい1億5,000万個の天体の移動速度とその軌道を測定。これによって天の川銀河の初期の形成や、その後の天体の進化を読み取ります。また、太陽系内の小さな天体や数十万のクエーサーなど、数多くの天体を発見しています。上の画像はガイアのデータで作られた天の川銀河マップです。YouTubeで「Gaia」「second data」と検索すると、星々が動く様子が視聴できます。

2012.8/6

火星探査ローバー／火星地表への着陸日

🇺🇸 キュリオシティ

Curiosity

「火星へ着陸した899kgの移動科学研究所」

Photo : NASA/JPL-Caltech

これまでの火星探査ローバーとは違って、エアバッグではなく、スカイクレーンに抱えられ、そのまま降下・着陸。

Photo : NASA/JPL-Caltech

打上DATA

打上日／2011年11月26日
ロケット／アトラスV 541
打上サイト／ケープ・カナベラル

探査機DATA

国際標識番号／2011-070A
正式名称／
マーズ・サイエンス・ラボラトリー
ローバー質量／899kg

軌道・運用DATA

軌道／火星遷移軌道
着陸日／2012年8月6日
着陸地点／アイオリス山
　　　　　（ゲイルクレーター内）

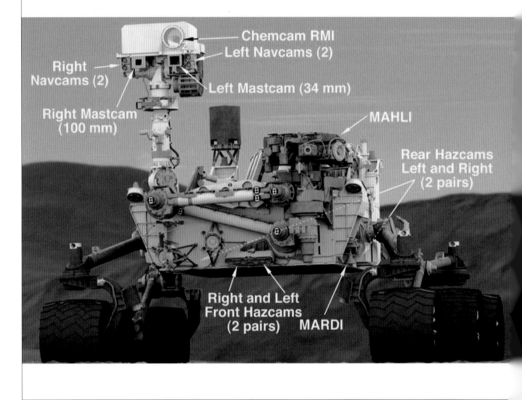

Right
Navcams (2)

Chemcam RMI
Left Navcams (2)

Left Mastcam (34 mm)

Right Mastcam
(100 mm)

MAHLI

Rear Hazcams
Left and Right
(2 pairs)

Right and Left
Front Hazcams
(2 pairs)

MARDI

キュリオシティの走行距離などの情報はNASAのサイト（英語版）で閲覧可能。https://mars.nasa.gov/

Photo : NASA/JPL-Caltech

カリフォルニア州にあるJPLにて、スカイクレーンと組み合わされた後にカプセルに収納されるキュリオシティ。

NASAのJPLは、2012年8月に『キュリオシティ』を火星地表に着陸させました。それ以前に「パスファインダー」（10.6kg、p.111）、「スピリット」と「オポチュニティ」（ともに185kg、p.122）の3機のローバーを火星に投入してきましたが、この『キュリオシティ』はそれらよりもはるかに大型で質量は899kg。高い機動力を持ち、多種の観測機器を搭載しています。過去のローバーが太陽光パネルに砂がかぶって充電できなくなる可能性があったのに対して、キュリオシティは原子力電池を搭載しているためその心配がありません。耐用年数は2年間に設定されていましたが、2022年時点でも探査を続けており、総走行距離は23.3kmを超えています。

キュリオシティが採取
した体積物から、我々
ヒトが飲むことのでき
る水が発見されている。

2015.7/14

惑星探査機／冥王星への最接近日

🇺🇸 ニュー・ホライズンズ

New Horizons

「史上はじめて冥王星に到達した探査機」

JPLジェット推進研究所で組み上げられているニュー・ホライズンズ。探査機本体であるバスの質量は385kg、全高0.68m。

冥王星でフライバイをするニュー・ホライズンズ。この後、さらに機速を上げて太陽系外縁へ向かう。

打上DATA

打上日時／2006年1月19日
ロケット／アトラスV 551
打上サイト／ケープ・カナベラル

探査機DATA

国際標識番号／2006-001A
バス寸法／全長2.11×全幅2.74×
　　　　　全高0.68m
探査機質量／385kg

軌道DATA

木星フライバイ／2006年6月13日
（距離／230万km）
冥王星フライバイ／2015年7月14日
（距離／3,500km）

ニュー・ホライズンズが収納されたフェアリング部が吊り上げられ、アトラスVロケットの最頂部に搭載される。

　マ リナー、パイオニア、ボイジャーなどの計画によって数々の無人惑星探査機を飛ばしてきたNASAのJPLは、2006年1月19日、冥王星に向けてニュー・ホライズンズを打ち上げました。冥王星は2006年に「太陽系の第九惑星」ではなく、準惑星として再定義されましたが、ニュー・ホライズンズの狙いは太陽系の外縁天体の調査にもありました。打ち上げ5ヵ月後には木星に到達してフライバイを行い、その約9年半後の2015年7月14日には世界ではじめて冥王星に到達。さらに2019年1月2日には、冥王星の公転軌道から7億km外側にある太陽系外縁天体『2014MU69』でフライバイを実行。人類にとって最遠方の天体の直接観測に成功しました。

『ニュー・ホライズンズ』の軌道概念図

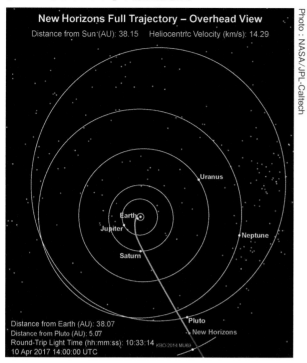

パイオニアの2機、ボイジャーの2機に続き、ニュー・ホライズンズは太陽系を脱出する5機目の探査機となる。

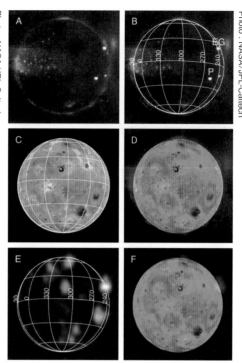

Photo：NASA/JPL-Caltech

木星でフライバイをしたときに、木星の衛星であるイオの火山活動を観測。モンタージュ撮影に成功。

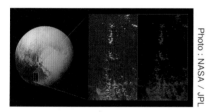

Photo：NASA／JPL

冥王星の山脈にメタンの雪が積もっていることが、この画像によって明らかになった。

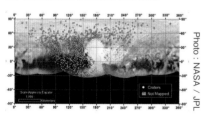

Photo：NASA／JPL

冥王星のクレーターを精密にマッピング。この画像から冥王星の地表年代が解明される。

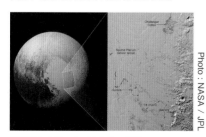

Photo：NASA／JPL

冥王星の大地に広がる窒素の氷原。NASAはここを非公式に「スプートニクプラナム」と命名。

冥王星の観測データ

Photo：NASA/JPL-Caltech

鮮明に捉えられた冥王星。その地表の色合いから研究者は、冥王星が複雑な地質と気候を持つことを予想している。

右／比較的低い高度1万7000kmから撮影。ニュー・ホライズンズが撮影した冥王星の画の中ではもっとも解像度が高い。

Photo：NASA/JPL-Caltech

2015.12/7

金星探査機／金星周回軌道への投入日

⦿ あかつき

Akatsuki, PLANET-C

Photo : JAXA

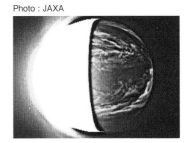

IR2という近赤外線カメラによって撮影された金星の夜。金星探査機あかつきは、計6台の観測機器を搭載している。

「金星の軌道投入に成功、JAXAが解明する金星大気」

打上DATA

打上日／2010年5月21日
ロケット／H-IIA（17号機）
打上サイト／種子島宇宙センター

探査機DATA

国際標識番号／2010-020D
バス寸法／1.04×1.45×1.4m
打上時質量／518kg

軌道DATA

軌道／金星周回軌道（楕円軌道）
（遠37万km - 近1,000〜1万km）

Photo : JAXA

金星探査機あかつきは、JAXAが金星周回軌道への投入に成功したはじめての人工惑星。

Photo : JAXA

本体バスのサイズは1.04×1.45×1.4mと比較的小ぶり。小型ソーラー電力セイル実証機『イカロス』とともに打ち上げられた。

金星の大気を調べるため、2010年5月にJAXAが打ち上げた金星探査機『あかつき』は、いちど軌道投入に失敗しましたが、その後軌道修正を重ね、2015年12月7日、見事に金星周回軌道に投入されました。日本が地球以外の惑星に送り込んだ初めての探査機が、このあかつきです。金星は地球よりも太陽に近く、強い太陽光にさらされるため、太陽電池パネル、中利得アンテナ、箱型のカメラなどのほかは銀色の放熱材で覆われ熱を逃がします。赤外線、可視光線、紫外線で金星大気を撮影するカメラを5台、気温などを観測するための電波発振器などを備え、金星の大気の流れ、火山活動なども観測しています。

2016.7/5

木星探査機／木星軌道投入日

🇺🇸 ジュノー

JUNO

Photo：NASA

2011年6月16日、フロリダ州タイタスビルにあるアストロテック社の施設で、全高3.5m、質量1.5トンのジュノー探査機が重量バランステストを受ける様子。

「木星の極軌道にはじめて投入された探査機」

打上DATA

打上日／2011年8月5日
ロケット／アトラスV 551
打上サイト／ケープ・カナベラル

探査機DATA

国際標識番号／2011-040A
寸法／バス：直径3.5m、全高3.5m
　　　パネル：直径20.1m（展開時）
探査機質量／1,500kg
動力／リチウムイオン電池

軌道・運用DATA

軌道／木星周回軌道（極軌道）
（遠810万km - 近4,200km）
地球フライバイ／2013年10月9日
木星極軌道投入／2016年7月5日
運用停止予定／2025年9月

Photo：NASA

木星は太陽から遠くて太陽光が弱いため、ジュノーは大型のソーラーパネルを3枚搭載している。

Photo：NASA

フェアリング直径5m、ブースターを5基搭載したアトラスV551型ロケットによってケープ・カナベラルから打ち上げられた。

　木星の起源と組成を明らかにして、太陽系の始まりに関する謎を解くために、2011年8月、NASAは木星探査機『ジュノー』を打ち上げました。打ち上げ時のロケットの噴射に不都合があり、2度の軌道修正を実施。2013年10月には地球フライバイで速度を上げ、木星へ向かう軌道に入り、2016年7月には木星を周回する極軌道へ投入されました。ジュノーは木星の大気に含まれる水の量、組成、温度、雲の動きなどを測定し、木星の磁場と重力場をマッピングして、磁場と大気の動きの関係性を調査。また、極圏で発生するオーロラも観測しています。2025年9月には、木星の環境を汚染しないよう木星の大気圏に突入させ、運用を終了する予定です。

2016.9/8

小惑星ベンヌ探査機／打上日

Photo : NASA

ロッキード・マーチン社内で最終的な組み立てられるオサイリス・レックス。本体の大きさもはやぶさに近い。

🇺🇸 オサイリス・レックス

OSIRIS-REx

「米国版はやぶさ、小惑星ベンヌからサンプルリターン」

打上DATA

打上日／2016年9月8日
ロケット／アトラスV411
打上サイト／ケープ・カナベラル

探査機DATA

国際標識番号／2016-055A
寸法／全長2.43×全幅2.43×全高3.15m
探査機質量／880kg

軌道・運用DATA

地球フライバイ／2017年9月22日
ベンヌ到着／2018年12月3日
ベンヌ離脱／2021年3月
帰還予定／2023年9月24日

Photo : NASA

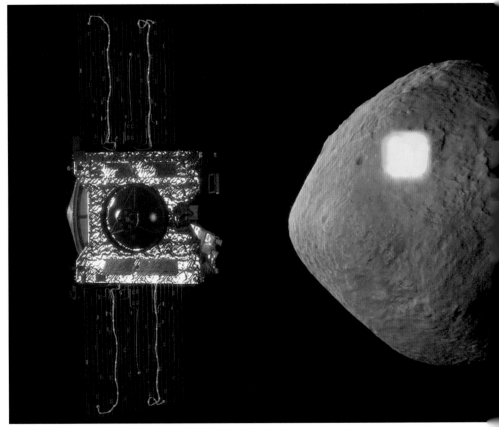

3種のカメラやレーザー高度計（OLA）、分光計（OTES）を搭載。TAGSAMでサンプルを採取する。

Photo : NASA

2016年9月、ケープ・カナベラルからアトラスV411によって打ち上げられたオサイリスは、2023年9月に帰還予定。

地球から比較的近い太陽公転軌道を周回している小惑星ベンヌへ赴き、その詳細な調査と、地球へのサンプルリターンを任務とする小惑星探査機が、この『オサイリス・レックス』です。サンプルは、本体下部から延びる装置を小惑星の地表に押し付けることで採取しますが、それが日本のはやぶさと似ていることからこの探査機は「アメリカ版はやぶさ」とも呼称されます。0.1～2.0kgほどのサンプルを採取する予定であり、2021年3月にはベンヌの軌道を離脱、2023年9月に地球へ帰還する予定です。この小惑星探査機はNASAの機関であるゴダード宇宙センター（GSFC）やアリゾナ大学が共同で開発し、また、JAXAとも協力関係にあります。

2016.10/19

火星探査機／火星周回軌道投入日

原子力電池を搭載したスキアパレッリEDMは、着陸に成功していれば火星地表で初となる磁場測定を行う予定だった。

◼◼ トレース・ガス・オービター / スキアパレッリ

Trace Gas Orbiter / Schiaparelli EDM

「着陸機は通信途絶したが、火星に水を発見!」

運用DATA

打上日／2016年3月14日
ロケット／プロトンM
打上サイト／バイコヌール宇宙基地
運用／ESA、ロスコスモス

オービターDATA

国際標識／2016-017A
名称／トレース・ガス・オービター
バス寸法／3.2×2×2m
太陽光パネル／W17.5m
機体質量／3,130kg

ランダーDATA

名称／スキアパレッリEDM
寸法／直径2.4m（熱シールド含）
機体質量／577kg

軌道DATA

軌道／火星周回軌道
周回軌道投入／2016年10月19日
軌道高度／400km、軌道傾斜角／74度

トレース・ガス・オービターからスキアパレッリEDMがリリースされる際のイメージ画。

フランスのタレス・アレーニア・スペース社の熱真空チャンバーで耐熱テストを受けるスキアパレッリEDM。

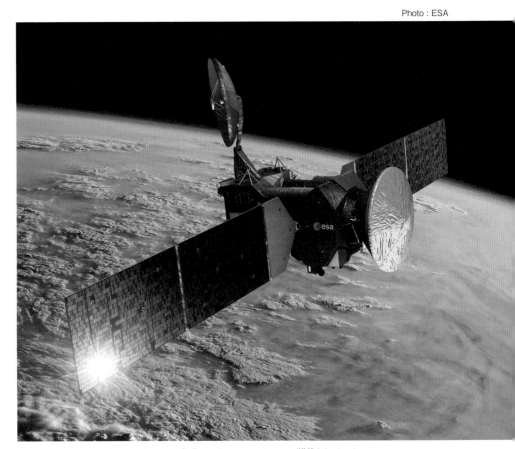

トレース・ガス・オービターのゴールドの部分にスキアパレッリEDMが搭載されている。

E SAがロシアのロスコスモスと共同で進めたのがエクソマーズ計画です。その第一弾として2016年3月、オービター（軌道周回機）である『トレース・ガス・オービター』が打ち上げられました。着陸モジュール『スキアパレッリEDM』は火星地表への着陸に失敗しましたが、運用中のトレース・ガス・オービターが軌道上から中性子検出器「FREND」を使用して調査した結果、火星のマリネリス渓谷に大量の水があることが判明、2021年12月にESAが公表しました。火星の極に水の氷があることはほぼ判明していましたが、赤道に近い場所で、液体の水の存在が示唆されたのはこれがはじめてです。

2018.2/6

新型ロケット&テスト用ペイロード／打上日

ファルコン・ヘビーは再利用型ロケット。コアモジュールと2本のブースターは自律制御で地上に降り立つ。

🇺🇸 テスラ・ロードスター ／ ファルコン・ヘビー

Tesla Roadstar / Falcon Heavy

「火星へ向けて飛ぶテスラに乗ったスターマン」

打上DATA

打上日／2018年2月6日
ロケット／ファルコン・ヘビー
打上サイト／ケネディ宇宙センター（39A）

『ファルコン・ヘビー』DATA

寸法／全長70×全幅12.2m
質量／1,420,788kg
LEOペイロード／63,800kg
GTOペイロード／26,700kg
火星へのペイロード／16,800kg
冥王星へのペイロード／3,500kg

宇宙機DATA

国際標識番号／2018-017A
登録名称／テスラ・ロードスター

軌道・運用DATA

太陽周回軌道（楕円軌道）
火星最接近／2020年10月7日

Photo : Joe Haythornthwaite

「テスラ・ロードスター」は宇宙機としての正式登録名。ファルコン・ヘビーの第2段に搭載されたまま太陽を公転している。

ロードスターとスターマンの現在位置はサイトで確認できる。https://www.whereisroadster.com

　　電気自動車メーカーであるテスラのCEOイーロン・マスクは、民間宇宙開発企業スペースXのCEOも務めています。そのスペースXが開発した大型ロケット『ファルコン・ヘビー』は、2018年2月、はじめての打ち上げが行われましたが、そのペイロード（荷物）として搭載されたのが、テスラ社の車『ロードスター』と、宇宙服を着た人形『スターマン』です。これらは太陽周回軌道を航行しており、2020年10月7日に火星に最接近。有人火星探査を最終目的に掲げるアルテミス計画が進むいま、イーロン・マスクはこのスターマンを火星に送ることで、ファルコン・ヘビーによってそれが可能なことを実証しようとしています。

2018.4/18

トランジット系外惑星探索衛星／打上日

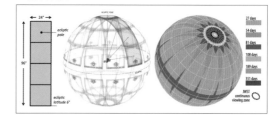

全天をスキャンしていく解説図。青い部分を最初の24日間、茶色を54日間、濃い青を81日間でスキャンしていく。

🇺🇸 TESS

Transiting Exoplanet Survey Satellite, TESS

「地球から100光年、居住可能な系外惑星を発見」

打上DATA

打上日／2018年4月18日
ロケット／ファルコン9ブロック4
打上サイト／ケープ・カナベラル

探査機DATA

国際標識番号／2018-038A
寸法／3.7×1.2×1.5m
探査機質量／362kg

軌道DATA

軌道／地球周回高軌道（楕円軌道）
（遠37万5000km - 近10万8000km）
軌道傾斜角／37度

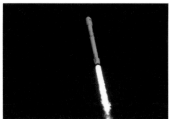

TESSはスペースXのファルコン9ブロック4によって2018年4月18日、ケープ・カナベラル空軍基地から打ち上げられた。

最終的な組み立てテスト中のTESS。上部には高解像度広角カメラが4つ搭載されていることが確認できる。

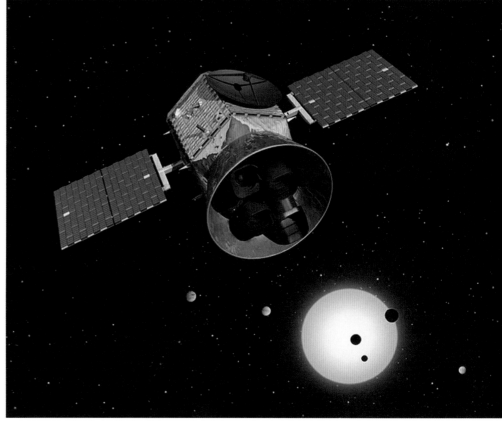

肉眼で見える夜空の星は月と太陽系内惑星と太陽系外の恒星だけ。TESSは肉眼で見えない系外惑星を探す。

恒星とは自ら光を発する星であり、それを周回するのが惑星です。夜空に輝く星は、太陽系の惑星を除けばすべて恒星であり、太陽系外の惑星は暗くて見えません。そうした遠くて暗い惑星を見つけ出すのが宇宙望遠鏡『TESS』です。NASAとマサチューセッツ工科大学が共同で開発したTESSは、地球の周回軌道上から恒星の明るさを観測。それが暗くなった場合、恒星の手前を惑星が横切った（トランジット）と予想します。すると地上の大型望遠鏡でも観測を開始。こうした観測によって2020年1月、100光年離れた恒星TOI700の周辺に、地球とほぼ同サイズの、人類が住める可能性のある惑星TOI700dが周回していることを発見しています。

2018.8/12

太陽観測機／打上日

上部の黒い部分が太陽電池冷却システム。中央右手にはハイゲインアンテナ、左手には折りたたまれた太陽電池ウィングが見える。

🇺🇸 パーカー・ソーラー・プローブ

Parker Solar Probe

「秒速200km、太陽にもっとも近づく探査機」

打上DATA

打上日／2018年8月12日
ロケット／デルタⅣヘビー、スター48BV
打上サイト／ケープ・カナベラル

探査機DATA

国際標識番号／2018-065A
本体寸法／1.0×3.0×2.3m
探査機質量／555kg

軌道DATA

軌道／太陽周回軌道（楕円）
近日点／690万km（0.046au）
近日点高度／430万km
遠日点／6800万km（0.73au）
軌道傾斜角／3.4度

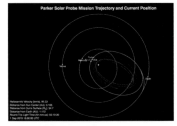

中央が太陽、緑が初期の軌道。徐々に太陽との最接近距離を縮めていく（赤）。

液体水素を燃料としたデルタⅣヘビーと上段のスター48BVによる打ち上げ。

太陽風を起こす磁場、コロナを起こすエネルギーの流れなどを解明するために太陽に最接近する。

　探査機が太陽周回軌道上を航行する場合、太陽から遠ければ重力は和らいでスピードは落ち、逆に近ければ速度は上がります。太陽や水星へ接近して軌道投入することが難しいのは、太陽の重力が強く働き、探査機の速度が速くなりすぎるためです。『パーカー・ソーラー・プローブ』は、かつてなく太陽に近づくために金星での減速フライバイ（p.181）を計7回繰り返し、2024年から2025年には太陽に最接近しますが、そのとき速度は秒速190kmに達し、史上最速の探査機になると考えられています。また太陽探査において速度とともに課題となるのは、地球軌道の520倍にもなる太陽熱ですが、この探査機はそれに耐え得る装備を搭載しています。

2018.10/20

水星磁気圏探査機／打上日

Photo : JAXA

🇯🇵 🇪🇺 ベピコロンボ/みお

MMO, Mercury Magnetospheric Orbiter by BepiColombo

「水星の軌道へ7年かけて向かう探査機」

みおは、プラズマ・粒子観測装置、磁力計、プラズマ波動・電場観測装置、ダスト計測器、ナトリウム大気カメラなどを搭載。

Photo : JAXA

打上DATA

打上日／2018年10月20日
ロケット／アリアン5
打上サイト／ギアナ宇宙センター

探査機DATA

国際標識番号／2018-080A
寸法／直径1.8×全高2.4m（アンテナ含む）
磁気観測用マスト長／各5m（2本）
ワイヤアンテナ長／各15m（4本）
質量／255kg　観測装置／約40kg

軌道・運用DATA

軌道／水星周回軌道（極楕円軌道）
（遠11,600km - 近590km）
地球フライバイ／2020年4月13日
金星フライバイ／
2020年10月16日、2021年8月11日
水星フライバイ／
2021年10月2日、2022年6月23日、
2023年6月20日、2024年9月5日、
2024年12月2日、2025年1月9日、
2025年12月5日
水星軌道投入予定／2025年12月5日

Photo : ESA

ベピコロンボは2018年10月20日、フランス領ギアナのギアナ宇宙センターからアリアン5型によって打ち上げられた。

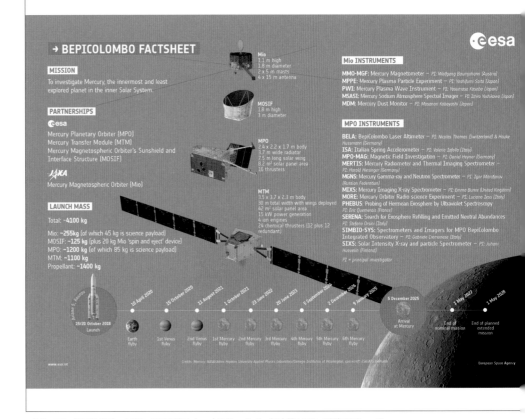

ベピコロンボの構成図。上部から探査機みお、太陽シールド、探査機MPO、遷移モジュール。

国際水星探査計画「ベピコロンボ」は、JAXAが担当する水星磁気圏探査機『みお』と、欧州宇宙機関（ESA）が担当する水星表面探査機『MPO』からなる探査機で、水星の総合的な観測を行うミッションです。水星は太陽に近いため地上観測が難しく、また、強い太陽光による灼熱環境や軌道投入の難しさから、これまでに実現した探査機は、マリナー10号とメッセンジャーの2機だけであり、十分な観測データがありませんでした。そんな未知の惑星である水星の磁気圏を解明するため、みおは太陽周回軌道上で地球、金星、水星で計9回もの減速フライバイを繰り返した後、最終的には2025年12月に水星周回軌道に入る予定です。

2018.11/26

火星探査機／火星地表への着陸日

🇺🇸 インサイト

InSight

「地震計と熱伝達プローブを搭載したランダー」

Photo : NASA/JPL-Caltech

地表に設置された地震計により、火星では比較的大きな地震が発生していることが判明。これは実際に送信されてきた画像。

打上DATA

打上日／2018年5月5日
ロケット／アトラスV 401
打上サイト／ヴァンデンバーグ空軍基地

探査機DATA

国際標識番号／2018-042A
プラットフォーム寸法／直径1.56m
探査機質量／360kg

軌道・運用DATA

軌道／火星遷移軌道
着陸日／2018年11月26日
着陸地点／エリシウム平原

Photo : NASA/JPL-Caltech

火星探査機インサイトは、温度センサーや地震計のほか、風速、気温、気圧、磁場、カメラなどを搭載。

Photo : NASA/JPL-Caltech

巨大なソーラーパネルが印象的なインサイト。最終的な組み立て作業の様子。探査機は主にロッキード・マーチン社が製造。

ローバーによる火星地表の調査を行ってきたNASAは、この『インサイト』によって火星の地下の調査も開始しました。地下5mまで伸びるセンサーで地中温度を測り、熱の発生源や内部成分などを分析。ドーム型の地震計では地層密度や成分なども測定し、火山活動や水の存在などの情報を収集しています。また、本体に搭載されたRISEという機器では、火星の自転軸のズレを測定し、火星のコアである鉄の質量、鉄以外に含まれる成分、固体か液体なのかを調査しています。そして2020年2月26日には、着陸から一年間で得られたデータを解析した結果、火星においてマグニチュード3～4の地震が20回以上も発生していたことが公表されました。

2019.1/3

月探査機／月面への着陸日

ランダーである嫦娥4号のプラットフォームから、ローバーの玉兎2号がスロープを降りて出動する様子。

🇨🇳 嫦娥4号 / 玉兎2号

Chang'e 4 / Yutu 2

「中国の月探査機、世界ではじめて月の裏側に着陸」

打上DATA

打上日／2018年12月8日
ロケット／長征3号B
打上サイト／西昌宇宙センター

探査機DATA

国際標識番号／2018-103A
打上時質量（ランダー・ローバー）／1,200kg
ローバー質量／140kg
ローバー寸法／全長1.5×全幅1×
全高1.1m

軌道・運用DATA

着陸日／2019年1月3日
着陸地点／月の裏側
（東経177.6度、南緯45.5度）

月探査機である嫦娥4号とローバー玉兎2号は2018年12月8日、西昌宇宙センターから長征3号Bで打ち上げられた。

嫦娥4号の成功で中国は、月の裏側に探査機を着陸させたはじめての国となった。

2 019年1月3日、中国の無人月面探査機『嫦娥4号』が世界ではじめて月の裏側に着陸したと、新華社通信が報じました。月の裏側は地球からの電波が直接届かないため、探査においても難易度が高いのですが、中国は嫦娥4号を着陸させるにあたり、月の裏側を周回するラグランジュ点という軌道に中継衛星『鵲橋』を配し、このミッションに臨みました。ランダーである嫦娥4号からは探査ローバー『玉兎2号』が出動。2022年3月時点も探査を続けていますが、2019年7月には月面地表にゲル状のものを、2022年2月には球体のガラス玉を発見、世界中の科学者の注目を集めました。このプロジェクトにはNASAや欧州宇宙機関も協力体制にあります。

2019.4.10

🇺🇸 イベント・ホライズン・テレスコープ
Event Horizon Telescope

「地球サイズの望遠鏡でブラックホールを撮影」

Photo : Jordy Davelaar et al./Radboud University/BlackHoleCam

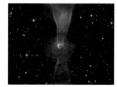

M87ブラックホールの周辺のイメージ図。近年の観測研究により、ブラックホールの中心からは図のようなジェット渦が噴出していると予想されている。

プロジェクトDATA

公表日時／2019年4月10日
撮影対象／おとめ座銀河団
　　　　　楕円銀河M87
　　　　　巨大ブラックホール
運営／EHT Collaboration
○プロジェクトディレクター／
マサチューセッツ工科大学(米国)
○プロジェクトサイエンティスト／
アリゾナ大学(米国)
○プロジェクトマネージャー／
ライデン大学(オランダ)

参加施設

○APEX(チリ)口径12m
○アルマ望遠鏡(チリ)
口径12m×54台、口径7m×12台
○IRAM30m望遠鏡(スペイン)口径30m
○ジェームズ・クラーク・マクスウェル望遠鏡
(米国)口径15m
○アルフォンソ・セラノ大型ミリ波望遠鏡
(メキシコ)口径50m
○サブミリ波干渉計(米国)口径6m×8台
○サブミリ波望遠鏡(米国)口径10m
○南極点望遠鏡(南極)口径10m
※南極点望遠鏡(SPT)からはM87を観測
できないが、データを較正するための補助望
遠鏡として参加。

Photo : NRAO/AUI/NSF

2018年から2020年の参加施設。2019年の撮影では、このうちの7施設が撮影を実施。そのほか日本を含む多くの機関が貢献。

Photo : EHT Collaboration

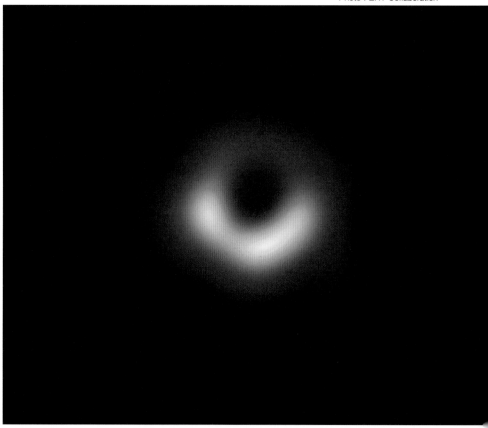

人類がはじめて目にするブラックホールの姿。リングの中心がブラックホール。直径400億kmと推測される。

宇宙から届く電波やX線などを受信・検出する電波望遠鏡は、アンテナが大きいほど微細な電波をキャッチできます。そのため直径300mのアンテナを持つ電波望遠鏡などが作られていますが、それが限界ともいえます。そこで考えられたのが、世界に点在する複数の大型望遠鏡をつないで、地球サイズの電波望遠鏡を仮想的に創出する方法です。これにより単体の電波望遠鏡よりもはるかに高感度、高解像度のスペックが得られます。この『イベント・ホライズン・テレスコープ』という計画では、7台の大型電波望遠鏡で同じ場所を同時観測することで、5500光年彼方のM87のブラックホールの姿を史上はじめて捉えることに成功しました。

2019.5/24

巨大通信衛星網用衛星

🇺🇸 スターリンク

Starlink Mission

「1万2000基を、地球低軌道へ続々投入中」

photo : SpaceX

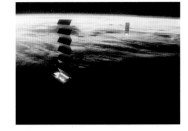

軌道上に並ぶスターリンク衛星。その光の隊列は地上から肉眼で見ることもでき、通称「スター・トレイン」と呼ばれている。

打上DATA

打上日／2019年5月24日(第1回)
・2019年／2回
・2020年／14回
・2021年／19回
ロケット／ファルコン9 Block5
打上サイト／ケープカナベラル空軍基地
※2020年12月9日以降は「ケープカナベラル宇宙軍基地」に名称変更。

衛星DATA

寸法／不明(フラットパネル形状)
打上時質量／18.5t(衛星60基とケース)
1基あたりの質量／260kg
推力／ホール・スラスタ

軌道DATA

軌道／地球周回軌道(低軌道)、太陽同期軌道
リリース時高度／230km
運用時高度／
・第1フェーズ／550km
・第2フェーズ／340km

photo : SpaceX

ファルコン9のフェアリングが開くと、60基の小型衛星が格納されたカセットが露出。

photo : SpaceX

第一回目の打上は2019年5月24日。自社のファルコン9によって打ち上げられた。ペイロードの総重量は18.5トン。

あらゆる緯度・経度の地球周回軌道上に小型通信衛星を数多くリリースして、これまでよりも速くて安い通信網を世界に提供しようとしているのがスペースXの『スターリンク計画』です。ファルコン9のフェアリングに格納された60基の小型の通信衛星用パネルは軌道上で放出されると間隔をあけて飛散します。2019年5月24日に第一回の打ち上げが行われましたが、2020年に入ると打ち上げ回数が急激に増え、2022年3月時点で2,090基以上の打ち上げが完了しています。スペースXは米国連邦通信委員会(FCC)から、低軌道へ1万2,000基のスターリンク衛星を打ち上げる許可をすでに得ていて、さらに3万基の追加申請をしています。

2019.12/20

🇺🇸 アメリカ宇宙軍
United States Space Force, USSF

「米宇宙軍の発足をトランプ米大統領が発表」

組織DATA

設立／2019年12月20日
本部／米バージニア州アーリントン郡
　　　ペンタゴン内
管轄／国防総省内・空軍省
初代宇宙軍作戦部長／
ジョン・ウイリアム・レイモンド

Photo : USSF

アメリカ宇宙軍、USSFのエンブレム。カリフォルニア、コロラド、フロリダなどにある空軍基地に部隊が配置される予定。

Photo : DoD

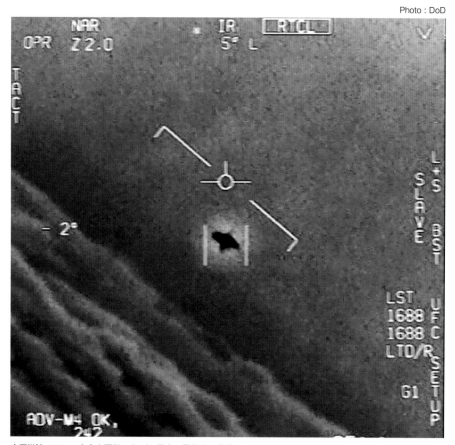

太平洋沖160kmの上空を回転しながら風上へ飛行する物体は、2004年に米海軍パイロットによって撮影された。

2 019年12月20日、国防権限法にトランプ大統領が署名したことにより、『アメリカ宇宙軍』の創設が正式に承認されました。この宇宙軍は、アメリカにおける陸軍、海軍、空軍、海兵隊、湾岸警備隊と並ぶ6番目の軍種となり、空軍省が管轄し、ペンタゴンに本部が置かれます。その創設理由としてトランプ大統領は、軍事的優位性を脅かす中国への対抗、各国の急速な宇宙開発などを挙げ、式典では「宇宙は最も新しい戦闘領域だ」と述べています（時事通信）。一方、米国防総省は2020年4月27日、米海軍戦闘機が撮影した『未確認飛行物体』の映像を公開しました。これはおそらく米国民に対し、宇宙軍の必要性を強調する狙いもあったと思われます。

2020.2/10

太陽観測機／打上日

🇪🇺🇺🇸 ソーラーオービター

Solar Orbiter

「ESAが太陽に送り込んだ観測衛星」

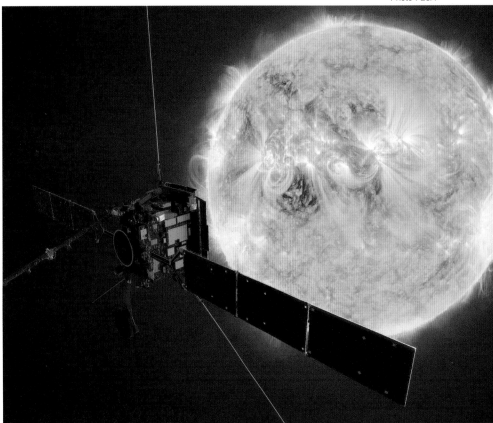

Photo : ESA

アルゼンチンのマラルグエにあるESA地上局のほか、オーストラリアやスペインにある地上局から指令が送られ運用される。

打上DATA

打上日／2020年2月10日
ロケット／アトラスV 411
打上サイト／ケープ・カナベラル

探査機DATA

国際標識番号／2020-010A
バス寸法／2.5×3.0×2.5m
打上時質量／1,800kg
仕様／3軸安定化プラットフォーム

軌道・運用DATA

軌道／太陽周回軌道
近日点／0.28AU
軌道傾斜角／24〜36度
周期／168日

ソーラーオービターは0.28AUまで太陽に近づく。最接近時には機体表面は500度以上になるという。

Photo : ESA

ドイツにある施設で振動テストが行われているソーラーオービター。高さ2.5m、かなり大型の探査機であることがわかる。

欧州宇宙機関（ESA）がNASAとコラボレートして、2020年2月にアメリカのケープカナベラル空軍基地から打ち上げた太陽観測探査機が、この『ソーラーオービター』です。地球から太陽までは1億4,960万kmの距離がありますが、それを1auと表します。このソーラーオービターは0.28au、つまり水星よりも太陽に近いポイントを近日点とする軌道に乗せられ、その軌道を168日間に1周します。ソーラーオービターは21種類の観測機器を駆使して、太陽周辺の磁場、太陽風のプラズマ、太陽から放たれるエネルギー粒子などが降り注ぐ空間を航行することによって直接的に観測し、太陽と太陽系の成り立ちを解明します。

2020.2/25

ミッション延命衛星／初ミッションのドッキング日

MEV-1のバス。現在ではMEV-1よりも小さいMEPや、MEVにロボット機能を追加したMRVも開発中とのこと。

🇺🇸 MEV-1

Mission Extension Vehicle-1

「燃料切れの衛星とドッキング、運用期間の延命に成功」

打上DATA

打上日／2019年10月9日
ロケット／プロトンM
打上サイト／バイコヌール宇宙基地

探査機DATA

国際標識番号／2019-067B
衛星質量／2,326kg
推進装置／電気推進モジュール×2基
動力／展開型ソーラーバッテリー×2基

軌道・運用DATA

軌道／地球周回高軌道（静止軌道）
ドッキング日／2020年2月25日
耐用年数／15年

Photo : Northrop Grumman

MEV-1（右側）とインテルサット901（左側）がドッキングした状態のイメージ画。

Photo : Northrop Grumman

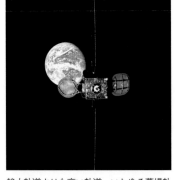

静止軌道よりも高い軌道、いわゆる墓場軌道を航行するインテルサット901をMEV-1から見た画。このあとMEV-1が901を捕足。

人工衛星には、軌道調整用の燃料が搭載されているものがあります。燃料の残量が減ると、低軌道を周回する衛星の場合は大気圏に再突入させて燃やしますが、静止軌道（高度35,786km）を回る衛星の場合は、それよりも300kmほど高い墓場軌道へと移動させて破棄します。静止軌道から高度を落とすには多くの燃料が必要だからです。しかし、そうした衛星はデブリとなってしまいます。そこでノースロップ・グラマン社はMEV-1を打ち上げました。この衛星MEV-1は、燃料がなくなった衛星にドッキングして、その衛星の動力となり軌道変更を行います。これにより衛星の寿命を延ばすことが可能になるのです。

2020.5/30

民間有人宇宙船／打上日

🇺🇸 クルー・ドラゴンDemo-2

Crew Dragon Demo-2

「初の民間宇宙船、宇宙飛行士2名をISSへ」

Photo : NASA

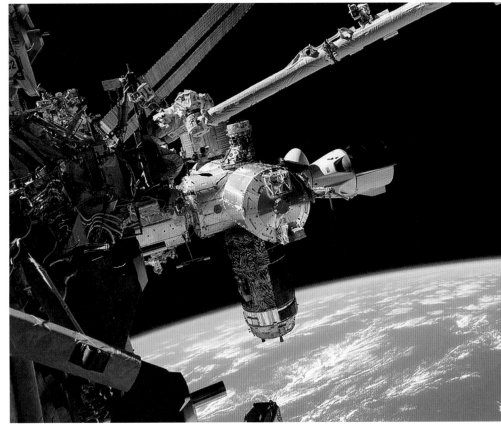

ロバート・ベンケン（奥）はSTS-123と130で飛行。ダグラス・ハーリーはSTS-127とSTS-135の飛行経験を持つ。

Photo : NASA

打上DATA

打上日／2020年5月30日
ロケット／ファルコン9
打上サイト／ケネディ宇宙センター（39A）

『クルー・ドラゴン』DATA

国際標識番号／2019-011A
寸法／全高8.1m（トランク含）、直径4m
カプセル容積／9.3㎥
エンジン／スーパードラコ（8基）
打上時質量／6,000kg
帰還時質量／3,000kg　乗員／7名

『ファルコン9』DATA

仕様／液体燃料2段式ロケット
寸法／全高70m、直径3.7m
総質量／549t（宇宙船含む）
エンジン／マーリン・エンジン
（1段×9基、2段×1基）
第一段推力／8,227kN
燃料／ケロシンPR-1×LOX

軌道・運用DATA

軌道／地球周回軌道　期間／63日

搭乗員

ロバート・ベンケン
ダグラス・ハーリー

ISS滞在中にベンケンは船外活動を行い、その際に撮影。右端がクルー・ドラゴン、下はJAXAのHTV9号。

Photo : SpaceX

ファルコン9は燃焼が終わって切り離されると、自律航行によって地上の着陸パッドまで戻り、直立した姿勢で着陸する。

民間企業であるスペースXの宇宙船『クルー・ドラゴン』が、試験ミッション『Demo 2』として2020年5月30日に打ち上げられ、史上初の民間宇宙機による有人打ち上げに成功、ISSへ無事ドッキングしました。これは最後のシャトル（STS-135）以来、9年ぶりとなるアメリカ本土からの有人打ち上げになりました。搭乗したのはベテラン宇宙飛行士であるロバート・ベンケンとダグラス・ハーリー。ふたりはISSに63日間滞在した後、クルー・ドラゴンに搭乗してISSから分離し、8月2日にフロリダ州ペンサコーラ沖のメキシコ湾へ無事着水しました。すべてのテストに合格したクルー・ドラゴンは以後、正式運用されています。

2020.12/6 (日本時間)

小惑星探査機／地球帰還

リュウグウに接近した2018年6月26日に撮影。リュウグウの変則的な形状が明らかになった。

⦿ はやぶさ2

Hayabusa2, MUSES-C

「小惑星にクレーターを造成し、サンプルリターン」

打上DATA

打上日／2014年12月3日
ロケット／H-IIA（26号）
打上サイト／種子島宇宙センター

探査機DATA

国際標識番号／2014-076A
バス寸法／1×1.6×1.25m
太陽電池パドル寸法／全副6m
エンジン／イオンエンジンμ10
打上時質量／609kg（燃料含）

軌道・運用DATA

小惑星到着／2018年6月27日
着陸地／地球接近小惑星「リュウグウ」
帰還日（カプセル投下）／2020年12月6日

2018年6月26日、『はやぶさ2』は小惑星リュウグウに接近し、その特異な形状がはじめて確認された。

はやぶさ2は2014年12月3日、H-IIAロケット26号機によって種子島宇宙センターから打ち上げられた。

小惑星リュウグウに到着した『はやぶさ2』は、機体本体から衝突装置を切り離して、リュウグウの地表に向けて強力な弾丸を発射。人工的にクレーターを造成し、そこから地下の飼料を採取しました。弾丸が地表を吹き飛ばす瞬間、はやぶさ2本体はリュウグウの裏側に避難しましたが、クレーターが造成される様子は、同じく本体から分離されたカメラが撮影するという、なんとも複雑なミッションを行いました。また、はやぶさ2はリュウグウに、ランダー1機と、地表移動が可能なローバー3台も着陸させています。こうして得られたサンプルが入ったカプセルは、2020年12月に地球に帰還。はやぶさ2本体は、次のミッションに向け、新たな旅を開始しました。

2021.2/9

火星探査機／火星周回軌道への投入日

■ アル・アマル（ホープ）

Al-Amal (HOPE)

「ドバイの火星探査機、日本のH-ⅡAで打ち上げ」

Photo : MBRSC

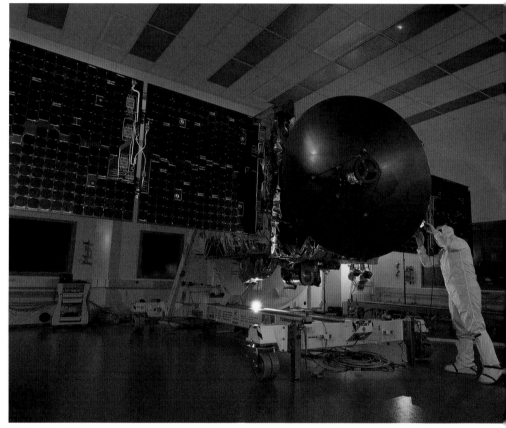

赤道近くの火星軌道に投入される際のイメージ図。探査機底部に搭載された120-Nスラスタによって楕円軌道に入る予定。

打上DATA

打上日／2020年7月20日
ロケット／H-ⅡA（42号機）
打上サイト／種子島宇宙センター

探査機DATA

国際標識番号／2020-047A
寸法／全高2.90×全幅2.37m（六角中）
打上時質量／1,500kg

『H-ⅡB』DATA

仕様／液体燃料2段式ロケット
寸法／全長53m、直径4m
質量／289t（衛星含まず）
ブースター／SRB-A3×2基
第1段／LE-7A×1基
第2段／LE-5B-2×1基

軌道・運用DATA

軌道／火星周回軌道（楕円）
　（遠44,000km・近22,000km）
軌道傾斜角／25度
周回軌道投入／2021年2月9日

Photo : MBRSC

バス形状は六角柱。上部に3つの太陽電池パネルを搭載。直径1.5mの高利得アンテナを搭載。

Photo : JAXA

MBRSCは当国初となる火星探査機の打ち上げに日本のHⅡAを選択。三菱重工の管制によって無事ローンチされた。

ア ラブ首長国連邦の宇宙機関『ムハンマド・ビン・ラシード宇宙センター』（MBRSC）は、同国としてはじめてとなる火星探査機『HOPE』を打ち上げました。これを打ち上げたロケットは日本のH-ⅡAであり、その管制は三菱重工が担当。火星遷移軌道に乗せることに見事成功しました。同機はその後、火星周回移動に投入され、高解像度マルチバンドカメラ（EXI）によって可視光と紫外線を撮影。さらに紫外分光計（EMUS）、遠紫外イメージングスペクトログラフ、赤外線分光計（EMIRS）、FTIR走査型分光計などを搭載しており、火星の大気と、その宇宙空間や太陽風との相互作用を探査しています。

2021.2/18

火星探査ローバー・ヘリ／火星地表への着陸日

Photo : NASA/JPL-Caltech

火星探査ローバーとともに二重反転ローター仕様の小型ヘリ『インジェニュイティ』を初投入。ローバーが探査すべき場所を空から特定する。

🇺🇸 パーサヴィアランス / インジェニュイティ

Perseverance / Ingenuity

「火星探査ローバー＆初の探査ヘリコプター」

打上DATA

打上日／2020年7月30日
ロケット／アトラスV 541
打上サイト／ケープ・カナベラル

ローバーDATA

国際標識番号／2020-052A
寸法／全長3×全幅2.7×全高2.2m
ローバー質量／1,025kg
電源／プルトニウム、MMRTG

ヘリDATA

仕様／二重反転ローター
寸法／ブレード回転面の直径1.1m
質量／約1kg

軌道・運用DATA

火星着陸日／2021年2月18日
着陸地点／ジェゼロクレーター
運用期間／687日（火星公転周期）以上

Photo : NASA/JPL-Caltech

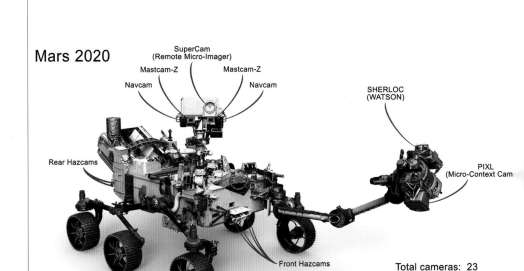

このイメージ図は、パーサヴィアランスに搭載された23台のカメラの搭載位置を示している。

Photo : NASA/JPL-Caltech

火星で採集したサンプルを特定の場所に蓄積し、将来的に回収する予定。チューブに入れられたサンプルはこのケースに収納。

2 020年7月、火星探査機『マーズ・パーサヴィアランス・ローバー』が打ち上げられました。JPLは過去に4基の火星探査ローバーを運用してきましたが、それは「火星は生物が住める環境だったか？」を調査するためでした。しかし、このパーサヴィアランスは「生命の痕跡」そのものを探しに火星へ降り立ちます。RCEと呼ばれる高性能コンピューターを2基と、ドリルが付いたアーム、カメラ23台とマイクのほか、採取したサンプルを原子レベルで観察するためのツールを機内に搭載。プルトニウムの放射性崩壊熱を燃料とする電源を使用しています。同伴する史上初の宇宙探査ヘリ『インジェニュイティ』は、ローバーが探索すべき場所を空から探します。

ロボットアームの先端には掘削用ドリルと、分光器、レーザー、カメラが一体となった探査装置『シャーロック』を搭載。

高度2.1kmでカプセルを投棄すると、ローバーを抱きかかえた『スカイクレーン』がロケットを噴射し、着陸地点を確認し、ローバーを吊り下げて着陸させる。

質量約1トンのローバーは軽自動車並みの大きさ。主要部分は、ボーイングやロッキード・マーチンなどが製造。

ローバーは『エアロシェル』というカプセルに包まれ、さらに『クルーズ・ステージ』（最上部）という、スラスターを搭載したお皿に乗せられて火星へ向かう。

2021.4/29

宇宙ステーション／建設開始日

🇨🇳 宇宙ステーション「天宮」

Chinese Space Station, Tiangong

「中国が大型ステーションを独自に建設」

Photo : CMSA

コア・モジュール「天和」に有人宇宙船「神舟」（下）と2機の補給船「天舟」（左右）がドッキングしたイメージ図。

Photo : CMSA / UNOOSA

国旗が付く「天和」に実験棟が2機接続。船首に宇宙船「神舟」、船尾に補給船「天舟」がドッキングした様子。

運用DATA

打上日／2021年4月29日
（コア・モジュール「天和」）
ロケット／長征5号B
打上サイト／文昌衛星発射センター

『天宮』DATA

国際標識／2021-035A（天和）
完成時寸法／
全幅20m、モジュール直径4.2m
モジュール構成／3基
・コア・モジュール「天和」（てんわ）
・実験モジュール「夢天」（むてん）
・実験モジュール「問天」（もんてん）
質量／80-100t
与圧区画容積／110㎡
最大搭乗員／未定

軌道DATA

軌道／地球周回軌道（低軌道）
軌道高度／385km
軌道傾斜角／41.58度

Photo : CMSA

モジュールの打ち上げには長征5号B（写真）、宇宙船「神舟」は長征2号F2、補給機「天舟」は長征7号を使用。

中国宇宙ステーション『天宮』は、そのコア・モジュール「天和」が2021年4月29日に打ち上げられたことで建設がスタートしました。中国が過去に打ち上げた宇宙ステーション「天宮1号」（2011年）と「天宮2号」（2016年）は単体モジュール型でしたが、この天宮はT字型に接続される3つのモジュールからなり、同国のものとしては過去最大。完成時の質量は約90トンで、ISS（約440トン、p.112参照）、ロシアの「ミール」（約124トン、p.98）に次いで、史上3番目に巨大なステーションになります。2022年8月までに実験モジュール「夢天」と「問天」が接続すると、一応の完成となります。

2021.5/14

火星探査機／火星地表への着陸日

Photo : CNSA

これはかつて中国で開催された宇宙博に出品された完成予想モデル。

🇨🇳 天問1号 / 祝融
Tianwen 1 / Zhurong Rover

「中国が火星へ送る火星探査ローバー&オービター」

打上DATA

打上日／2020年7月23日
ロケット／長征5号
打上サイト／文昌宇宙センター

探査機DATA

国際標識番号／2020-049A
ローバー質量／240kg

ロケットDATA

仕様／液体燃料3段式ロケット
寸法／全長57m、本体直径5m
打上時質量／879t
第1段／YF-21C×4基
第2段／YF-24C×1基
第3段／YF-40A×2基
燃料／四酸化二窒素×UDMH

軌道・運用DATA

オービター軌道／火星周回軌道（極軌道）
（遠12,000km - 近265km）
周回軌道投入日／2021年2月10日
着陸日／2021年5月14日
着陸地点／ユートピアプラニティア

Photo : CNSA

天問1号を打ち上げた長征5号ロケットは、2016年に初ローンチされた大型ロケット。第1段にエンジンを4基搭載、全長57m。

Photo : CNSA

天問1号は、火星周回軌道に乗るオービターとランダー、そこから出動するローバーという構成。

2 011年に宇宙ステーション『天宮1号』を打ち上げ、2019年1月に探査機『嫦娥4号』を世界ではじめて月の裏側に着陸させた中国は、2020年7月に火星に向けて『天問1号』を長征5号ロケットで打ち上げました。天問1号は、火星周回軌道に乗るオービターと、着陸機であるランダー、そこから出動するローバーという構成で、オービターは火星の極軌道に入る予定です。また、ローバーの搭載方法などはJPLのパスファインダー（p.111）を連想させますが、そのローバーの質量は240kgであり、パスファインダーのソジャーナ・ローバーより大型。カメラ、地下レーダー、レーザー誘起破壊分光計、磁力計、大気センサーを搭載しています。

2021.7/11

弾道軌道宇宙船／初民間人打上日

VSSユニティは双胴のホワイト・ナイト2の中心に吊るされる。この状態で高度1万5,000mまで上昇し、射出される。

🇺🇸 スペースシップ2 VSSユニティ

Spaceship 2 VSS Unity

「空中射出で宇宙へ向かう観光用宇宙船」

運用DATA

民間人初打上日／2021年7月11日
打上サイト／スペースポート・アメリカ
　　　　　　　（ニューメキシコ州）
ロケット／スペースシップ2 VSSユニティ

『スペースシップ2 VSSユニティ』

寸法／全長18.3×全幅12.8m
エンジン／RM2×1基（推力／310kN）
推進剤／亜酸化窒素×
ヒドロキシル末端ポリブタジエン
最大定員／8名（内乗務員2名）

『ホワイト・ナイト2』

寸法／L24×W43m
エンジン／P&W製PW308×4基
（推力／30.7kN）

軌道DATA

軌道／弾道軌道
軌道高度／約90km

米連邦宇宙局は高度80km以上を宇宙と定義。よって米国では高度90kmは宇宙到達と認められる。

宇宙に達したVSSユニティはエンジンを停止して4分ほど無重力状態に。その後は弾道飛行で降下、滑走着陸する。

　ヴァージン・アトランティック航空の創設者であるリチャード・ブランソンが立ち上げた宇宙開発企業ヴァージン・ギャラクティヴック社。同社の弾道飛行専用機が『スペースシップ2』であり、その2号機は『VSSユニティ』と命名され、民間人などに無重力体験を提供する宇宙船として運用されています。VSSユニティは母機である双胴の『ホワイト・ナイト2』に抱えられて高度15kmまで上昇後、空中で切り離されるとロケットエンジンを点火。その推力で高度約90kmまで上昇して、4分ほど無重力状態となります。2021年7月11日、ブランソン氏を含む民間人が搭乗し、はじめての商用フライトに成功しました。

2021.7/20

観光用弾道軌道宇宙船／初打上日

🇺🇸 ニューシェパード

New Shepard

「5分間の無重力を体験する観光用宇宙船」

Photo : Blue Origin

民間人を乗せた2度目のフライトでは、ドラマ「スタートレック」でカーク船長役を演じたウィリアム・シャトナー氏（左から2人目）も搭乗した。

運用DATA

有人初打上日／2021年7月20日
ロケット／ニューシェパード
打上サイト／ブルーオリジン射場
（テキサス州）

機体DATA

寸法／全高18m
エンジン／
BE-3×1基（推力／490kN）
推進剤／液体水素×液体酸素
最大定員／6名

軌道DATA

軌道／弾道軌道
高度／約106km

Photo : Blue Origin

機体名は米国人としてはじめて宇宙に達したアラン・シェパード（p.44）に由来

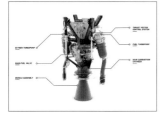

Photo : Blue Origin

ニューシェパードは単段式のロケット。液体水素と液体酸素を推進剤とするエンジン「BE-3」を1基搭載。

　ジェフ・ベゾス率いるブルーオリジン社の観光宇宙船『ニューシェパード』は、2021年7月20日、民間人を乗せた初の飛行に成功。それは『VSSユニティ』（p.164）の初フライトからわずか9日後のことでした。ニューシェパードは打ち上げから2分20秒後（高度58km）にロケットを停止し、その20秒後（73km）に搭乗カプセルからロケットを分離、さらに45秒後には高度100km以上の宇宙に到達します。搭乗者は5分ほど無重力を体験しますが、その間に切り離されたロケットは自律航行で地上に垂直着陸。その後、カプセルは弾道飛行によって降下し、打ち上げから10分後にはパラシュートで着陸します。この初飛行にはベゾス自身も搭乗しました。

2021.10/16

木星トロヤ群小惑星探査機／打上日

🇺🇸 ルーシー

Lucy

「木星トロヤ群小惑星を探査」

Photo : NASA

木星の公転軌道上にある耳のような固まりがトロヤ群。円の中心が太陽。左がL4、右がL5であり、ルーシーは双方を探査する。

運用DATA

打上日／2021年10月16日
ロケット／アトラスV 401
射場／ケープ・カナベラル

探査機DATA

国際標識／2021-093A
寸法／7.28×15.82×2.0m
太陽光パネル／直径7.3m
打上時質量／1,500kg

主要ミッション

・可視全領域カラーイメージャ＆
　赤外分光マッパ(L'Ralph)
・高分解能可視イメージャ(L'LORRI)
・熱赤外分光装置(L'TES)

軌道DATA

軌道／太陽周回軌道

Photo : NASA

太陽系の成り立ちを解明するためにトロヤ群に向かい探査するルーシー。

Photo : NASA

木星近傍は太陽光が届きにくいためルーシーの太陽光パネルは巨大。その直径は7.3mにもなる。

　木星の公転軌道上の周辺には、数多くの小惑星が群居する「トロヤ群」という領域があります。それらの小惑星のうちの5天体を探査するために打ち上げられたのが探査機『ルーシー』です。ページ上図は中心が太陽で、いちばん外側が木星の公転軌道。その上に耳のような2つの固まりがありますが、これはそれぞれL4、L5と呼ばれるトロヤ群です。どちらも木星の公転軌道近辺に固まっています。ルーシーは地球を出発すると、まず図左側のL4に向かい、4つの小惑星を観測します。それら天体でフライバイを行った後、いったん地球の近くを通りすぎて、さらにL5へ向かって1つの小惑星を観測するという、非常に複雑な航行に挑戦します。

2021.11/24

小惑星衝突実験機／打上日

🇺🇸 DART
Double Asteroid Redirection Test, DART

「小惑星に体当たりして、地球滅亡を回避」

Photo : NASA

2022年9月下旬に小惑星に衝突予定。その後の軌道変化は地上望遠鏡と惑星レーダーで長期にわたり観測される。

運用DATA

打上日／2021年11月24日
ロケット／ファルコン9 Block5
射場／ヴァンデンバーグ宇宙軍基地

探査機DATA

国際標識／2021-110A
寸法／全幅12.5×全高2.4m
打上時質量／610kg
エンジン／イオン推進

軌道DATA

軌道／太陽周回軌道
小惑星ディディモスへの遷移軌道
衝突日／2022年9月26日予定

Photo : NASA

全幅12.5m、打上時の質量は610kg。特別大きな機体ではないが、その衝突によって小惑星の軌道を偏向する。

Photo : NASA

DARTの開発はNASAのJPLが主導。それをジョンズ・ホプキンス大学の応用物理研究所（APL）が支援している。

Photo : NASA

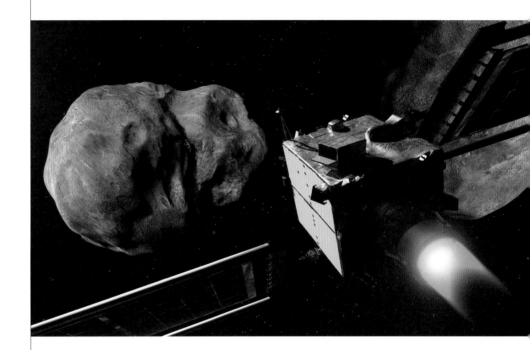

高性能カメラと高性能自律航行システムによって、秒速6.6kmで小惑星ディモルフォスに衝突。

映画「アルマゲドン」では、地球への衝突コースに入った小惑星をブルース・ウィリスが見事破壊しますが、小惑星の地球接近は実際に、頻繁に発生しています。そうした小惑星に探査機を衝突させて軌道を変えるため、NASAは人工惑星『DART』を2021年11月に打ち上げました。ターゲットは小惑星「ディディモス」（直径780m）と、それと互いに重力で引き合う二重小惑星「ディモルフォス」（直径160m）で、DARTは後者に体当たりします。この衝突により小さなディモルフォスの軌道がわずかに変われば、母小惑星の軌道も変わる、ということを実証しようとしているのです。衝突は2022年9月26日に予定されています。

2021.12/25

宇宙望遠鏡／打上日

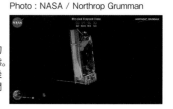

Photo : NASA / Northrop Grumman

第2段ロケットから切り離された直後の状態。このあと目標軌道に乗るまでの約2週間の間に各部が展開される。

ジェイムズ・ウェッブ宇宙望遠鏡

James Webb Space Telescope, JWST

「宇宙に生まれた最初の星を観測」

運用DATA

打上日／2021年12月25日
ロケット／アリアン5 ECA
打上サイト／ギアナ宇宙センター
運用／NASA、ESA、CSA

機体DATA

国際標識／2021-130A
サンシールド寸法／21.2×14.16m
打上時質量／6,200kg
主要ミッション機器／
・6.5m口径カセグレン式反射望遠鏡
・近赤外線カメラ（NIRCam）
・近赤外線分光器（NIRSpec）
・中赤外線観測装置（MIRI）
・高精度ガイドセンサー（FGS）

軌道DATA

軌道／太陽-地球ラグランジュ点L2、
　　　ハロー

Photo : Adriana Manrique Gutierrez, NASA Animator

展開されたサン・シールドの大きさはテニスコートとほぼ同じサイズ。

Photo : ESA

アリアン5ECAのフェアリングが展開された様子。その頂部にはコンパクトに折り畳まれたJWSTが搭載されている。

宇宙開発史上もっとも大型で、もっとも複雑な構造を持つ宇宙望遠鏡が『ジェイムズ・ウェッブ』（JWST）です。赤外線でかすかな光を捕捉するため、赤外線を発するあらゆる熱を排除する必要があり、そのため5層構造の巨大なサン・シールドによって太陽からの熱を遮り、冷却器で望遠鏡を絶対零度近くまで冷やします。その使命は宇宙で最初に生まれた星「ファースト・スター」を見つけること。つまり、138億年前に発生したビッグバンの後、最初に宇宙空間に光を放った星や銀河を観測しようとしています。地球から136億光年ほど離れた場所で、136億年前に発せられた、宇宙最古の光を捕捉するのです。

NASAが開発を主導、機体主要部分はノースロップ・グラマン社が製造。アリゾナ大学が観測機器などを提供している。巨大な機体だがその質量は6・2トンと超軽量。

Photo : Adriana Manrique Gutierrez, NASA Animator

Photo : ESA

Photo : ESA

JWSTは太陽とは反対側へ地球から150万km離れたラグランジュ点L2を航行する。この領域に留まる宇宙機は地球とともに太陽を周回する。

Photo : NASA

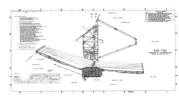

計画がスタートした1996年当初の予算は5億ドル。その後予算は膨らみ、2022年度に生涯費用は97億ドル（1兆971億円）と算出された。

打ち上げから機体各部がすべて展開するまでのシークエンス図。アンテナ類を伸ばしてからサン・シールドが展開し、最後に鏡が展開して焦点を合わせる。

Photo : NASA / Goddard / Drew Noel

金でコーティングされたベリリウム反射鏡の単体。これが18枚組み合わさって口径6.5mの反射鏡主鏡を構成する。その解像度は高く、550km先のサッカーボールを識別できるほど。

169

THE BASIC GUIDANCE of SPACE EXPLORATION

宇宙探査の超基本

ロケットが打ち上げられる手順や、探査機が惑星に着陸する方法、
宇宙船や探査機が航行するための軌道や、フライバイ航法など、
この章では宇宙に関する基本知識を解説します。ここでは9つの話題を取り上げました。
宇宙の法則に例外はありません。これらの基本さえ知っておけば、
宇宙開発に関するニュースやストーリーが、もっと理解でき、もっと楽しくなるはずです。
たったこれだけの知識で、あなたのイマジネーションは、グッと宇宙に近づきます。

CHAPTER **3**

INITIAL VELOCITY

重力から脱するための初速度とは?

地球の重力に逆らって、モノをロケットで打ち上げて宇宙空間に到達させ、地面と水平な方向に一定の速度を与えると、モノは地球の周りを回り続けます。モノが飛ぶ速度と、その結果生まれる遠心力と地球の重力が釣り合えば、そのモノは永遠に地球の周りを回り続けるのです。このモノが回り続ける宇宙の道が「周回軌道」。地球を中心に回るのであれば地球周回軌道、太陽であれば太陽周回軌道です。

　この周回軌道にモノを乗せるための「一定の速度」ですが、少なくとも1秒間に7.9km進む速度が必要です。ライフルの弾丸は秒速800mくらい、その約10倍のスピードです。モノを打ち上げて、その速さまで加速させるロケットが、どれだけ大きなパワーを持っているかがわかります。モノの質量（重量）が大きくなれば、それだけ大きな力が必要になります。

　この、地球の軌道に乗せるために最低限必要な秒速7.9kmという速度のことを「第一宇宙速度」と言います。これより速い速度でモノを打ち上げれば、より高い高度の地球周回軌道に乗せることができますが、秒速11.2kmを越えると、地球の重力を振り切って、もっと大きな重力を持つ太陽の周りを回りはじめます。この太陽周回軌道に乗せるために必要な速度のことを「第二宇宙速度」と言います。

　この秒速11.2kmよりも速い速度をモノに与えれば、より大きな半径の軌道で太陽の周りを回りますが、その速度が秒速16.7kmを越えると太陽の重力も振り切って、太陽系の外へ飛んでいきます。この太陽の重力圏を離脱するために最低限必要な速度を「第三宇宙速度」といいます。これまでに第三宇宙速度以上の速度が与えられ、太陽系を出る軌道に乗ったのは、パイオニア10号・11号、ボイジャー1号・2号、ニューホライズンズだけです。

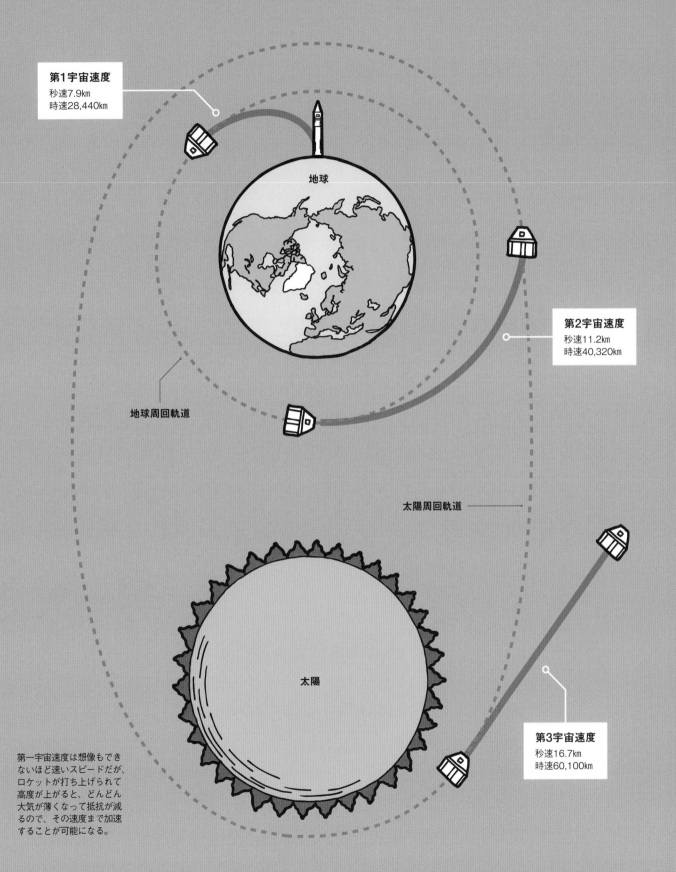

第1宇宙速度
秒速7.9km
時速28,440km

地球

地球周回軌道

第2宇宙速度
秒速11.2km
時速40,320km

太陽周回軌道

太陽

第3宇宙速度
秒速16.7km
時速60,100km

第一宇宙速度は想像もでき
ないほど速いスピードだが、
ロケットが打ち上げられて
高度が上がると、どんどん
大気が薄くなって抵抗が減
るので、その速度まで加速
することが可能になる。

MULTISTAGE ROCKET SYSTEM

宇宙船や探査機を打ち上げる多段式ロケットとは？

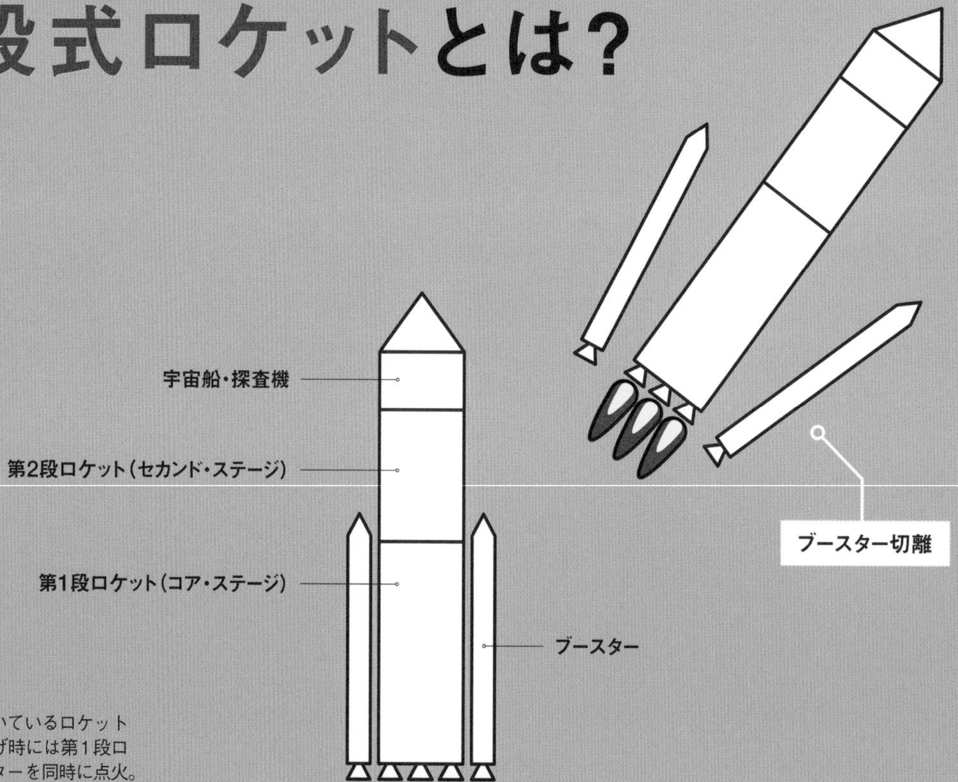

宇宙船・探査機

第2段ロケット（セカンド・ステージ）

第1段ロケット（コア・ステージ）

ブースター

ブースター切離

ブースターが付いているロケットの場合、打ち上げ時には第1段ロケットとブースターを同時に点火。先にブースターの燃料が燃えつきて投棄され、次に第1段が投棄され、続いて第二段が点火される。

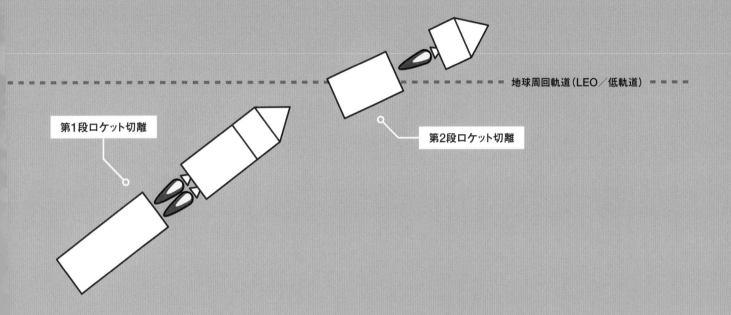

第1段ロケット切離

第2段ロケット切離

地球周回軌道（LEO／低軌道）

近年のロケットは、多段式と呼ばれるものが一般的に使用されています。2つに分割できるのが2段式ロケット、3つに分割できるのが3段式ロケットです。

　この図のロケットは2段式ロケットです。1段目を英語ではコアステージなどと呼びます。その横には、ブースターという補助ロケットがあります。第1段ロケットやブースターは、打ち上げの時に大きなパワーを出しますが、2、3分ですべての燃料を燃やし尽くし、すぐさま投棄され、ロケット自体を軽くします。それらが投棄されると、第2段ロケットが点火され、宇宙船や探査機はさらに速度を上げます。

　もしロケットに十分な力がなく、地面と水平方向に一定の速度が得られないと、ロケットは宇宙（高度100km以上）に到達してもそのまま地上に落ちてきます。これを弾道飛行といいます。つまりロケットは、ただ上昇するだけでな

く、地球周回軌道に沿って十分な速度（第1宇宙速度）を得る必要があるのです。

　そのため、ロケットは地上から打ち上げられると、真上には上昇せず、ゆったりと弧を描きながら、地球を周回する方向に向かいます。できるだけ素早く高度を上げ、空気抵抗の少ない上空に行くと同時に、地球を周回する方向に速度を稼げば、ロケットは軌道に入ります。

　例えば2011年に打ち上げられた火星探査機『パーサヴィアランス』（p.160）では、ブースターと第1段ロケットによって高度160kmに達しました。その時点での速度は秒速5.6kmであり、第1宇宙速度の秒速7.9kmに少し足りません。そこで第2段ロケットを2回に渡って噴射。これで地球周回軌道に乗るための第1宇宙速度が得られ、さらに地球の重力を振り切って、太陽周回軌道に乗るための第2宇宙速度も獲得でき、火星へ向かう軌道に入ったのです。

MARS PROBE SYSTEM

最近の火星探査機は どんなシステムなのか?

探査機には「オービター」「ランダー」「ローバー」など、様々なタイプがあります。

オービターは、軌道（オービット）を周ることからこう呼ばれ、「軌道周回機」とも言います。第二宇宙速度以上の速度で地球の重力圏を離脱したオービターは、そのままでは火星を通り越してしまうので、火星に近づくとエンジンを逆噴射して速度を落とし、その結果、火星の重力に引っ張られて火星周回軌道に入ります。オービターは、ローバーやランダーが発する電波を地球へ転送したり、軌道上から火星を観測します。

ランダーは「着陸機」とも呼ばれ、火星地表に着陸します。ランダーには、カプセルのなかに探査機器を搭載したもの（p.121）や、比較的大型のもの（p.150）があります。

ランダーは移動できませんが、ローバーはタイヤで移動できます。2022年時点で現役の火星ローバーは3機あります（p.138、160、163）。

ランダーやローバーは、軌道を周るオービターから切り離されて着陸します（p.163）。また別の方法としては、「クルーズ・ステージ」などと呼ばれる輸送機に載せられて火星まで航行し、火星の大気圏に突入する直前にこれを投棄して、周回軌道に入らずダイレクトに火星地表に着陸するものもあります。

近年では、火星で採取したサンプルを地球に送る計画も進んでいます（p.160）。その場合、ローバーが採取したサンプルをランダーに載せ、ランダーがそれを軌道へ打ち上げ、オービターが受け取り、火星周回軌道を離脱して地球へ向かい、サンプルが入ったカプセルだけを地球の大気圏に再突入させて回収します。

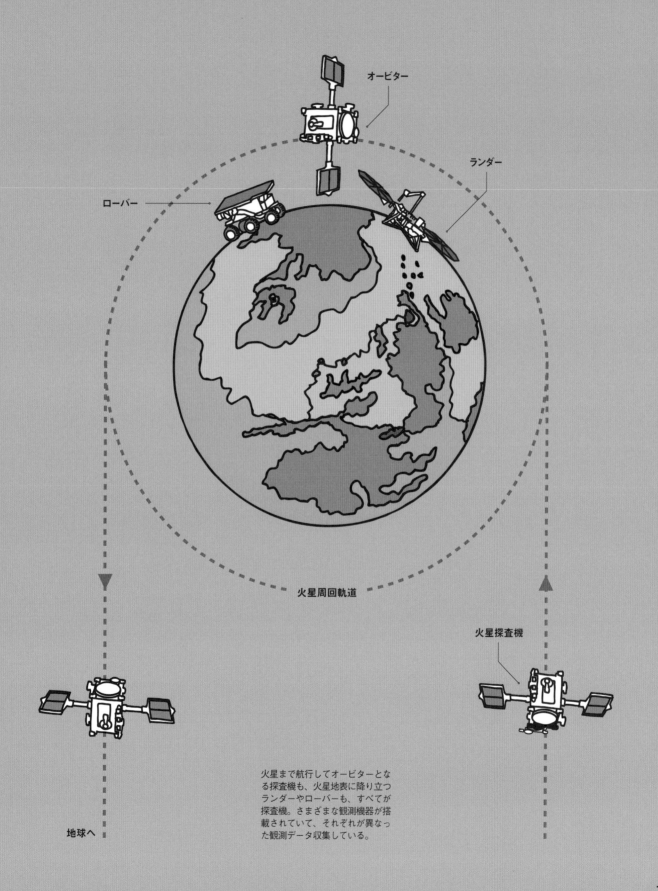

オービター

ランダー

ローバー

火星周回軌道

火星探査機

地球へ

火星まで航行してオービターとな
る探査機も、火星地表に降り立つ
ランダーやローバーも、すべてが
探査機。さまざまな観測機器が搭
載されていて、それぞれが異なっ
た観測データ収集している。

VARIATION OF ORBIT

地球を周回する軌道の種類とは？

定の速度と質量を持つモノは、いったん宇宙の軌道上に放たれると、基本的には永久的に同じ軌道を回り続けます。軌道にはさまざまな種類があります。

まず、形の違いによる軌道の種類を見てみると、天体の周りを同じ高度で回る軌道が「円軌道」です。また、天体の周りを、楕円形を描きながら回るのが「楕円軌道」です。どちらもその軌道を平面とした場合、その平面は周回する対象となる天体の中心を通ります。

地球は、北極から見ると反時計回りに自転していますが、ロケットを打ち上げる場合、赤道上から地球の自転と同じ方向（東）へ打ち上げると、地球の自転する速度が加わって、もっとも初速度を得ることができます。

宇宙機によっては、赤道面（赤道で地球を輪切りにしたときの盤面）から傾いた軌道に入りますが、その傾きを「軌道傾斜角」と言います。

赤道上の軌道であれば傾斜角は0度、地球をタテに回る軌道「極軌道」であれば90度です。

赤道上の軌道を人工衛星が飛んでいるとします。高度の低い軌道、低軌道だと、人工衛星は地球より早く周回します。高度400kmのISSは、地球を約90分で回るわけです。その高度が高くなるほど人工衛星が回る速度、周期は遅くなりますが、高度3万5,786kmの高度では、地球の自転速度と人工衛星の周期がぴったり一致します。つまり、日本の上空にずっと留まっている気象観測衛星『ひまわり』などは、この「静止軌道」に乗っているわけです。

軌道が傾斜していて、しかし決まった期間で地球の上空の同じ場所に戻ってくるのが「同期軌道」です。また、ずっと太陽と同じ角度の場所に留まる周回軌道を「太陽同期軌道」といい、この軌道に探査機を乗せると、常に同じ角度の太陽光を浴びる地球を観測できます。

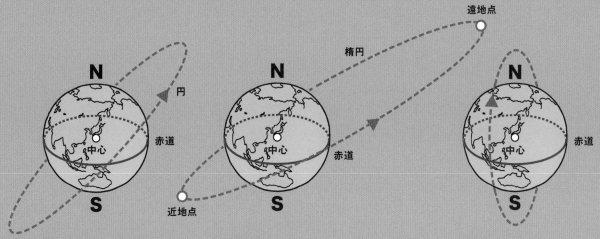

円軌道

天体の周りをずっと同じ高度で回る、真円の軌道が円軌道。宇宙開発の初期の場合、この円軌道に乗せることが難しかった。

楕円軌道

天体の周りを、楕円形を描きながらで回る軌道。天体からもっとも近い地点を「近地点」、遠い地点を「遠地点」という。

極軌道

天体の北極と南極の上空を通過し、その天体をタテ方向に回る軌道が極軌道。この軌道の軌道傾斜角は90度となる。

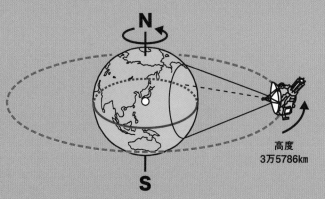

静止軌道

地球の赤道上の高度3万5,786㎞では、地球の自転の速度と人工衛星の周期が完全に一致。この静止軌道に乗せるための軌道を「静止トランスファ軌道」と言う。

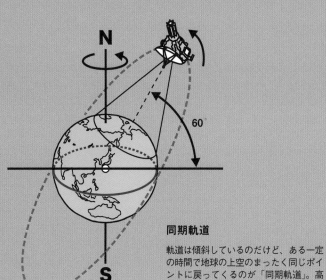

同期軌道

軌道は傾斜しているのだけど、ある一定の時間で地球の上空のまったく同じポイントに戻ってくるのが「同期軌道」。高度が低ければ短い時間で戻ってきて、高度が高ければ長い周期で戻ってくる。

太陽同期軌道

地球に対する軌道を少しずつヅラすことで、結果的に常に太陽との角度が同じ状態になる軌道が太陽同期軌道。同じ光のコンディションで地上観測できるので、地上観測探査機などがこの軌道に投入される。

HOMANN ORBIT

地球から月や惑星に向かう軌道とは?

月に行く場合、地球を周回する軌道を極端に楕円にすれば月に到達することができます（下図）。その軌道は、地球周回軌道であり、楕円軌道です。

探査機にもう少し大きな速度を与えれば、地球周回軌道を離脱し、もっと大きな重力を持つ太陽を周回する軌道に入ります。こうした太陽周回軌道において、地球より外側の惑星に向かうときはロケットを噴射して加速します。

逆に、地球より内側の惑星にいくときは、地球から離脱する際には加速しますが、その後は基本的に減速して近づきます。他の惑星の公転軌道へ移るためのこうした軌道を「ホーマン軌道」と言います。

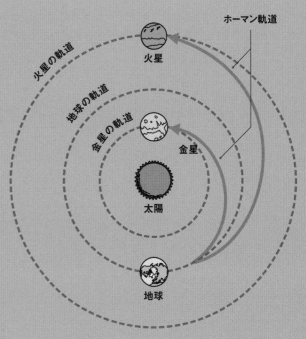

ホーマン軌道

地球の公転軌道から別の惑星の公転軌道へ引っ越しするための軌道。太陽を中心として、地球より外側にある惑星に行く場合は加速し、地球より内側にある水星、金星へ行く場合には、基本的に減速してホーマン軌道に乗る。

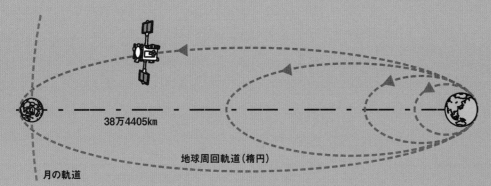

38万4405km

地球周回軌道（楕円）

月の軌道

月への軌道

地球を周回する軌道を大きな楕円形にすれば、遠地点を月に到達させることも可能だ。アポロも基本的にはこれと同じ軌道で月へ到達した。このときに必要な速度も計算で出すことができる。

FLYBY / SWING BY

探査機の速度を変える
フライバイとは？

探査機の速度を上げて、もっと遠くへ飛ばそうとしたとき、パワーのあるロケットが必要となります。しかし、ロケットの力には限りがあり、大型化すればお金が掛かります。また、観測する天体によっては、探査機の速度を下げる必要がある場合もあります。そんなときに役立つのが、「フライバイ」という航法です。「スイングバイ」とも言います。

探査機が天体の近くをパスするとします。天体の重力圏に入るときには重力に引っ張られて加速します。天体からもっとも近い場所で最高速度となり、遠ざかるときには、逆に重力に引っ張られて減速します。結果、重力圏から出たときには、探査機はもとの速度に戻ります。

しかし、天体は公転軌道の上をつねに移動しています。右図では、天体は右から左へ移動しています。

探査機が、天体の進む方向（図左側）から進入すれば、天体の移動している方向に引っ張られ、重力圏から出るときには、入る前と比べるとスピードが増します。これが「加速フライバイ」です。反対に、天体を追うように（図右側）重力圏に進入すれば、進入するときより速度が落ちます。これが「減速フライバイ」です。

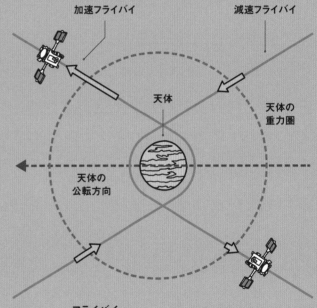

フライバイ

天体の重力圏に入るときには、その重力に引っ張られて加速し、出るときには減速し、もとの速度に戻る。しかし、天体は移動しているので、その進行方向の側から進入すれば、天体の重力に引きずられて、出るときには加速する。

SOLAR SYSTEM

恒星・惑星・衛星の違いは？ 太陽系はどれだけ広い？

恒星、惑星、衛星の違いをご存知ですか？ 太陽系でいえば恒星は太陽です。恒星は自ら燃えていて光を発します。夜空を見あげて見える星は、太陽系外の星であればすべて恒星です。また、惑星とは一定以上の質量を持った星であり、恒星の周りを回る星です。太陽系でいえば、水金地火木土天海です。以前は冥王星も惑星でしたが、質量が小さいことがわかり、2006年に準惑星に格下げされました。

惑星の周りを周回しているのが衛星です。つまり地球における月や、土星の第6衛星であるタイタンなどのことを指します。

このページでは、太陽系の惑星を同縮尺で並べてみました。また、右の表では太陽を直径1mのバランスボールに例えた場合、他の惑星がどのくらいの大きさになるのか、太陽からの距離はどれくらいなのかを示しています。

木星

火星

地球

金星

水星

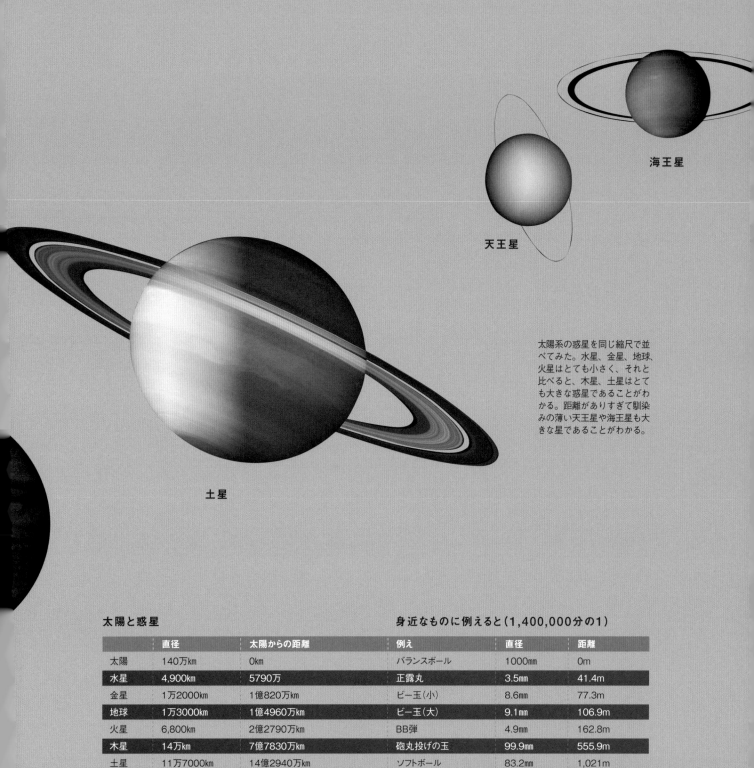

海王星

天王星

土星

太陽系の惑星を同じ縮尺で並
べてみた。水星、金星、地球、
火星はとても小さく、それと
比べると、木星、土星はとて
も大きな惑星であることがわ
かる。距離がありすぎて馴染
みの薄い天王星や海王星も大
きな星であることがわかる。

太陽と惑星　　　　　　　　　　　　　　　身近なものに例えると（1,400,000分の1）

	直径	太陽からの距離	例え	直径	距離
太陽	140万km	0km	バランスボール	1000mm	0m
水星	4,900km	5790万	正露丸	3.5mm	41.4m
金星	1万2000km	1億820万km	ビー玉（小）	8.6mm	77.3m
地球	1万3000km	1億4960万km	ビー玉（大）	9.1mm	106.9m
火星	6,800km	2億2790万km	BB弾	4.9mm	162.8m
木星	14万km	7億7830万km	砲丸投げの玉	99.9mm	555.9m
土星	11万7000km	14億2940万km	ソフトボール	83.2mm	1,021m
天王星	5万1000km	28億7500万km	ピンポン玉	36.2mm	2,053.6m
海王星	4万9000km	45億440万km	ピンポン玉	35.1mm	3,245.7m

表の左側が、太陽と惑星の実際の大きさと、その星の間の距離。右側が、太陽をバランスボールに見立てたときの、他の惑星の大きさと、その比率での太陽からの距離を示している。

RE-ENTRY

どのように 大気圏へ再突入する?

地球の周回軌道を航行する宇宙船や人工衛星などは、すべて秒速7.9km以上のスピードで地球の重力から離脱したわけですが、もしその速度が遅くなれば、地球の重力に引っ張られ、その軌道上にいられなくなり、大気圏に再突入します。

ものすごく速い速度で飛んでいる宇宙船が大気圏に再突入すると、だんだん濃くなる大気が宇宙船によって押しつぶされ、熱の壁を作り、炎に包まれます。

この高温に耐えるために、アポロの帰還カプセルの場合は、カプセル底部に断熱材が貼られていました。また、スペースシャトルの機体表面は基本的にセラミックで覆われていました。いわばシャトルは、レンガで作った飛行機が飛んでいるようなものでした。

宇宙船が大気圏に再突入する場合、それが高い高度にあれば、進行方向に向けてロケットを逆噴射して速度を落とし、いったん低軌道まで降下します。さらに逆噴射をすると宇宙船の速度は秒速7.9km以下となり、大気圏に突入します。安全な進入角度はとても狭く、角度が浅すぎると大気圏に入れず、違う軌道に乗ってしまいます。角度が深すぎると高温になり過ぎて燃えてしまうか、地上に激突します。

また以前は、大気圏再突入中は宇宙船と地上の管制は交信できませんでしたが、スペースシャトルの後期あたりから、それが可能となっています。

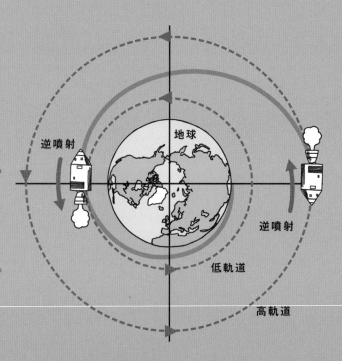

大気圏再突入の行程

宇宙船が大気圏へ再突入する場合、基本的にはいちど地球を周回する低軌道に入り、決められた着地ポイントに正確に降りるようタイミングを見計らって逆噴射をする。低軌道では地球を90分くらいで周回してしまうので、そのタイミングを外すと着地点が大きくズレる。

SPACE DEBRIS

宇宙を漂う デブリとは？

いま地球の周回軌道上にあるスペース・デブリの数は1億5000万個とも言われていますが、あまりにも急速に増えており、正確な数はわかりません。1mm以上の金属片が、ライフルの弾丸の10倍の速度で、あらゆる高度の、あらゆる方向の軌道に乗って飛び回っています。

右の上の画面は、NASAが把握・追跡している高度2,000km以下のスペース・デブリの分布図であり、ここで表示されているのは10cm以上の比較的大きなブリだけです。また下の画面は、高度3万5,786kmの静止軌道上にあるスペース・デブリの様子を示しています。静止軌道はとくに探査機が多く、非常にデブリの密度が高くなっています。

ISSがデブリと同じ軌道に入り、衝突の可能性が高まると、クルーはすぐに大気圏に再突入できるよう宇宙船に移って待機します。そして地上からの操作でISSの高度を変更して、衝突を回避するのですが、近年ではその頻度が多くなっています。

いまデブリに対処するための国際会議も定期的に開催されており、民間会社も含めて、このスペース・デブリを駆除するためのさまざまなプロジェクトが動きはじめています。海洋汚染から学ばなかった人類は、このデブリの対処に高いツケを払うことになるのは明らかです。

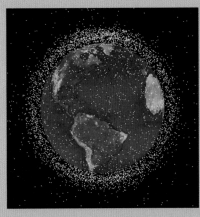

低軌道のスペースデブリ

NASAが掌握して追跡している高度2,000km以下、10cm以上の大きさのスペースデブリ。高度500km以下の低軌道のデブリは、地球の重力によってやがて大気圏に再突入するが、それ以上の高度の軌道上にあるデブリは周回し続け、落下するには何万年も要するという。

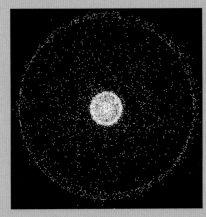

静止軌道のスペースデブリ

赤道上の高度3万5,786kmにある静止軌道は、通信衛星や観測衛星などで非常に混雑している。運用が終わった探査機は、低軌道であれば意図的に高度を下げて大気圏に再突入させるが、静止軌道は高度が高く、大気圏まで高度を下げるには膨大な燃料が必要なため、静止軌道より300kmほど高い「墓場軌道」へ投棄されるのが一般的。

THE ARCHIVE of COMMERCIAL SPACE TRANSPORTATI

商業ロケット・アーカイブ

米連邦航空局（FAA, Federal Aviation Administration）は2018年まで
「商業ロケット年次概要」を公表していました。この章では同リストに掲載された
71機の商用ロケットをベースに、2022年3月時点での情報を加えて紹介しています。
このリストには打ち上げ料金も掲載。つまりお金を出せば誰でも打ち上げることが可能です。
あなたも打ち上げるペイロード（搭載物）の質量や、投入すべき軌道をイメージしながら、
プライベート・ロケットの選択をしてみませんか？

FAA「商業ロケット年次概要」に関して

- この章の情報は、FAA（米連邦航空局）が2018年1月に公表した
  「The Annual Compendium of Commercial Space
  Transportation: 2018」をベースにしています。
- 表組の「国・管理運営」「ロケット名」「初打上年」などは、
  2022年3月時点の情報に更新しています。
- FAAがこの情報を公表した時点で開発中だった機種の一部スペックは、
  2022年3月時点の情報に更新しています。
- 以下はスペックの見方です。

ペイロード

- ロケットを打ち上げる場合、どの軌道に投入するかによって、
  打ち上げ可能な質量が変わります。軌道の種類は以下のように表記しています。
- LEO（Low Earth Orbit）／低軌道
- SSO（Sun-Synchronous Orbit）／太陽同期軌道
- GTO（Geostationary Transfer Orbit）／静止トランスファ軌道

見積価格

$1M＝1臆2,000万円（1ドル120円換算）

ステージ

- ステージとは、ロケットの第1〜6段の各段を意味します。
- ブースターとは、補助ロケットを意味します。
- ブースターには、液体燃料エンジンを搭載したものと、
  固体燃料を搭載した2タイプがあります。
  それぞれ以下の要領で表記しています。
- 第1〜6段の場合「ステージ名（エンジン名×エンジン基数）」
- 液体燃料ロケット・ブースターの場合、
  「ブースター名（エンジン名×エンジン基数）×ブースター基数」
- 固体燃料ロケット・ブースターの場合、
  「ブースター名×ブースター基数」
- ブースター名にある「SRB」または「LB」という表記は、以下を意味します。
  「SRB」＝固体燃料ロケット・ブースター（Solid Rocket Booster）
  「LB」＝液体燃料ロケット・ブースター（Liquid Rocket Booster）
- ロシア製ロケットの場合などでは、液体燃料ロケット・ブースターを
  ブースターでなく、ステージとして換算する場合があります。

推進剤と推力に関して

- ロケットの推進剤には、固体燃料と液体燃料があります。
  それぞれ以下の要領で表記しています。
- 固体燃料ロケットの場合、
  「固体燃料／総推力（kN）」。
- 液体燃料エンジンの場合は、推進剤（燃料と酸化剤）の2種を表記。
  「酸化剤/燃料／総推力（kN）」

酸化剤の種類

- LOX／液体酸素
- N2O4／四酸化二窒素

燃料の種類

- CH4／メタン
- H2／水素
- Hydrazine／ヒドラジン
- Kerosene／ケロシン
- LH2（Liquid H2）／液体水素
- Propylene／プロピレン
- RFNA／赤煙硝酸
- RP-1／ケロシンの製品固有名称
- UDMH／非対称ジメチルヒドラジン

ON

CHAPTER 4

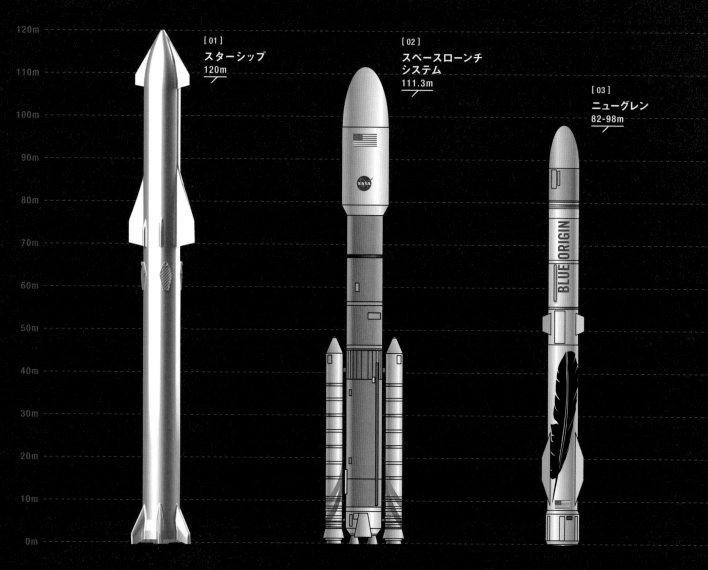

No	国・製造	ロケット名	同系機種	初打上年	打上数 (～2018)	総重量 (kg)	全長 (m)	直径 (m)	ペイロード (kg)	見積価額 (打上1回)
01	USA SpaceX	スターシップ		2022	－	440,000	120	9	LED100,000	未公開
02	USA Boeing / ULA	スペースローンチ システム	SLS Block 1 SLS Block 1B SLS Block 2 ※CrewとCargo有	2022	－	2,650,000	111.3	8.4	LEO70,000-130,000	未公開
03	USA Blue Origin	ニューグレン	2-Stage 3-Stage	2023	－	未公開	82-98	7	LEO45,000 GTO13,000	未公開
04	USA Lockeed Matin / ULA	アトラスV	401/411、 421/431、 501/511、 521/531、 541、551	2002	74	401/ 333,731 551/ 568,878	60.6- 75.5	3.8	LEO08,123-18,814 SSO6424-15,179 GTO02,690-8,900	$109M- $179M
05	USA Scaled Composites / Dynetics	ストラトランチ		未定	－	589,671	72.5	翼幅117	LEO1,350 SSO975	未公開
06	USA Boeing / ULA	デルタIV	Medium Medium+(4,2) Medium+(5,2) Medium+(5,4) Heavy	2002	35	D-IVM/ 249,500 D-IVH/ 733,000	62.8- 71.6	5	LEO09,420-28,790 SSO07,690-23,560 GTO4,210-14,210	$164M- $400M
07	USA SpaceX	ファルコン9		2010	46	549,054	70	3.7	LEO22,800 GTO8,300	初打上機 $62M 再利用機 $49M

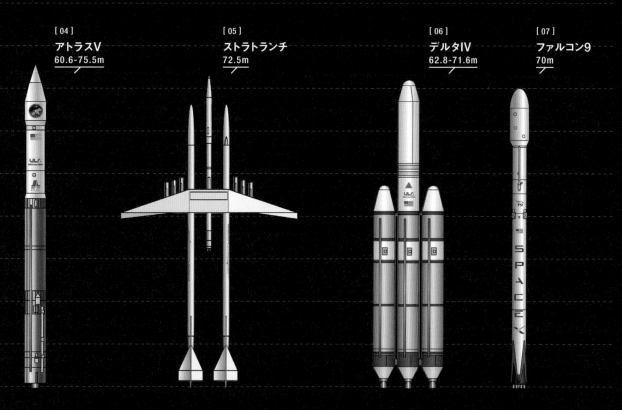

[04] アトラスV 60.6-75.5m

[05] ストラトランチ 72.5m

[06] デルタIV 62.8-71.6m

[07] ファルコン9 70m

段数	ブースター	1st Stage	2nd Stage	3rd Stage	4th Stage	5th Stage	6th Stage
			ステージ				
1		SuperHeavy（Raptor×29）LOX/CH4／74,430	Spaceship（Raptor×6）LOX/CH4／14,710				
3	スペースシャトルSRB×2 固体燃料／16,014	1st Stage（RS-25E×4）LOX/H2 1,859	ICP Stage（RL10B2×1） LOX/H2／110 ※2nd Option ○Exploration Upper（RL10B-2×1） LOX/H2 440				
3		1st Stage（BE-4×7）LOX/CH4／17,100	2nd Stage（BE-4×1）LOX/CH4／2,400	3rd Stage（BE-3U×1）LOX/H2／670			
2	AJ-60A or GEM-63×0-5 固体燃料／1,688	CCB（RD-180×1）LOX/ケロシン／3,827	※2nd Option ○Single Engine Centaur（RL10A-4-2×1）LOX/LH2／99.2 ○Dual Engine Centaur（RL10A-4-2×2）LOX/LH2／198.4				
5		SL（PW4056×6）ケロシン（JP-4）／2,616	Orion-50SXL 固体燃料／726	Orion-50XL 固体燃料／196	Orion-38 固体燃料／36	HAPS Hydrazine／0.6	
2	GEM-60×2or4 固体燃料／2,491-4,982	Common Booster Core（RS-68A×1）LOX/LH2／2,891	※2nd Option ○4-Meter Cryogenic Upper Stage（RL10B-2×1）LOX/LH2／110 ○5-Meter Cryogenic Upper Stage（RL10B-2×1）LOX/LH2／110	※左記スペックはミディアム・シリーズのもの。デルタIVヘビーはCBC（Common Booster Core）を3基搭載。			
2		1st Stage（Merlin-1D×9）LOX/RP-1／845	2nd Stage（Merlin-1D／vacuum×1）LOX/RP-1／934				

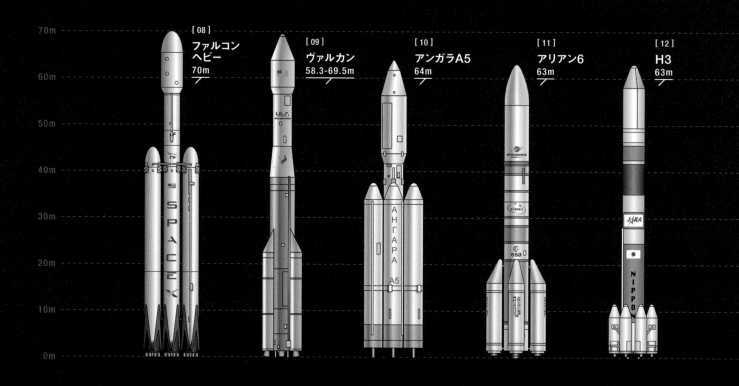

No	国・製造	ロケット名	同系機種	初打上年	打上数 (～2018)	総重量 (kg)	全長 (m)	直径 (m)	ペイロード (kg)	見積価額 (打上1回)
08	USA SpaceX	ファルコンヘビー		2018	—	1,420,788	70	12.2	LEO63,800 GTO26,700	$90M
09	USA ULA	ヴァルカン	401、421、441 501、521、541 561	2022	—	432,000- 1,280,000	58.3- 69.5	3.8-5.4	LEO09,400-31,400 SSO7,700-27,900 GTO4,750-16,300	未公開
10	Russia Khrunichev	アンガラA5		2014	1	773,000	64	8.9	LEO24,000 GTO5,400-7,500	$100M
11	France Ariane Group	アリアン6	62、64	2022	—	530,000- 860,000	63	5.4	LEO20,000 SSO4,500 GTO4,500-10,500	$94M-$117M
12	Japan Mitsubishi Heavy Industries	H3	H3-30S H3-22S H3-32L H3-24L	2022		未公開	63	5.2	LEO10,000 SSO4,000 GTO6,500	$50M
13	China CALT	長征2F		1999	13	464,000	62	3.4	LEO8,400	未公開
14	USA Northlop Grumman (Orbital ATK)	OmegA（NGL）	Intermediate Heavy	開発中止	—	未公開	59.8	5.3	GTO5,500-8,500	未公開
15	Ruusia／Ukraine PA Yuzhmash	ゼニート	2、3F、3SL、 3SLB	1985	84	470,000	59	3.9	GTO(3SL): 6,160 GTO(3SLB): 3,750	$85M-95M
16	Russia Khrunichev	プロトンM		2001	102	705,000	58.2	7.4	LEO23,000 GTO6,270	$65M
17	Japan Mitsubishi Heavy Industries	H-ⅡA／B		A：2001 B：2009	H-ⅡA：37 H-ⅡB：6	89,000- 530,000	53-57	4	LEO10,000-16,500 SSO3,600-4,400 GTO4,000-6,000	$90M- $112.5M

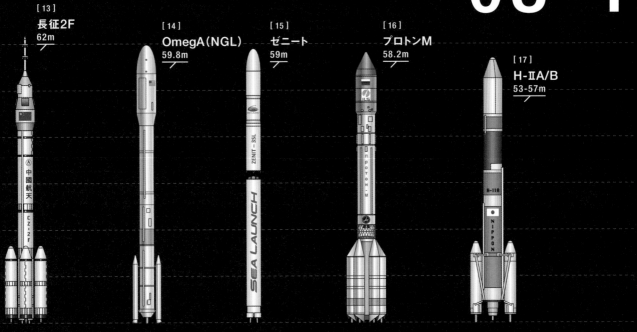

段数	ステージ						
	ブースター	1st Stage	2nd Stage	3rd Stage	4th Stage	5th Stage	6th Stage
2		1st Stage（3コア） （Merlin-1D×27） LOX/RP-1／24,681	2nd Stage （Merlin-1D×1） LOX/RP-1／934				
2	GEM-63XL×0-6 固体燃料／2,000	1st Stage（-） LOX/CH4／4,800	※2nd Option ○Single Engine Centaur（RL10C×1）　LOX/LH2　101.8 ○Dual Engine Centaur（未公開）　LOX/LH2　204				
3	URM-1（RD-19）×4 LOX/ケロシン／7,688	URM-1（RD-191×1） LOX/ケロシン／1,922	URM-2（RD-0124A×1） LOX/ケロシン／294.3	Breeze-M（14D30×1） N2O4/UDMH／19.6			
2	（※Ariane 64） P120C×4 固体燃料／18,000	2nd Stage （Vulcain 2.1×1） LOX/H2／1,370	3rd Stage（Vinci×1） LOX/H2／180				
2	SRB-3×2 or 4 固体燃料／未公開	1st Stage（LE-9×2） LOX/LH2／2,896	2nd Stage（LE-5B） LOX/LH2／137				
2	LB（YF-20B×4） LB×4（YF-20B×1） N2O4/UDMH／3,256	1st Stage（YF-20B×4） N2O4/UDMH／3,256	2nd Stage（YF-24B×1） N2O4/UDMH／831				
3	GEM-63×2 固体燃料／4,004	CASTOR 600 固体燃料／6,661	CASTOR 1200 固体燃料／9,996	CASTOR 300 固体燃料／3,572			
3		1st Stage（RD-171M×1） LOX/ケロシン／7,256	2nd Stage （RD-120×1）（RD-8×1） LOX/ケロシン／992	Block DM-SL （11D58M×1） LOX/ケロシン／79.5			
4		1st Stage（RD-276×6） N2O4/UDMH／10,000	2nd Stage（RD-0210×3） N2O4/UDMH／2,400	3rd Stage（RD-0123×1） N2O4/UDMH／583	Breeze-M（14D30×1） N2O4/UDMH／19.2		
2	SRB-A3×2 or 4 固体燃料／9,040	1st Stage（LE-7A） LOX/LH2／1,098	2nd Stage（LE-5B） LOX/LH2／137				

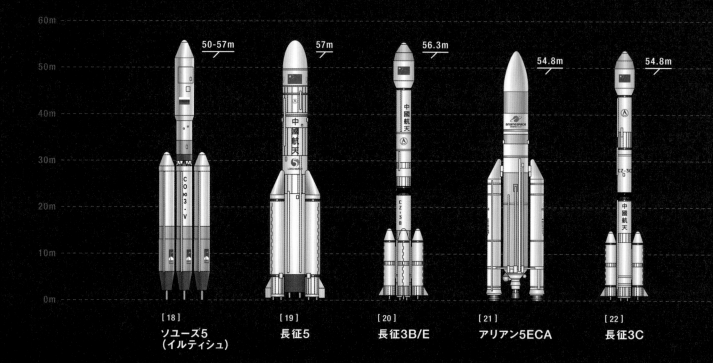

	[18]	[19]	[20]	[21]	[22]
	ソユーズ5 （イルティシュ）	長征5	長征3B/E	アリアン5ECA	長征3C

No	国・製造	ロケット名	同系機種	初打上年	打上数 (～2018)	総重量 (kg)	全長 (m)	直径 (m)	ペイロード (kg)	見積価額 (打上1回)
18	Russia JSC SRC Progress	ソユーズ5 （イルティシュ）	5.1、5.2、5.3 5.3 PTK NP	2024	−	200,000- 690,000	50-57	3.6	LEO3,000-26,000	$50M+
19	China CALT	長征5		2016	2	879,000	57	5	LEO25,000 GTO14,000	未公開
20	China CALT	長征3B/E		1996(3B) 2007(3B/E)	42	458,970	56.3	3.4	LEO12,000 SSO5,700 GTO5,500	$70M
21	France Ariane Group	アリアン5 ECA		1996	71	780,000	54.8	5.4	LEO20,000 GTO10,500	$178M
22	China CALT	長征3C		2008	15	345,000	54.8	3.4	GTO3,800	$70M
23	China SAST / CALT	長征7		2016	2	594,000	53.1	3.4	LEO13,500 SSO5,500	未公開
24	Russia Khrunichev	プロトンミディアム	Breeze M Light	開発中止	−	655,000	53	7.4	GTO5,000	$65M
25	China CALT	長征3A		1994	25	241,000	52.5	3.4	LEO8,500 GTO2,600	$70M
26	Russia JSC SRC Progress	ソユーズFG	Crewed Progress Fregat	2001	62	305,000	49.5	10.3	LEO7,800 SSO4,500	$50M- 213M
27	Russia JSC SRC Progress	ソユーズ2.1a/b		2004(2.1a) 2006(2.1b)	32(2.1a) 37(2.1b)	305,000	49.5	10.3	LEO4,850 SSO4,400 GTO3,250	$80M
28	India ISRO	GSLV	Mk-Ⅰ、Mk-Ⅱ	2001	11	414,750	49.13	2.8	LEO5,000 GTO2,500	$47M
29	Russia Khrunichev	アンガラA3		未定	−	481,000	45.8	8.9	LEO14,000 SSO2,570 GTO2,400-3,600	未公開

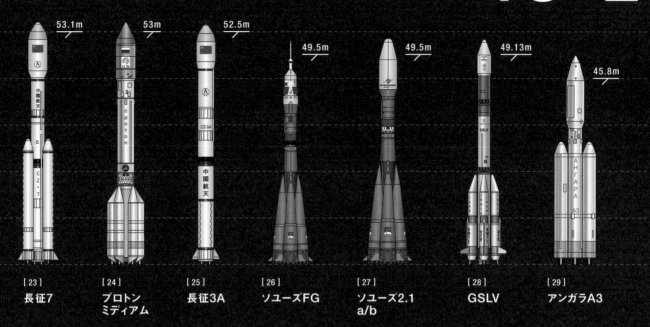

	[23]	[24]	[25]	[26]	[27]	[28]	[29]
	長征7	プロトン ミディアム	長征3A	ソユーズFG	ソユーズ2.1 a/b	GSLV	アンガラA3

段数	ステージ						
	ブースター	1st Stage	2nd Stage	3rd Stage	4th Stage	5th Stage	6th Stage
3		1st Stage(RD-0164×1) LOX/CH4 3,330	2nd Stage(RD-0169×1) LOX/CH4 737	Fregat(S5.92×1) UDMH 19.9			
3	LB(YF-100×2)×4 LOX/ケロシン／2,358	1st Stage(YF-77×2) LOX/ケロシン／1,018	2nd Stage(YF-75D×2) LOX/ケロシン／176.6	3rd Stage(YF-75×1) LOX/ケロシン／78.5			
3-4	LB(YF-25×4)×4 N2O4/UDMH／2961.6	1st Stage(YF-21C×4) N2O4/UDMH／3,265	2nd Stage(YF-24E×1) N2O4/UDMH／742	3rd Stage(YF-75×1) N2O4/UDMH／167	※4rd Option(YF-50D×1) N2O4/UDMH／6.5		
2	EAP-P241×2 固体燃料／7,080	EPC(Vulcain2×1) LOX/LH2／960	ESC-A(HM-7B×1) LOX/LH2／67				
3-4	LB(YF-25×2)×2 N2O4/UDMH／1,480.8	1st Stage(YF-21C×4) N2O4/UDMH／3,265	2nd Stage(YF-24E×1) N2O4/UDMH／742	3rd Stage(YF-75×1) N2O4/UDMH／167	※4rd Option(YF-50D×1) N2O4/UDMH／6.5		
3	K2 LB(YF-100×1)×4 LOX/ケロシン／4,716	K3 1st Stage(YF-100×2) LOX/ケロシン／2,358	2nd Stage(YF-115×4) LOX/ケロシン／700				
2		1st Stage(RD-276×6) N2O4/UDMH／10,000	2nd Stage(RD-0210×3) N2O4/UDMH／2,400	Breeze-M(14D30×1) N2O4/UDMH×19.2			
3		1st Stage(YF-21C×4) N2O4/UDMH／3,265	2nd Stage(YF-24E×1) N2O4/UDMH／742	3rd Stage(YF-75×1) LOX/LH2／167			
3	LB(RD-107A×1)×4 LOX/ケロシン／3,170	Core Stage (RD-108A×1) LOX/ケロシン／838.5	2nd Stage (RD-108A×1) LOX/ケロシン／297.9	Fregat(S5.92×1) N2O4/UDMH／19.6			
3	LB(RD-107A×1)×4 LOX/ケロシン／3,170	Core Stage (RD-108A×1) LOX/ケロシン／838.5	2nd Stage (2.1a：RD-0110×1) LOX/ケロシン／297.9	Fregat(S5.92×1) LOXv/ケロシン／19.6			
3	LB(L40H Vikas2)×4 N2O4/UDMH680	GS1(S139) 固体燃料／4,700	GS2(Vikas) N2O4/UDMH／800	CUS(CE-7.5) LOX/H2／75			
3	URM-1(RD-191)×2 LOX/ケロシン／3,844	URM-1(RD-191×1) LOX/ケロシン／1,922	URM-2(RD-0124A×1) LOX/ケロシン／294.3	Breeze-M(14D30×1) N2O4/UDMH／19.6			

	[30] 長征4B	[31] 長征4C	[32] PSLV	[33] ソユーズ2.1v	[34] LVM3 （GSLV MkⅢ）	[35] アンガラ1.2
	45.8m	45.8m	44m	44m	43.4m	42.2m

No	国・製造	ロケット名	同系機種	初打上年	打上数 （〜2018）	総重量 (kg)	全長 (m)	直径 (m)	ペイロード (kg)	見積価額 (打上1回)
30	China SAST	長征4B		1999	29	249,200	45.8	3.4	LEO4,200 SSO2,800 GTO1,500	$30M
31	China SAST	長征4C		2006	21	250,000	45.8	3.4	LEO4,200 SSO2,800 GTO1,500	$30M
32	India ISRO	PSLV	G、CA、XL	1993	41	PSLV-XL 320,000	44	2.8	LEO3,250 SSO1,750 GTO1,425	$21M-31M
33	Russia JSC SRC Progress	ソユーズ2.1v		2013	3	157,000	44	2.95	LEO3,000 SSO1,400	$40M
34	India ISRO	LVM3 （GSLV MkⅢ）		2014	2	640,000	43.4	4	LEO8,000 GTO4,000	$60M
35	Russia Khrunichev	アンガラ1.2		未定	−	171,000	42.2	2.9	LEO3,000 SSO1,990	未公開
36	China CALT	長征2C		1982	44	233,000	42	3.4	LEO3,850 SSO1,900 GTO1,250	$30M
37	China SAST	長征2D		1992	33	232,250	41	3.4	LEO3,500 SSO1,300	$30M
38	USA Northlop Grumman （Orbital ATK）	アンタレス	230、231、 232	2013	7	530,000	40.5	3.9	LEO6,200-6,600 SSO2,100-3,400	$80M-$85M
39	USA ULA	Delta Ⅱ	7300 series 7400 series 7900 series	1989 （2018年退役）	155	228,000	38.9	2.4	LEO2,036-3,755 SSO1,579-3,123	$137.3M
40	China CASIC	開拓者2		2017	1	40,000	35	2.7	LEO350 SSO250	未公開
41	Ukraine PA Yuzhmash	ドニエプル		1999	22	201,000	34.3	3	LEO3,200 SSO2,300	$29M

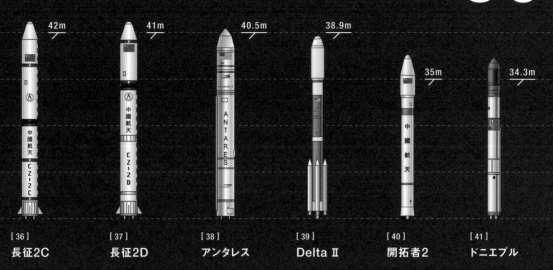

[36]	[37]	[38]	[39]	[40]	[41]
長征2C	長征2D	アンタレス	Delta Ⅱ	開拓者2	ドニエプル

段数	ステージ						
	ブースター	1st Stage	2nd Stage	3rd Stage	4th Stage	5th Stage	6th Stage
3		1st Stage(YF-21C×4) N2O4/UDMH／3,265	2nd Stage(YF-24C×1) N2O4/UDMH741.3	3rd Stage(YF-40×2) N2O4/UDMH／206			
3		1st Stage(YF-21C×4) N2O4/UDMH／3,265	2nd Stage(YF-24C×1) N2O4/UDMH／741.3	3rd Stage(YF-40A×2) N2O4/UDMH／201.8			
4	CA×0.G(PSOM)×6 XL(PSOM XL)×6 固体燃料／4,314(G)	PS1 固体燃料／4,800	PS2(Vikas×1) N2O4/UDMH／799	PS3 固体燃料／240	PS4(PS-4×2) 固体燃料／14.6		
3		1st Stage(14D15/NK-33 ×1)LOX/ケロシン 1,510	2nd Stage(RD-0124×1) LOX/ケロシン 297.9	Volga(S5.92×1) UDMH 2.94			
2	LB S200×2 固体燃料／5,150	1st Stage(Vikas×2) N2O4/UDMH／1,598	2nd Stage(CE-20×1) LOX/H2／186				
2		URM-1(RD-191×1) LOX/ケロシン／1,922	URM-2(RD-0124A×1) LOX/ケロシン／294.3				
3		1st Stage(YF-21C×4) N2O4/UDMH／2,961.6	2nd Stage(YF-24E×1) N2O4/UDMH／741.3	3rd Stage 固体燃料／10.8			
2		1st Stage(YF-21C×4) N2O4/UDMH／2,961.6	2nd Stage(YF-24C×1) N2O4/UDMH／742				
3		N/A(RD-181×2) LOX/ケロシン／3,648	CASTOR-30XL(-) 固体燃料／396.3	※3st Option STAR-48V(-) 固体燃料／77.8 BTS(-) N2O4/UDMH／-			
3	SRB(GEM-40)×最大9 固体燃料／5,794	1st Stage(RS-27A×1) LOX/ケロシン／890	2nd Stage(AJ10- 118K×1) N2O4/ Aerozine-50／43.4				
3		1st Stage 固体燃料／未公開	2nd Stage 固体燃料／未公開	3rd Stage 固体燃料／未公開			
3		1st Stage(RD-264×4) N2O4/UDM／4,520	2nd Stage(RD-0255×1) N2O4/UDMH／755	3rd Stage(RD-869×1) N2O4/UDMH／18.6			

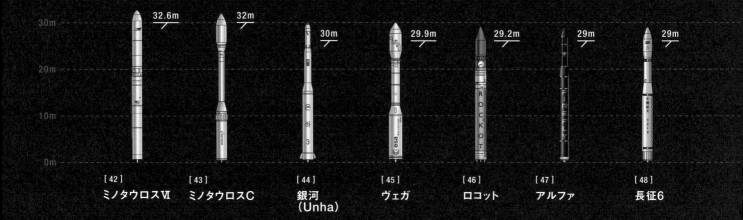

No	国・製造	ロケット名	同系機種	初打上年	打上数(~2018)	総重量(kg)	全長(m)	直径(m)	ペイロード(kg)	見積価額(打上1回)
42	USA Northlop Grumman (Orbital ATK)	ミノタウロスVI	Standard Fairing Large Fairing	未定	―	89,373	32.6	2.3	LEO2,600 SSO2,250 GTO860	$60M
43	USA Orbital ATK	ミノタウロスC	3110 3113 3210	1994	10	77,000	32	1.6	LEO1,278-1,458 SSO912-1,054	$40M-50M
44	North Korea NADA	銀河(Unha)		2009	4	90,000	30	2.4	LEO100 SSO < 100	未公開
45	France ELV SpA	ヴェガ		2012	10	133,770	29.9	3	LEO1,963 SSO1,430	$37M
46	Russia Khrunichev	ロコット		2000	20	107,000	29.2	2.5	LEO1,820-2,150 SSO1,180-1,600	$41.8M
47	USA Firefly Aerospace, Inc.	アルファ		2021	―	54,000	29	2	LEO1,000 SSO630	$15M
48	China SAST/CALT	長征6		2015	2	103,217	29	3.4	LEO1,500 SSO1,080	未公開
49	Israel IAly	シャヴィト2		1988	10	70,000	26.4	1.4	SSO500	未公開
50	UK Black Arrow Space Technologies	ブラックアロー2		未定	―	未公開	25	1.8	LEO500 SSO300	$6.12M
51	USA Virgin Orbit	ランチャーワン		2021	―	25,000	25	1.8	LEO500 SSO300	$12M
52	USA Northlop Grumman (Orbital ATK)	ミノタウロスV		2013	1	89,373	24.5	2.3	GTO532	$55M
53	Japan IHI	イプシロン		2013	2	90,800	24.4	2.5	LEO700-1,200 SSO450	$39M
54	USA Northlop Grumman (Orbital ATK)	ミノタウロスIV	IV Lite IV IV+	2010	4	86,300	23.9	2.3	LEO1,600 SSO1,190	$46M
55	Iran Iranian Space Agency	サフィール		2009	6	26,000	22	1.3	LEO50 SSO < 50	未公開

[49]	[50]	[51]	[52]	[53]	[54]	[55]
26.4m	25m	25m	24.5m	24.4m	23.9m	22m
シャヴィト2	ブラックアロー2	ランチャーワン	ミノタウロスⅤ	イプシロン	ミノタウロスⅣ	サフィール

段数	ブースター	ステージ					
		1st Stage	2nd Stage	3rd Stage	4th Stage	5th Stage	6th Stage
5		SR-118 固体燃料／1,607	SR-118 固体燃料／1,607	SR-119 固体燃料／1,365	SR-120 固体燃料／329	※5th Option STAR-48BV 固体燃料／64	※6th Option STAR-37FMV 固体燃料／47.3
4		CASTOR-120 固体燃料／1,904	Orion-50S XLG 固体燃料／704	Orion-50 XLT 固体燃料／36	※4th Option STAR-37 固体燃料／47.3	※5th Option STAR-37 固体燃料／47.3	
5		1st Stage(Nodong×4) RFNA/UDMH／1,100	2nd Stage(-) RFNA/UDMH／250	3rd Stage(-) LOX/ケロシン／54			
4		P80FW 固体燃料／2,261	Zefiro 23 固体燃料／1,196	Zefiro 9 固体燃料／225	AVUM(RD-869×1) N2O4/UDMH／2.5		
3		1st Stage(RD-0233×3)(RD-0234×1) N2O4/UDMH／1,870	2nd Stage(RD-235×1) N2O4/UDMH／240	Breeze-KM(S5.98M×1) N2O4/UDMH／19.6			
2		1st Stage(Reaver×4) LOX/ケロシン／729	2nd Stage(Lightning×1) LOX/ケロシン／80				
3		1st Stage(YF-100×1) LOX/ケロシン／1,179	2nd Stage(YF-115×1) LOX/ケロシン／175	3rd Stage(YF-85×4) LOX/ケロシン／16			
3		ATSM 13 固体燃料／564	ATSM 13 固体燃料／564	AUS 51 固体燃料／60.4			
2		1st Stage(未公開) LOX/CH4／500	2nd Stage(未公開) LOX/CH4／45				
3	747-400 Cosmic Girl (GE CF6×4)ケロシン(Jet-A1)／1,097	1st Stage(Newton Three×1) LOX/ケロシン／335	2nd Stage(Newton Four) LOX/ケロシン／22.2				
5		SR-118 固体燃料／1,607	SR-119 固体燃料／1,365	SR-120 固体燃料／329	STAR-48BV 固体燃料／64	STAR-37FMV 固体燃料／47.3	
3-4		SRB-A3 固体燃料／1,580	M-34c 固体燃料／377.2	KM-V2b 固体燃料／81.3	Post Boost Stage Hydrazine／＜1		
5		SR-118 固体燃料／1,607	SR-119 固体燃料／1,365	SR-120 固体燃料／329	※4th Option STAR-48BV 固体燃料／64	※5th Option Orion-38 固体燃料／34.8	
3		1st Stage(ISA) N2O4/UDMH／333.4	2nd Stage(ISA) N2O4/UDMH／19.6	3rd Stage 固体燃料／未公開			

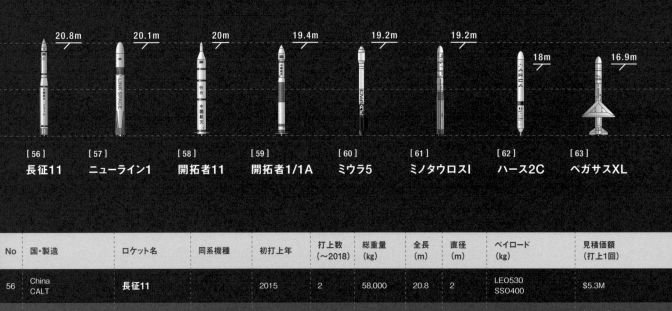

	[56]	[57]	[58]	[59]	[60]	[61]	[62]	[63]
	長征11	ニューライン1	開拓者11	開拓者1/1A	ミウラ5	ミノタウロスI	ハース2C	ペガサスXL

No	国・製造	ロケット名	同系機種	初打上年	打上数 (～2018)	総重量 (kg)	全長 (m)	直径 (m)	ペイロード (kg)	見積価額 (打上1回)
56	China CALT	長征11		2015	2	58,000	20.8	2	LEO530 SSO400	$5.3M
57	China Link Space	ニューライン1		未定	—	33,000	20.1	1.8	SSO200	初打上機 $4.5M 再利用機 $2.3M
58	China CASIC	開拓者11		開発中止	—	78,000	20	2.2	LEO1,500 SSO1,000	$15M est
59	China CASIC	開拓者1/1A		2013	3	30,000	19.4	1.4	LEO300 SSO250	$3M est
60	Spain PLD Space	ミウラ5		2024	-	7,000	19.2	1.2	LEO150 SSO4,500	$4.8M-$5.5M
61	USA Northlop Grumman (Orbital ATK)	ミノタウロスI		2000	11	36,200	19.2	1.7	LEO580 SSO440	$40M
62	USA ARCA Space Corporation	ハース2C		開発中止	—	16,000	18	1.2	LEO400	未公開
63	USA Northlop Grumman (Orbital ATK)	ペガサスXL		1994	33	23,130	16.9	1.3	LEO450 SSO325	$40M
64	USA CubeCab	Cab-3A		2022	—	13,000	16.8	—	LEO5	$250,000
65	USA Rocket Crafters, Inc.	イントレピッド1		開発中止	—	24,200	16.2	1.7	SSO376	$5.4M
66	USA Rocket Lab	エレクトロン		2017	1	10,500	16	1.2	LEO225 SSO150	$4.9M
67	USA Vector	ベクターH		開発中止	—	8,700	16	1.1	LEO160 SSO075	$3.5M
68	China One Space	OS-M1		2019	—	未公開	14.8	1	LEO205 SSO143	未公開
69	USA Vector	Vector R (Rapide)		開発中止	—	6,000	12	1.2	LEO066 SSO040	$1.5M
70	Japan Canon/JAXA	SS-520-5		2018	1	2,600	9.5	0.5	LEO04 SSO < 4	未公開
71	Spain Zero2Infinity	Bloostar		未定		未公開	未公開	未公開	SSO075	$4M

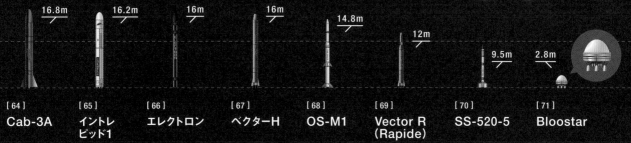

	16.8m	16.2m	16m	16m	14.8m	12m	9.5m	2.8m
	[64] Cab-3A	[65] イントレピッド1	[66] エレクトロン	[67] ベクターH	[68] OS-M1	[69] Vector R (Rapide)	[70] SS-520-5	[71] Bloostar

段数	ステージ						
	ブースター	1st Stage	2nd Stage	3rd Stage	4th Stage	5th Stage	6th Stage
4		1st Stage 固体燃料／未公開	2nd Stage 固体燃料／未公開	3rd Stage 固体燃料／未公開	4th Stage(YF-50×1) 未公開／未公開		
2		1st Stage(未定×4) LOX/ケロシン／400	2nd Stage(未定) LOX/ケロシン×未公開				
4		1st Stage 固体燃料／未公開	2nd Stage 固体燃料／未公開	3rd Stage 固体燃料／未公開	4th Stage 固体燃料／未公開		
4		1st Stage 固体燃料／未公開	2nd Stage 固体燃料／未公開	3rd Stage 固体燃料／未公開	4th Stage 固体燃料／未公開		
2		1st Stage(Neton1×2) LOX/ケロシン／60	2nd Stage(未定×1) LOX/ケロシン／未公開	3rd Stage(未定×1) LOX/ケロシン／未公開			
4		M55 A1 固体燃料／935	SR19 固体燃料／268	Orion-50XL 固体燃料／118.2	Orion-38 固体燃料／34.8		
2		1st Stage (Executor×1) LOX/ケロシン／231.3	2nd Stage (Venator×1) LOX/ケロシン／24.5				
4		Orion-50SXL(-) 固体燃料／726	Orion-50SXL(-) 固体燃料／196	Orion-38(-) 固体燃料／3.6	HAPS(Assemblies×3) 固体燃料／0.6		
2		Lockheed F-104 (J79-GE-11A×1) ケロシン(JP-4)／79.3	CubeCab 未公開／未公開				
2		1st Stage(Sparta-82B ×4)Liquid/Solid Hybrid／328	2nd Stage(Sparta-3V ×4)Liquid/Solid Hybrid／12				
2		1st Stage (Rutherford×9) LOX/ケロシン／183	2nd Stage (Rutherford Vacuum×1) LOX/ケロシン／22				
3		1st Stage(未公開×6) LOX/Propylene／25	2nd Stage(未公開×1) LOX/Propylene／2.2	3rd Stage(未公開×1) 未公開／未公開			
3		1st Stage 固体燃料／未公開	2nd Stage 固体燃料／未公開	3rd Stage 固体燃料／未公開			
3		1st Stage(未公開×3) LOX/Propylene／25	2nd Stage(未公開×1) LOX/Propylene／4.1	EUS(未公開×1) 未公開／未公開			
3		1st Stage 固体燃料 143	2nd Stage 固体燃料 未公開	3rd Stage 固体燃料 未公開			
4	Balloon(N/A) N/A／未公開	1st Stage(未定×6) N2O4/HNO3／未公開	2nd Stage(未定×6) N2O4/HNO3／未公開	3rd Stage(未定×1) N2O4/HNO3／未公開			

THE LIST of SPACE PROGRAM & SPACE PROBE

世界の宇宙計画＆探査機リスト

この章では、アメリカ、旧ソ連・ロシア、欧州、日本における
各国の宇宙計画と、有人の宇宙船、無人の探査機をまとめています。
右ページの「表の見方」にもあるように、宇宙空間に到達した宇宙船や探査機には
「国際標識番号」がつけられていて、それをNASAのサイト「NSSDCA」で検索すれば、
詳細情報が得られます。欧州宇宙機関に関しては1985年以降の主な探査機、
日本においてはL-4SL（1970年）以降の打ち上げをロケット別に掲載しています。

表の見方

出典
この章のデータは以下の公表資料をもとに作成しています。
○NASA（アメリカ航空宇宙局）
○ロスコスモス
○ESA（欧州宇宙機関）
○JAXA（宇宙航空研究開発機構）
また、一部においては、裏付け資料が提示されている
ウィキペディア（英語版）の情報をもとにしています。

「国際標識番号」
○各表の「国際標識」番号をNASAの
米国宇宙科学データセンターの「NSSDC」サイトにて検索すれば、
各探査機の詳細レポートを読むことができます（英文）。
○「NSSDCA」＝「NASA Space Science Data Coordinated Archive」
○検索サイトにてキーワード「NSSDC」で検索できます。

日時に関して
○「打上日」、「ランダー着陸日」、「大気圏再突入日」などの日時は、
基本的にUTC（協定世界時）にて表記しています。
○UTCは、JST（日本標準時）よりも9時間遅れています。
○「スペースシャトル計画」（p187～191）においてのみ、
EST（米国東部標準時）、またはEDT（東部標準時・夏時間）にて表記しています。
○EDT（東部標準時・夏時間）は、2007年からその期間が変更されています。
　2006年以前／4月の第1日曜日午前2時～10月の最終日曜日午前2時まで
　2007年以降／3月の第2日曜日午前2時～11月の第1日曜日午前2時まで
○P236以降の「日本の無人探査機」は日本時間（JST）にて表記。

「O」「L」「R」の表記
○「O」＝オービター（軌道周回機）
○「L」＝ランダー（着陸機）
○「R」＝ローバー（探査車）

「質量」の内容
○「質量」は、基本的に探査機の「打上時の質量」を表記しています。これは軌道修正に
必要な燃料込みの場合がほとんどです。
○「探査機質量」「探査機の乾燥質量」とある場合は、燃料を含まない探査機の質量で
す。
○公式資料においても質量の定義が曖昧なものが多く、そのため、「打上時の質量」に
は、探査機が搭載する燃料だけでなく、クルーズ・ステージ（探査機本体を目的エリアへ送
り届ける輸送機）など、すべてのペイロード（荷物）を含む場合があります。

「軌道」の種類
○低軌道／LEO（高度2,000km以下）
○中軌道／MEO（高度2,000～約3万6,000km未満）
○静止軌道／GSO（高度3万6,000km）
○高軌道／HEO（静止軌道より高高度、約3万6,000km以上）
○静止トランスファ軌道／GTO（静止軌道へと遷移する軌道）
○太陽同期軌道／SSO
○太陽同期準回帰／SSO
○「遷移軌道」とは、ある軌道から他の軌道へ移るための軌道です。
○カッコ（）内に表記されている軌道は、
公式記録が不明瞭なため、状況レポートから著者が予想したものです。

CHAPTER 5

アメリカの有人探査計画

スカイラブ計画（有人宇宙ステーション計画）
1973〜1979年

米国初の宇宙ステーション計画。サターンVの第3段「S-IVB」を改造して製造。「ラブ」はラボラトリ（実験室）の意。

※「搭乗員」は上から船長、科学飛行士、飛行士の順。

ミッション名	国際標識	搭乗員	打上日(UTC)		帰還日	内容
			ペイロード／質量			
			ロケット		滞在時間	
スカイラブ1号 （宇宙ステーション）	1973-027A	（無人）	1973年5月14日		1979年7月11日	サターンVの第3段ロケットS-IVBを改造したスカイラブを無人打上げした際、保護シールド、太陽電池パネルを損傷。他のパネルも展開できない状態に。
			スカイラブ／77000kg			
			サターンV		2249日	
スカイラブ2号 （アポロ宇宙船）	1973-032A	ピート・コンラッド	1973年5月25日		1973年6月22日	開かない太陽電池パネルを船外活動で展開することで電力を確保。クルーは1ヵ月かけて船内を修理し、医療実験、太陽と地球の科学データを採取。
		ジョセフ・カーウィン	アポロ・CSM1／19979kg			
		ポール・ウェイツ	サターンB1		28日0時間50分	
スカイラブ3号 （アポロ宇宙船）	1973-050A	アラン・ビーン	1973年7月28日		1973年9月25日	2号が船外活動で設置した日除けシールドをさらに拡張。宇宙飛行での人間生理学的な医療研究や、ネズミなどによる生体実験が行われた。
		オーウェン・ギャリオット	アポロ・CSM2／20121kg			
		ジャック・ルーズマ	サターンB1		59日11時間9分	
スカイラブ4号 （アポロ宇宙船）	1973-090A	ジェラルド・カー	1973年11月16日		1974年2月8日	船外活動で太陽観測装置のフィルムを交換。太陽フレアやコホーテク彗星を観測。地上観測では手違いでエリア51を撮影したが、写真は公開された。
		エドワード・ギブソン	アポロ・CSM3／6033kg			
		ウイリアム・ポーグ	サターンB1		84日1時間15分	

※スカイラブの諸元などはp.76を参照

アポロ・ソユーズ・テスト計画（米ソ宇宙船ドッキング計画）
1975年　※p.82参照

米ソの協力によって実現した軌道上での有人宇宙船ドッキング計画。ドッキングポートを米ソで共同開発。

シャトル・ミール計画（米ロ共同の有人宇宙飛行計画）
1994〜1998年

米国とロシアの共同計画。米国宇宙飛行士はロシアのミールに長期間滞在し、長期宇宙滞在のノウハウを学んだ。

ミッション名 シャトル	国際標識	打上日(UTC) 乗員（打上／帰還）	ペイロード質量 宇宙滞在期間	軌道高度 傾斜角	内容
STS-60 ディスカバリー	1994-006A	1994年2月3日 6名／6名	mass 13006kg 8日7時間9分22秒	354km 57°	当計画としての初フライト。セルゲイ・クリカレフがロシア人宇宙飛行士としてシャトルに初搭乗。
STS-63 ディスカバリー	1995-004A	1995年2月3日 6名／6名	mass 8641kg 8日6時間28分15秒	394km 51.6°	ミールとのランデブーフライトで11mまで接近。アイリーン・コリンズが史上初のシャトルの女性操縦手を務めた。
STS-71 アトランティス	1995-030A	1995年6月27日 7名／8名	mass 12191kg 9日19時間22分17秒	315km 51.6°	ミールとの初ドッキング。交代要員のソロフィエフとブダーリンがミールに搭乗し、ノーマン・サガードが帰還。
STS-74 アトランティス	1995-061A	1995年11月12日 5名／5名	mass 6134kg 8日4時間30分44秒	394km 51.6°	ミールとの2回目のドッキング。「ドッキング・モジュール」をミールへ輸送した。
STS-76 アトランティス	1996-018A	1996年3月22日 6名／5名	mass 6753kg 9日5時間15分53秒	296km 56.1°	実験用モジュール「スペースハブ」を搭載。シャノン・ルシッドが米国人女性としてミールに初搭乗。
STS-79 アトランティス	1996-057A	1996年9月16日 6名／6名	For Mir 1814kg 10日3時間18分26秒	363-454km 51.6°	4回目のドッキング。ミールが完成してから最初のドッキング。ダブル型のスペースハブを初搭載。
STS-81 アトランティス	1997-001A	1997年1月12日 6名／6名	For Mir 2710kg 10日4時間55分21秒	341km 51.6°	5回目のドッキング。スペースハブを搭載。ミールへ水や食料、物資、交代要員を輸送。
STS-84 アトランティス	1997-023A	1997年5月15日 7名／7名	For Mir 3318kg 9日23時間19分56秒	341km 51.6°	6回目のドッキング。リネンジャーとツィブリエフによって米ロ共同による初の宇宙遊泳を実施。
STS-86 アトランティス	1997-055A	1997年9月26日 7名／7名	mass 8375kg 10日19時間20分50秒	341km 51.6°	7回目のドッキング。STS-76によってミール船外に取り付けられた環境計測機を回収。
STS-89 エンデバー	1998-003A	1998年1月23日 7名／7名	For Mir 1500kg 8日19時間46分54秒	-	スペースハブを搭載。米国人アンドリュー・トーマスがミールへ搭乗、デヴィッド・ウルフが帰還。
STS-91 ディスカバリー	1998-034A	1998年6月2日 6名／7名	For Mir 2630kg 9日19時間54分2秒	-	9回目、最後のドッキング。宇宙実験室スペースハブを搭載。ミール上の米国の実験機器を回収。

スペース・シャトル計画（有人宇宙飛行計画）／1981～2011年

アメリカが開発した再使用型宇宙船『スペースシャトル』の運用が1981年に開始。宇宙空間の基礎研究、ミール、ISSの建設に貢献。

※「打上日時」は、「EST」＝米国東部標準時、「EDT」＝米国東部夏時間。
※「打上パッド」は、ケネディ宇宙センター第39発射施設の打ち上げパッド。「39A」＝39発射台Aパッド（LC-39A）、「39B」＝39発射台Bパッド（LC-39B）
※「着陸地」は、EDW＝エドワーズ空軍基地、KSC＝ケネディ宇宙センター、WSMR＝ホワイトサンズ・ミサイル実験場。

年	ミッション名 シャトル	打上日時 宇宙滞在期間	打上パッド 着陸地	軌道高度 傾斜角	内容
1981	STS-1 コロンビア	4月12日 7:00:03 a.m. EST	39A	307km	初テストフライト。機長ジョン・ヤング、操縦士ロバート・クリッペンの2名。地球を36周回。
		2日6時間20分53秒	EDW	40.3°	
	STS-2 コロンビア	11月12日 10:09:59 a.m. EST	39A	291km	史上初の再利用宇宙船を実証。「スカイラブ」の再起動を予定したが軌道が低く断念。
		2日6時間13分12秒	EDW	38°	
1982	STS-3 コロンビア	3月22日 11:00:00 a.m. EST	39A	272km	「カナダアーム」のテストを実施。2名搭乗。ホワイトサンズに着陸した唯一のミッション。
		8日0時間4分46秒	WSMR	38°	
	STS-4 コロンビア	6月27日 11:00:00 a.m. EDT	39A	365km	国防総省の早期警戒衛星や、大学生が提供した科学実験装置を軌道上に放出。
		7日1時間9分31秒	EDW	28.5°	
	STS-5 コロンビア	11月11日 7:19:00 a.m. EST	39A	341km	初の実用ミッション。4名が搭乗。ANIK C-3、SBS-Cの2基の通信衛星をリリース。
		5日2時間14分26秒	EDW	28.5°	
1983	STS-6 チャレンジャー	4月4日 1:30:00 p.m. EST	39A	341km	チャレンジャー号の初飛行。データ中継衛星TDRS-1を放出。船外活動を実施。
		5日0時間23分42秒	EDW	28.5°	
	STS-7 チャレンジャー	6月18日 7:33:00 a.m. EDT	39A	296-315km	搭乗員サリー・ライドが初の米国人女性宇宙飛行士に。軌道上に2基の通信衛星を放出。
		6日2時間23分59秒	EDW	28.5°	
	STS-8 チャレンジャー	8月30日 2:32:00 a.m. EDT	39A	354km	シャトル初の夜間打ち上げ、夜間着陸を行った。インドの衛星インサット1Bをリリース。
		6日1時間8分43秒	EDW	28.5°	
	STS-9 コロンビア	11月28日 11:00:00 a.m. EST	39A	287km	軌道上の宇宙実験室「スペースラブ」でのミッションが開始される。初めて6名が搭乗。
		10日7時間47分24秒	EDW	57°	
1984	STS-41-B ディスカバリー	2月3日 8:00:00 a.m. EST	39A	350km	命綱なしの船外活動ユニットMMUを初使用。WESTAR-VIとパラパB-2の衛星2基を放出。
		7日23時間15分55秒	KSC	28.5°	
	STS-41-C ディスカバリー	4月6日 8:58:00 a.m. EST	39A	580km	直接上昇軌道で高度533kmへ。9.7tの長期曝露実験施設を放出。衛星1基回収。
		6日23時間40分7秒	EDW	28.5°	
	STS-41-D ディスカバリー	8月30日 8:41:50 a.m. EDT	39A	341km	SBS-D、シンコムIV-2、ソーラー・ウィング・テレスターの通信衛星3基を軌道上に放出。
		6日0時間56分4秒	EDW	28.5°	
	STS-41-G チャレンジャー	10月5日 7:03:00 a.m. EDT	39A	404km	サリバンが米女性初の宇宙遊泳。乗員7名は過去最多。大気放射収支衛星ERBS放出。
		8日5時間23分38秒	KSC	57°	
	STS-51-A ディスカバリー	11月8日 7:15:00 a.m. EST	39A	342km	テレサットH、シンコムI-1の衛星2基を軌道上にリリース。他の2基を回収。
		7日23時間44分56秒	KSC	28.5°	
1985	STS-51-C ディスカバリー	1月24日 2:50:00 p.m. EST	39A	407km	国防総省の衛星を軌道上にリリース。日系米国人エリソン・オニヅカが搭乗。
		3日1時間33分23秒	KSC	28.5°	
	STS-51-D ディスカバリー	4月12日 8:59:05 a.m. EST	39A	528km	テレサットI、シンコムIV-3の衛星2基を軌道上にリリース。
		6日23時間55分23秒	KSC	28.5°	
	STS-51-B チャレンジャー	4月29日 12:02:18 p.m. EDT	39A	411km	宇宙実験室スペースラブを搭載して打ち上げ、「3」ミッションを実施した。
		7日0時間8分46秒	EDW	57°	
	STS-51-G ディスカバリー	6月17日 7:33:00 a.m. EDT	39A	387km	太陽風調査機スパルタン101を軌道上にリリース、45時間後に回収。
		7日1時間38分52秒	EDW	28.5°	
	STS-51-F チャレンジャー	7月29日 5:00:00 p.m. EDT	39A	320km	宇宙実験室スペースラブを搭載して打ち上げ、「2」ミッションを実施した。
		7日22時間45分26秒	EDW	49.5°	
	STS-51-I ディスカバリー	8月27日 6:58:01 a.m. EDT	39A	448km	ASC-1、AUSSAT-1、シンコム IV-4の衛星3基を軌道上にリリース。
		7日2時間17分42秒	EDW	28.5°	
	STS-51-J アトランティス	10月3日 11:15:30 a.m. EDT	39A	591km	アトランティス号の初フライト。国防総省のオーダーで通信衛星2基を軌道上に放出。
		4日1時間44分38秒	EDW	28.5°	
	STS-61-A チャレンジャー	10月30日 12:00:00 p.m. EST	39A	383km	宇宙実験室「スペースラブ（D-1）」ミッション 。はじめてドイツが実験設備を活用。
		7日0時間44分51秒	EDW	57°	
	STS-61-B アトランティス	11月26日 7:29:00 p.m. EST	39A	417km	メキシコの通信衛星モレロス-B、AUSSAT-2、サットコムKU-2の通信衛星3基を放出。
		6日21時間4分49秒	EDW	57°	
1986	STS-61-C コロンビア	1月12日 6:55:00 a.m. EST	39A	393km	通信衛星サットコム KU-1を軌道上にリリース。
		6日2時間3分51秒	EDW	28.5°	
	STS-51-L チャレンジャー	1月28日 11:39:13 a.m. EST	39B	282km（予定）	打ち上げ後73秒に空中分解して搭乗員7名が死亡。チャレンジャー号10回目の打ち上げ。
		1分13秒	KSC	28.5°（予定）	

1988	STS-26 ディスカバリー	9月29日 11:37:00 a.m. EDT	39B	376km	データ中継衛星TDRS-Cを静止軌道上に上げるためにリリース。
		4日1時間0分11秒	EDW	28.5°	
	STS-27 アトランティス	12月2日 9:30:34 a.m. EST	39B	非公開	国防総省のオーダーフライト。レーダー探査衛星を軌道上にリリース。
		4日9時間5分37秒	EDW	57°	
1989	STS-29 ディスカバリー	3月13日 9:57:00 a.m. EST	39B	341km	データ中継衛星TDRS-4を静止軌道上に上げるためにリリース。
		4日23時間38分50秒	EDW	28.5°	
	STS-30 アトランティス	5月4日 2:46:59 p.m. EDT	39B	341km	金星探査機マゼランを軌道上でリリース。スペースシャトルによる初の惑星探査機放出。
		4日0時間56分27秒	EDW	28.5°	
	STS-28 コロンビア	8月8日 8:37:00 a.m. EDT	39B	非公開	国防総省のオーダーフライト。軍事通信衛星USA-40を軌道上にリリース。
		5日1時間0分8秒	EDW	57°	
	STS-34 アトランティス	10月18日 12:53:40 p.m. EDT	39B	343km	木星探査機ガリレオ放出。放出後、まず金星と地球でフライバイを行い木星へ向かった。
		4日23時間39分21秒	EDW	34.3°	
	STS-33 ディスカバリー	11月22日 7:23:30 p.m. EST	39B	559km	国防総省のオーダーフライト。軍事通信衛星USA-48を軌道上へリリース。
		5日0時間6分48秒	EDW	28.45°	
1990	STS-32 コロンビア	1月9日 7:35:00 a.m. EST	39A	330km	長期曝露試験衛星LDEFを回収。通信衛星シンコム IV-F5をリリース。
		10日21時間0分36秒	EDW	28.5°	
	STS-36 アトランティス	2月28日 2:50:22 a.m. EST	39A	244km	国防総省のオーダーフライト。偵察衛星を軌道上でリリース。
		4日10時間18分22秒	EDW	62°	
	STS-31 ディスカバリー	4月24日 8:33:51 a.m. EST	39B	611km	ハッブル宇宙望遠鏡（質量11.6t）を搭載、地球周回軌道上にリリース。
		5日1時間16分6秒	EDW	28.45°	
	STS-41 ディスカバリー	10月6日 7:47:15 a.m. EDT	39B	296km	太陽周回（極）軌道に入るため、木星でのフライバイを目指す探査機ユリシーズを放出。
		4日2時間10分4秒	EDW	28.45°	
	STS-38 アトランティス	11月15日 6:48:15 p.m. EST	39A	263km	国防総省のオーダーフライト。データ中継衛星を軌道上でリリース。
		4日21時間54分31秒	KSC	28.5°	
	STS-35 コロンビア	12月2日 1:49:01 a.m. EST	39B	352km	X線と紫外線望遠鏡による観測ミッション「ASTRO-1」を実施。
		8日23時間5分8秒	EDW	28.45°	
1991	STS-37 アトランティス	4月5日 9:22:44 a.m. EST	39B	259km	コンプトンガンマ線観測衛星CGROを軌道上でリリース。
		5日23時間32分44秒	EDW	28.45°	
	STS-39 ディスカバリー	4月28日 7:33:14 a.m. EDT	39A	352km	国防総省のオーダーにより、AFP-675、IBSS、SPAS-IIの衛星3基を軌道上に放出。
		8日7時間22分23秒	KSC	57°	
	STS-40 コロンビア	6月5日 9:24:51 a.m. EDT	39B	291km	宇宙実験室スペースラブでのミッション「Spacelab Life Sciences-1」を実施。
		9日2時間14分20秒	KSC	39°	
	STS-43 アトランティス	8月2日 11:01:59 a.m. EDT	39A	322km	データ中継衛星TDRS-E、SSBUV-03、シェアIIの衛星3基を軌道上にリリース。
		8日21時間21分25秒	KSC	28.45°	
	STS-48 ディスカバリー	9月12日 7:11:04 p.m. EDT	39A	580km	地球のオゾン層などを観測するための上層大気観測衛星UARSを軌道上に放出。
		5日8時間27分38秒	EDW	57°	
	STS-44 アトランティス	11月24日 6:44:00 p.m. EST	39A	365km	国防総省のオーダーフライト。早期警戒衛星DSPを軌道上にリリース。
		6日22時間50分44秒	EDW	28.5°	
1992	STS-42 ディスカバリー	1月22日 9:52:33 a.m. EST	39A	302km	宇宙実験室スペースラブのミッション 。「国際微小重力ライブラリ」ミッション（IML-1）。
		8日1時間14分44秒	EDW	57°	
	STS-45 アトランティス	3月24日 8:13 a.m. EST	39A	296km	地球に対する太陽の影響を研究する「ATLAS-1」ミッションの1回目。
		8日22時間分28秒	KSC	57°	
	STS-49 エンデバー	5月7日 7:40 p.m. EDT	39B	361km	軌道上のインテルサットVIを回収、修理を施して、再度軌道上にリリース。
		8日21時間17分38秒	EDW	28.35°	
	STS-50 コロンビア	6月25日 12:12:23 p.m. EDT	39A	296km	スペースラブでの材料学、流体力学、生物工学の実験ミッション「USML-1」を実施。
		13日19時間30分04秒	KSC	28.45°	
	STS-46 アトランティス	7月31日 9:56:48 a.m. EDT	39B	426km	71台の実験装置を搭載したESAの回収型衛星エウリカ（4.5t）などを軌道上へ放出。
		7日23時間15分3秒	KSC	28.45°	
	STS-47 エンデバー	9月12日 10:23:00 a.m. EDT	39B	307km	毛利衛が日本人として初搭乗。スペースラブでの「SL-J」ミッション実施。
		7日22時間30分23秒	KSC	57°	
	STS-52 コロンビア	10月22日 1:09:39:33 p.m. EDT	39B	302km	微小重力検査機USMP-1、LAGEOS2の衛星2基を軌道上にリリース。
		9日20時間56分13秒	KSC	28.45°	
	STS-53 ディスカバリー	12月2日 8:24 a.m. EST	39A	322km	国防総省のオーダーフライト。軍事通信衛星USA-89を軌道上へリリース。GASを搭載。
		7日7時間19分47秒	EDW	57°	
1993	STS-54 エンデバー	1月13日 8:59:30 a.m. EST	39B	306km	データ中継衛星TDRS-Fを軌道上に放出。拡散X線分光計DXSを貨物ベイに取り付け。
		5日23時間38分19秒	KSC	28.45°	

1993	STS-56 ディスカバリー	4月8日 1:29:00 a.m. EDT	39B	296km	「ATLAS-2」ミッション。太陽風観測機スパルタン201-01をリリース、45時間後に回収。
		9日6時間8分24秒	KSC	57°	
	STS-55 コロンビア	4月26日 10:50 a.m. EDT	39A	302km	宇宙実験室スペースラブでの「D-2」ミッションを実施。
		9日23時間39分59秒	EDW	28.45°	
	STS-57 エンデバー	6月21日 9:07 a.m. EDT	39B	467km	STS-46で放出したエウリカを宇宙遊泳により回収。貨物室に「スペースハブ」を初搭載。
		9日23時間44分54秒	KSC	28.45°	
	STS-51 ディスカバリー	9月12日 7:45 a.m. EDT	39B	296km	通信衛星ACTS/TOSを軌道上にリリース。紫外線観測機ORFEUS-SPASを回収。
		9日20時間11分11秒	KSC	28.45°	
	STS-58 コロンビア	10月18日 10:53 a.m. EDT	39B	287km	宇宙実験室スペースラブでのミッション「Spacelab Life Sciences-2」を実施。
		14日0時間12分32秒	EDW	39°	
	STS-61 エンデバー	12月2日 4:27:00 a.m. EST	39B	-	ハッブル宇宙望遠鏡のはじめての宇宙空間における修理ミッション。
		10日19時間58分37秒	KSC	28.45°	
1994	STS-60 ディスカバリー	2月3日 7:10:00 a.m. EST	39A	354km	シャトル・ミール計画としての初フライト。直径3.7mの実験衛星WSFを軌道上にリリース。
		8日7時間9分22秒	KSC	57°	
	STS-62 コロンビア	3月4日 8:53:00 a.m. EST	39B	302km	微小重力検査機USMP-2と、6種の技術実験ができるOAST-2を搭載して打ち上げ。
		13日23時間16分41秒	KSC	39°	
	STS-59 エンデバー	4月9日 7:05 a.m. EDT	39A	224km	地表探査用の宇宙レーダー実験「スペース・レーダー・ラボラトリ(SRL-1)」を実施。
		11日5時間49分30秒	EDW	57°	
	STS-65 コロンビア	7月8日 12:43:01 p.m. EDT	39A	296km	「国際微小重力ライブラリ」ミッション(IML-2)。日本人女性として向井千秋が初搭乗。
		14日17時間55分00秒	KSC	28.45°	
	STS-64 ディスカバリー	9月9日 6:22:55 p.m. EDT	39B	259km	太陽風観測機スパルタン201-02をリリース、2日後にロボットアームで回収。
		10日22時間49分57秒	EDW	57°	
	STS-68 エンデバー	9月30日 7:16:00 a.m. EDT	39A	222km	地表探査用の宇宙レーダー実験「スペース・レーダー・ラボラトリ(SRL-2)」を実施。
		11日5時間46分8秒	EDW	57°	
	STS-66 アトランティス	11月3日 11:59:43 a.m. EST	39B	304km	太陽調査「ATLAS-3」の3回目。極低温赤外線分光計・望遠鏡CRISTA-SPASを放出。
		10日22時間34分2秒	EDW	57°	
1995	STS-63 ディスカバリー	2月3日 12:22:04 a.m. EST	39B	394km	シャトル・ミール計画としての飛行。ミールに11mまで接近。「スペースハブ3」を搭載。
		8日6時間28分15秒	KSC	51.6°	
	STS-67 エンデバー	3月2日 1:38:13 a.m. EST	39A	346km	X線と紫外線望遠鏡による観測ミッション「ASTRO-2」を実施。
		16日15時間08分48秒	EDW	28.45°	
	STS-71 アトランティス	6月27日 3:32:19 p.m. EDT	39A	315km	シャトル・ミール計画におけるミールとの初ドッキング。6月29日にドッキング完了。
		9日19時間22分17秒	KSC	51.6°	
	STS-70 ディスカバリー	7月13日 9:41:55.078 a.m. EDT	39B	296km	データ中継衛星TDRS-Gを軌道上にリリース。
		8日22時間20分5秒	KSC	28.45°	
	STS-69 エンデバー	9月7日 11:09:00.052 a.m. EDT	39A	352km	太陽風観測機スパルタン201-03をリリース、48時間後に回収。WSFを軌道上にリリース。
		10日20時間28分56秒	KSC	28.4°	
	STS-73 コロンビア	10月20日 9:53:00 a.m. EDT	39B	278km	スペースラブでの材料学、流体力学、生物工学の実験ミッション(USML-2)を実施。
		15日21時間52分28秒	KSC	39°	
	STS-74 アトランティス	11月12日 7:30:43.071 a.m. EST	39A	394km	ミールとの2回目のドッキング。「ドッキング・モジュール」をミールへ輸送した。
		8日4時間30分44秒	KSC	51.6°	
1996	STS-72 エンデバー	1月11日 4:41:00 a.m. EST	39B	463km	若田光一が初搭乗。日本の宇宙実験・観測フリーフライヤSFUを軌道上から回収。
		8日22時間1分47秒	KSC	28.45°	
	STS-75 コロンビア	2月22日 3:18:00 p.m. EST	39B	296km	シャトルがテザー衛星TSS(D 1.6m)を微小重力検査機USMPとともに牽引。磁場を調査。
		15日17時間41分25秒	KSC	28.45°	
	STS-76 アトランティス	3月22日 3:13:04 a.m. EST	39B	296km	ミールと3回目のドッキング。実験用モジュール「スペースハブ」を搭載。
		9日5時間15分53秒	EDW	56.1°	
	STS-77 エンデバー	5月19日 6:30:00 a.m. EDT	39B	283km	直径14mのアンテナ衛星SPARTANをリリースし、軌道上で実証実験を行って回収。
		10日0時間39分18秒	KSC	39°	
	STS-78 コロンビア	6月20日 10:49:00 a.m. EDT	39B	320km	宇宙実験室スペースラブでの「LMS」ミッション(Life and Microgravity Spacelab)。
		16日21時間47分45秒	KSC	39°	
	STS-79 アトランティス	9月16日 4:54:49 a.m. EDT	39A	363-454km	シャトル・ミール計画。ミールが完成してから最初のドッキングであり、計4回目。
		10日3時間18分26秒	KSC	51.6°	
	STS-80 コロンビア	11月19日 2:55:47 p.m. EST	39B	404km	遠紫外/極紫外線分光衛星ORFEUS-SPAS IIと、実験衛星WSF-3を軌道上に放出。
		17日15時間53分18秒	KSC	28.45°	
1997	STS-81 アトランティス	1月12日 4:27:23 a.m. EST	39B	341km	シャトル・ミール計画におけるミールとの5回目のドッキング。スペースハブを搭載。
		10日4時間55分21秒	KSC	51.6°	

年	ミッション	打上げ日時 / 飛行時間	射場	高度 / 傾斜角	概要
1997	STS-82 ディスカバリー	2月11日 3:55:17 a.m. EST	39A	667km	ハッブル宇宙望遠鏡の2回目の修理ミッション「HST-SM2」を実施。
		9日23時間37分9秒	KSC	28.45°	
	STS-83 コロンビア	4月4日 2:20:32 p.m. EST	39A	341km	19種の材料実験が行える4つの研究機材を使用した「MSL-1」ミッションを実施。
		3日23時間13分38秒	KSC	28.45°	
	STS-84 アトランティス	5月15日 4:07:48 a.m. EDT	39A	341km	シャトル・ミール計画におけるミールとの6回目のドッキング。物資と交代要員を輸送。
		9日23時間19分56秒	KSC	51.6°	
	STS-94 コロンビア	7月1日 2:02:00 p.m. EDT	39A	341km	19種の材料実験が行える4つの研究機材を使用した「MSL-1」ミッションを再実施。
		15日16時間44分34秒	KSC	28.45°	
	STS-85 ディスカバリー	8月7日 10:41:00 a.m. EDT	39A	320km	大気用極低温赤外線分光計・望遠鏡CRISTA-SPAS-02をリリースして回収。
		11日19時間18分47秒	KSC	51.6°	
	STS-86 アトランティス	9月25日 10:34:19 p.m. EDT	39A	341km	シャトル・ミール計画におけるミールとの7回目のドッキング。米口共同で宇宙遊泳。
		10日19時間20分50秒	KSC	51.6°	
	STS-87 コロンビア	11月19日 2:46:00 p.m. EST	39B	278km	土井隆雄が初搭乗し、日本人初の船外活動を実施。衛星スパルタン201を確保。
		15日16時間34分4秒	KSC	28.45°	
1998	STS-89 エンデバー	1月22日 9:48:15 p.m. EST	39A	-	シャトル・ミール計画におけるミールとの8回目のドッキング。スペースハブを搭載。
		8日19時間46分54秒	KSC	-	
	STS-90 コロンビア	4月17日 2:19:00 p.m. EDT	39B	278km	宇宙実験室スペースラブを使用した最後のミッションを実施。
		15日21時間50分58秒	KSC	39°	
	STS-91 ディスカバリー	6月2日 6:06:24 p.m. EDT	39A	-	ミールとの9回目、最後のドッキング。宇宙実験室スペースハブを搭載。
		9日19時間54分2秒	KSC	51.6°	
	STS-95 ディスカバリー	10月29日 2:19:34 p.m. EST	39B	574km	ジョン・グレンと向井千秋が搭乗。太陽風観測機スパルタン201-01を放出、回収。
		9日19時間54分2秒	KSC	28.45°	
	STS-88 エンデバー	12月4日 3:35:34.075 a.m. EST	39A	320km	国際宇宙ステーション(ISS)の初組立ミッション(2A)。モジュール「ユニティ」を取り付け。
		11日19時間18分	KSC	51.6°	
1999	STS-96 ディスカバリー	5月27日 6:49:42 a.m. EDT	39B	320km	2回目のISS組立ミッション(2A.1)。観測教材用衛星スターシャインをリリース。
		9日19時間13分57秒	KSC	51.6°	
	STS-93 コロンビア	7月23日 12:31:00 a.m. EDT	39B	283km	チャンドラX線観測衛星を地球周回軌道(近地点1万km、遠地点14万km)に向け放出。
		4日22時間49分37秒	KSC	28.4°	
	STS-103 ディスカバリー	12月19日 7:50:00 p.m. EST	39B	587km	ハッブル宇宙望遠鏡の3回目の修理ミッション「HST-3A」。
		7日23時間10分47秒	KSC	28.45°	
2000	STS-99 エンデバー	2月11日 12:43:40 p.m. EST	39A	233km	シャトル搭載レーダーで地球の詳細標高モデルを作製するSRTM計画。毛利衛が搭乗。
		11日5時間38分41秒	KSC	57°	
	STS-101 アトランティス	5月19日 6:11:10 a.m. EDT	39A	320km	3回目のISS組立ミッション(2A・2a)。シャトルに初めてグラス・コクピットが搭載された。
		9日20時間9分9秒	KSC	51.6°	
	STS-106 アトランティス	9月8日 8:45:47 a.m. EDT	39B	320km	4回目のISS組立ミッション(2A・2b)。スペースハブ・ダブルモジュールを搭載。
		11日19時間12分15秒	KSC	51.6°	
	STS-92 ディスカバリー	10月11日 7:17 p.m. EDT	39A	327km	ISS組立ミッション(3A)。若田光一が搭乗。Z1トラスや、ISS用ジャイロ「CMG」なを運搬。
		12日21時間40分25秒	EDW	51.6°	
	STS-97 エンデバー	11月30日 10:06:01 p.m. EST	39B	327km	ISS組立(4A)。P6トラス輸送。船外活動でデスティニーの受け入れ準備を実施。
		10日19時間58分	KSC	51.6°	
2001	STS-98 アトランティス	2月7日 6:13:02 p.m. EST	39A	327km	ISS組立(5A)。実験モジュール「デスティニー」を輸送。3回の船外活動で取り付け。
		12日20時間20分4秒	EDW	51.6°	
	STS-102 ディスカバリー	3月8日 6:42:09 a.m. EST	39B	320km	ISS組立ミッション(5A.1)。9tの多目的補給モジュール「MPLM」をISSへ輸送。
		12日19時間49分0秒	KSC	51.6°	
	STS-100 エンデバー	4月19日 2:40:42 p.m. EDT	39A	320km	ISS組立ミッション(6A)。多目的補給モジュール(MPLM)「ラファエロ」をISSへ輸送。
		11日12時間54分	EDW	51.6°	
	STS-104 アトランティス	7月12日 5:03:59 a.m. EDT	39B	444km	ISS組立ミッション(7A)。「クエスト・エアロック」を輸送、設置。
		12日18時間36分	KSC	51.6°	
	STS-105 ディスカバリー	8月10日 5:10:14 p.m. EDT	39A	226km	ISS組立ミッション(7A.1)。多目的補給モジュール(MPLM)「レオナルド」をISSへ。
		11日19時間38分	KSC	51.6°	
	STS-108 エンデバー	12月5日 5:19:28 p.m. EST	39B	226km	ISS組立ミッション(UF-1)。多目的補給モジュール(MPLM)「ラファエロ」をISSへ輸送。
		11日19時間55分	KSC	51.6°	
2002	STS-109 コロンビア	3月1日 6:22 a.m. EST	39A	570km	ハッブル宇宙望遠鏡の4回目の修理ミッション「3B」を実施。
		10日22時間11分9秒	KSC	28.5°	

年	ミッション	日時 / 飛行時間	発射台 / 着陸地	高度 / 傾斜角	内容
2002	STS-110 アトランティス	4月8日 4:44:19 p.m. EDT	39B	226km	ISS組立ミッション(8A)。S0トラスと、そのレール上を移動する台車「MT」を輸送、設置。
		10日19時間42分44秒	KSC	51.6°	
	STS-111 エンデバー	6月5日 5:22:49 p.m. EDT	39A	226km	ISS組立ミッション(UF2)。多目的補給モジュール(MPLM)「レオナルド」をISSへ。
		13日20時間35分56秒	EDW	51.6°	
	STS-112 アトランティス	10月7日 3:45:51.074 p.m. EDT	39B	226km	ISS組立ミッション(9A)。S1トラスを輸送、ISSへ取り付け。複数の科学実験装置も運搬。
		10日19時間58分44秒	KSC	51.6°	
	STS-113 エンデバー	11月23日 7:49:47.079 p.m. EST	39A	226km	ISS組立ミッション(11A)。P1トラスを輸送し、3回の船外活動によりISSへ取り付けた。
		13日18時間48分38秒	KSC	51.6°	
2003	STS-107 コロンビア	1月16日 10:39 a.m. EST	39A	278km	大気圏再突入時に空中分解、搭乗員7名が死亡。コロンビア号28回目のミッション。
		15日22時間20分	KSC	39°	
2005	STS-114 ディスカバリー	7月26日 10:39:00 a.m. EDT	39B	226km	ISS組立ミッション(LF1)。野口聡一が初搭乗し、船外活動3回(20時間5分)を実施。
		13日21時間32分48秒	EDW	51.6°	
2006	STS-121 ディスカバリー	7月4日 2:37:55 p.m. EDT	39B	226km	ISS組立ミッション(ULF1.1)。多目的補給モジュール(MPLM)「レオナルド」をISSへ。
		12日18時間37分54秒	KSC	51.6°	
	STS-115 アトランティス	9月9日 11:15 a.m. EDT	39B	226km	ISS組立ミッション(12A)。P3/P4トラスを輸送。ISSへの19回目のフライト。
		11日19時間6分	KSC	51.6°	
	STS-116 ディスカバリー	12月9日 20:47:35 EST	39B	226km	ISS組立(12A.1)。P5トラスを運搬して設置。与圧貨物運搬用のスペースハブを搭載。
		12日20時間45分	KSC	51.6°	
2007	STS-117 アトランティス	6月8日 7:38:04 p.m. EDT	39A	226km	ISS組立ミッション(13A)。S3/S4トラスを輸送、取り付け。ISSへの21回目のフライト。
		13日20時間12分	EDW	51.6°	
	STS-118 エンデバー	8月8日 6:36 p.m. EDT	39A	226km	ISS組立ミッション(13A.1)。S5トラスを輸送。スペースハブを搭載。
		12日17時間55分	KSC	51.6°	
	STS-120 ディスカバリー	10月23日 11:38 a.m. EDT	39A	226km	ISS組立ミッション(10A)。ESAの実験棟モジュール「ハーモニー」の輸送、設置。
		15日2時間23分	KSC	51.6°	
2008	STS-122 アトランティス	2月7日 2:45 p.m. EST	39A	226km	ISS組立ミッション(1E)。ESAの実験棟モジュール「コロンブス」をISSへ輸送。
		12日18時間21分50秒	KSC	51.6°	
	STS-123 エンデバー	3月11日 2:28 a.m. EDT	39A	226km	日本の実験棟モジュール「きぼう」の実験室の打ち上げと取り付け。土井隆雄が搭乗。
		15日18時間11分3秒	KSC	51.6°	
	STS-124 ディスカバリー	5月31日 5:02 p.m. EDT	39A	226km	日本の実験棟モジュール「きぼう」の実験室の打ち上げと取り付け。星出彰彦が初搭乗。
		13日18時間13分7秒	KSC	51.6°	
	STS-126 エンデバー	11月14日 7:55 p.m. EST	39A	226km	多目的補給モジュール(MPLM)「レオナルド」をISSへ輸送。
		15日20時間29分37秒	EDW	51.6°	
2009	STS-119 ディスカバリー	3月15日 7:43 p.m. EDT	39A	226km	ISS組立ミッション(15A)。S6トラスを取り付け。若田光一が搭乗。
		2日19時間29分33秒	KSC	51.6°	
	STS-125 アトランティス	5月11日 2:01 p.m. EDT	39A	563km	ハッブル宇宙望遠鏡の最後(4回目)の修理ミッション「HST-SM4」。
		12日21時間37分	EDW	28.5°	
	STS-127 エンデバー	7月15日 6:03 p.m. EDT	39A	226km	ISS組立ミッション(2J/A)。「きぼう」の船外実験プラットフォームを輸送。
		15日16時間45分	KSC	51.6°	
	STS-128 ディスカバリー	8月28日 11:59 p.m. EDT	39A	226km	多目的補給モジュール(MPLM)「レオナルド」をISSへ輸送。
		13日20時間54分	EDW	51.6°	
	STS-129 アトランティス	11月16日 2:28 p.m. EST	39A	226km	ISSに電源を供給し、データ送受信を担うエクスプレス補給キャリアELC1とELC2をISSへ。
		10日19時間16分13秒	KSC	51.6°	
2010	STS-130 エンデバー	2月8日 4:14 a.m. EST	39A	226km	ISS組立ミッション(20A)。モジュール「トランクウィリティー」と「キューポラ」を輸送、設置。
		13日18時間6分24秒	KSC	51.6°	
	STS-131 ディスカバリー	4月5日 6:21 a.m. EDT	39A	226km	多目的実験モジュールをISSへ。山崎直子初搭乗。滞在中の野口と初の日本人2名滞在。
		15日2時間47分10秒	KSC	51.6°	
	STS-132 アトランティス	5月14日 2:20 p.m. EDT	39A	226km	ISS組立ミッション(ULF4)。カーゴ・キャリアと呼ばれる貨物移動器「ICC」を輸送。
		11日18時間29分9秒	KSC	51.6°	
2011	STS-133 ディスカバリー	2月24日 4:53:24 p.m. EST	39A	226km	MPLM「レオナルド」をISSへ輸送し、恒久型モジュールとしてISSへ結合。ELC4も輸送。
		12日19時間4分50秒	KSC	51.6°	
	STS-134 エンデバー	5月16日 8:56 a.m. EDT	39A	226km	ISSに電源を供給し、データ送受信を担うエクスプレス補給キャリアELC3をISSへ輸送。
		15日17時間38分51秒	KSC	51.6°	
	STS-135 アトランティス	7月8日 11:29 a.m. EDT	39A	226km	シャトル最後のフライト。多目的補給モジュール(MPLM)「ラファエロ」をISSへ輸送。
		12日18時間28分50秒	KSC	51.6°	

アメリカの無人探査計画

ヴァンガード計画（米国初の人工衛星計画）
1957〜1959年

NASA設立以前の米海軍による宇宙計画。米国初の人工衛星に臨んだが、米陸軍のエクスプローラー1号に先を越された。

探査機	国際標識	探査機質量 / 寸法	打上日（UTC）/ ロケット	軌道	内容
ヴァンガードTV3	VAGT3	1.5kg / D 0.16m	1957年12月6日 / ヴァンガード	－	ソ連のスプートニク1号が成功した2ヵ月後、米国初の人工衛星として打ち上げられたが、ロケットの異常で失敗。
ヴァンガードTV3バックアップ	VAGT3B	1.5kg / D 0.16m	1958年2月5日 / ヴァンガード	－	打ち上げ失敗。高度460mでロケットが姿勢を崩し、高度6.1kmで激しいピッチダウンが発生して第2段ロケットが破壊。
ヴァンガード1号	1958-002B	1.46kg / D 0.17m	1958年3月17日 / ヴァンガード	地球周回軌道	世界で4番目の人工衛星。太陽電池パネルを搭載したのは世界初。2020年時点で軌道上にある世界最古の人工衛星。
ヴァンガードTV5	VAGT5	9.75kg / D 0.51m	1958年4月29日 / ヴァンガード	－	打ち上げ失敗。第2段ロケットの分離に成功したが、電気系統の故障で第3段ロケットが分離できず墜落。
ヴァンガードSLV1	VAGSL1	9.75kg / D 0.51m	1958年5月27日 / ヴァンガード	－	打ち上げ失敗。第2段エンジンがカットされ、高度3500kmまで上昇したのち、南アフリカ東海岸沖に墜落。
ヴァンガードSLV2	VAGSL2	9.75kg / D 0.51m	1958年6月26日 / ヴァンガード	－	打ち上げ失敗。第1段ロケットが噴射から8秒後、打ち上げから152秒後に停止。速度が十分でなく墜落。
ヴァンガードSLV3	VAGSL3	10.6kg / D 0.51m	1958年9月26日 / ヴァンガード	－	第2段ロケットが不具合により50秒早く分離。高度425kmに達したが軌道投入に必要な速度が得られず大気圏で焼失。
ヴァンガード2号	1959-001A	10.75kg / D 0.51m	1959年2月17日 / ヴァンガード	地球周回軌道	近日点555m、遠日点3320kmの地球周回軌道への投入に成功。雲量と地球表面から反射された太陽光を測定。
ヴァンガードSLV5	VAGSL5	10.3kg / D 0.33×H 0.44m	1959年4月13日 / ヴァンガード	－	発射から142秒後の第1段ロケットの分離に失敗し、第2段ロケットの姿勢制御が失われ、米フロリダ沖数百km先に落下。
ヴァンガードSLV6	VAGSL6	10.8kg / D 0.51m	1959年6月22日 / ヴァンガード	－	発射後にバルブを開く指令に応答せず、第2段エンジンを分離後に爆発。ロケットは高度145kmの弾道軌道を経て墜落。
ヴァンガード3号	1959-007A	42.9kg / D 0.51m	1959年9月18日 / ヴァンガード	地球周回軌道	近日点512km、遠日点3750kmの地球周回軌道への投入に成功。バッテリーは同年12月11日まで85日間持続した。

エクスプローラー計画（地球・太陽・天文・惑星・軍事・技術）
1958年〜

1958年から続くアメリカの無人探査計画。天文や太陽系調査、地球観測などを主な目的とし、米陸軍からNASAに引き継がれた。

●クラス… MIDEX／ミディアム・クラス探査機、SMEX／スモール・クラス探査機、
　　　　　　UNEX／大学クラス探査機、MO／他国との協力計画
●探査目的…「地球」＝地球科学、「太陽」＝太陽系、「天文」＝天文、「惑星」＝惑星、
　　　　　　「宇宙」＝宇宙物理学・宇宙科学、「技術」＝エンジニアリング、「軍事」＝軍事利用目的

探査機（別名）	国際登録	クラス	探査目的	打上日
エクスプローラー1	1958-001A	-	地球、太陽	1958年2月1日
エクスプローラー2	軌道投入失敗	-	太陽	1958年3月5日
エクスプローラー3	1958-003A	-	天文、太陽	1958年3月26日
エクスプローラー4	1958-005A	-	太陽	1958年7月26日
エクスプローラー5	軌道投入失敗	-	太陽	1958年8月24日
エクスプローラー6	1959-004A	-	太陽	1959年8月7日
エクスプローラー7	1959-009A	-	地球、太陽	1959年10月13日
エクスプローラー8	1960-014A	-	地球、太陽、惑星	1960年11月3日
エクスプローラー9	1961-004A	-	地球	1961年2月16日
エクスプローラー10（P14）	1961-010A	-	太陽	1961年3月25日
エクスプローラー11（S15）	1961-013A	-	天文、太陽	1961年4月27日
エクスプローラー12（EPE-A）	1961-020A	-	太陽	1961年8月16日
エクスプローラー13（S55A）	1961-022A	-	惑星	1961年8月25日
エクスプローラー14（EPE-B）	1962-051A	-	太陽	1962年10月2日
エクスプローラー15（EPE-C）	1962-059A	-	太陽	1962年10月27日
エクスプローラー16（S55B）	1962-070A	-	惑星	1962年12月16日
エクスプローラー17（AE-A）	1963-009A	-	地球、太陽	1963年4月3日
エクスプローラー18（IMP-A）	1963-046A	-	太陽	1963年11月27日
エクスプローラー19（AD-A）	1963-053A	-	地球	1963年12月19日

エクスプローラー 20（IE-A）	1964-051A	-	天文、太陽	1964年8月25日
エクスプローラー 21（IMP-B）	1964-060A	-	太陽	1964年10月4日
エクスプローラー 22（BE-B）	1964-064A	-	地球、太陽	1964年10月10日
エクスプローラー 23（S 55C）	1964-074A	-	惑星	1964年11月6日
エクスプローラー 24（AD-B）	1964-076A	-	地球	1964年11月21日
エクスプローラー 25（Injun 4）	1964-076B	-	太陽	1964年11月21日
エクスプローラー 26（EPE-D）	1964-086A	-	太陽	1964年12月21日
エクスプローラー 27（BE-C）	1965-032A	-	地球、太陽	1965年4月29日
エクスプローラー 28（IMP-C）	1965-042A	-	太陽	1965年5月29日
エクスプローラー 29（GEOS 1）	1965-089A	-	地球	1965年11月6日
エクスプローラー 30（SOLRAD 8）	1965-093A	-	太陽	1965年11月19日
エクスプローラー 31（DME-A）	1965-098B	-	太陽	1965年11月29日
エクスプローラー 32（AE-B）	1966-044A	-	地球、太陽	1966年5月25日
エクスプローラー 33（IMP-D）	1966-058A	-	天文、太陽、惑星	1966年7月1日
エクスプローラー 34（IMP-F）	1967-051A	-	太陽	1967年5月24日
エクスプローラー 35（IMP-E）	1967-070A	-	太陽、惑星	1967年7月19日
エクスプローラー 36（GEOS 2）	1968-002A	-	地球、太陽	1968年1月11日
エクスプローラー 37（SOLRAD 9）	1968-017A	-	太陽	1968年3月5日
エクスプローラー 38（RAE-A）	1968-055A	-	天文、太陽	1968年7月4日
エクスプローラー 39（AD-C）	1968-066A	-	地球	1968年8月8日
エクスプローラー 40（Injun 5）	1968-066B	-	太陽	1968年8月8日
エクスプローラー 41（IMP-G）	1969-053A	-	太陽	1969年6月21日
エクスプローラー 42（Uhuru）	1970-107A	-	天文	1970年12月12日
エクスプローラー 43（IMP-I）	1971-019A	-	天文、太陽	1971年3月13日
エクスプローラー 44（SOLRAD 10）	1971-058A	-	太陽	1971年7月8日
エクスプローラー 45（S-Cubed A）	1971-096A	-	太陽	1971年11月15日
エクスプローラー 46（MTS）	1972-061A	-	惑星	1972年8月13日
エクスプローラー 47（IMP-H）	1972-073A	-	太陽	1972年9月23日
エクスプローラー 48（SAS-B）	1972-091A	-	天文	1972年11月15日
エクスプローラー 49（RAE-B）	1973-039A	-	天文、太陽、惑星	1973年6月10日
エクスプローラー 50（IMP-J）	1973-078A	-	太陽	1973年10月26日
エクスプローラー 51（AE-C）	1973-101A	-	地球、太陽	1973年12月16日
エクスプローラー 52（Hawkeye 1）	1974-040A	-	太陽	1974年6月3日
エクスプローラー 53（SAS-C）	1975-037A	-	天文	1975年5月7日
エクスプローラー 54（AE-D）	1975-096A	-	地球、太陽、技術	1975年10月6日
エクスプローラー 55（AE-E）	1975-107A	-	地球、太陽	1975年11月20日
エクスプローラー 56（ISEE 1）	1977-102A	-	天文、太陽	1977年10月22日
エクスプローラー 57（IUE）	1978-012A	-	天文、太陽、惑星	1978年1月26日
エクスプローラー 58（HCMM）	1978-041A	-	地球	1978年4月26日
エクスプローラー 59（ISEE 3）	1978-079A	-	天文、太陽、惑星	1978年8月12日
エクスプローラー 60（SAGE）	1979-013A	-	地球	1979年2月18日
エクスプローラー 61（Magsat）	1979-094A	-	太陽	1979年10月30日
エクスプローラー 62 （Dynamics Explorer 1）	1981-070A	-	太陽	1981年8月3日
エクスプローラー 63 （Dynamics Explorer 2）	1981-070B	-	地球、太陽	1981年8月3日
エクスプローラー 64（SME）	1981-100A	-	地球、太陽	1981年10月6日
エクスプローラー 65 （AMPTE/CCE）	1984-088A	-	太陽	1984年8月16日
エクスプローラー 66（COBE）	1989-089A	-	天文	1989年11月18日
エクスプローラー 67（EUVE）	1992-031A	-	天文	1992年6月7日
エクスプローラー 68（SAMPEX）	1992-038A	SMEX	天文、太陽	1992年7月3日
エクスプローラー 69（XTE）	1995-074A	MIDEX	天文	1995年12月30日
エクスプローラー 70（FAST）	1996-049A	SMEX	太陽	1996年8月21日
エクスプローラー 71（ACE）	1997-045A	MIDEX	太陽	1997年8月25日

エクスプローラー 72（SNOE）	1998-012A	UNEX	太陽	1998年2月26日
エクスプローラー 73（TRACE）	1998-020A	SMEX	太陽	1998年4月2日
エクスプローラー 74（SWAS）	1998-071A	SMEX	天文	1998年12月6日
エクスプローラー 75（WIRE）	1999-011A（失敗）	-	天文	1999年3月5日
エクスプローラー 76（TERRIERS）	1999-026A（失敗）	-	太陽	1999年5月18日
エクスプローラー 77（FUSE）	1999-035A	MIDEX	天文	1999年6月24日
エクスプローラー 78（IMAGE）	2000-017A	MIDEX	太陽	2000年3月25日
エクスプローラー 79（HETE 2）	2000-061A	MO	天文	2000年10月9日
エクスプローラー 80（WMAP）	2001-027A	MIDEX	天文	2001年6月30日
エクスプローラー 81（RHESSI）	2002-004A	SMEX	太陽	2002年2月5日
エクスプローラー 82（CHIPS）	2003-002B	UNEX	天文	2003年1月13日
エクスプローラー 83（GALEX）	2003-017A	SMEX	天文	2003年4月28日
エクスプローラー 84（Swift）	2004-047A	MIDEX	天文	2004年11月20日
エクスプローラー 85（THEMIS-A）	2007-004A	MIDEX	太陽	2007年2月17日
エクスプローラー 86（THEMIS-B）	2007-004B	MIDEX	太陽	2007年2月17日
エクスプローラー 87（THEMIS-C）	2007-004C	MIDEX	太陽	2007年2月17日
エクスプローラー 88（THEMIS-D）	2007-004D	MIDEX	太陽	2007年2月17日
エクスプローラー 89（THEMIS-E）	2007-004E	MIDEX	太陽	2007年2月17日
エクスプローラー 90（AIM）	2007-015A	SMEX	太陽	2007年4月25日
エクスプローラー 91（IBEX）	2008-051A	SMEX	太陽	2008年10月19日
エクスプローラー 92（WISE）	2009-071A	MIDEX	天文	2009年12月14日
エクスプローラー 93（NuSTAR）	2012-031A	SMEX	天文	2012年6月13日
エクスプローラー 94（IRIS）	2013-033A	SMEX	太陽	2013年6月28日
エクスプローラー 95（TESS）	2018-038A	MIDEX	天文	2018年4月18日
エクスプローラー 96（ICON）	2019-068A	MIDEX	宇宙	2019年10月9日
エクスプローラー 97（IXPE）	2021-121A	SMEX	天文	2021年12月9日

探査機（別名）	国際登録	クラス	探査目的	打上日
INTEGRAL	2002-048A	MO	天文	2002年10月17日
Suzaku 2	2005-025A	MO	天文	2005年7月10日
USA 184	2006-027A	MO	軍事、宇宙	2006年6月28日
USA 200	2008-010A	MO	軍事、宇宙	2008年3月13日
C/NOFS	2008-017A	MO	軍事、宇宙	2008年4月16日
NICER	（ISSへ登載）	MO	天文	2017年6月3日
SES 14	2018-012B	MO	地球、太陽	2018年1月28日
XRISM	打上予定	MO	天文	2022年度

Photo : NASA

Photo : NASA

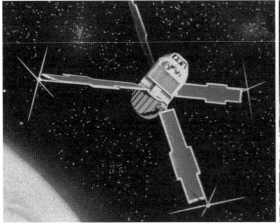

1970年に打ち上げられた世界最初のX線天文衛星『ウフル』（Exp 42）。

宇宙背景放射探査機『COBE』（Exp 66）は2006年のノーベル物理学賞に貢献。

パイオニア計画
（月・惑星間空間・木星・土星の無人探査計画）
1958〜1972年

初期は月探査、中期は惑星間空間の調査を目的としたが、10号と11号では史上初の木星・土星の到達に成功。

探査機	国際標識	打上時質量	目的	内容
		本体寸法	打上日（UTC）	
		ロケット	軌道	
パイオニア0号	ABLE1	38.1kg	月探査	米国がはじめて月探査に挑戦した際の探査機。ソー・エイブル・ロケットによって打ち上げられ、打ち上げ77秒後、高度16kmで爆発した。
		D 0.74×H 0.76m	1958年8月17日	
		ソー・エイブル	―	
パイオニア1号	1958-007A	34.2kg	月探査	NASAが誕生して最初に打ち上げられた探査機。ソー・エイブル・ロケットによって打ち上げられ、高度11万3854kmまで到達するが弾道軌道だった。
		D 0.74×H 0.76m	1958年10月11日	
		ソー・エイブル	弾道軌道	
パイオニア2号	PION2	39.2kg	月探査	ソー・エイブル・ロケットの第3段への点火に失敗。高度1550kmまで到達したが、月へ向かう軌道へ投入できなかった。
		D 0.74×H 0.76m	1958年11月8日	
		ソー・エイブル	弾道軌道	
パイオニア3号	1958-008A	5.87kg	月探査	スピン安定型の探査機。3号と4号は同型機。ガイガーミュラー管やカメラを搭載。月からの高度10万2320kmでフライバイしながら月面の撮影に成功した。
		D 0.25×H 0.58m	1958年12月6日	
		ジュノーⅡ	月フライバイ	
パイオニア4号	1959-013A	6.1kg	月探査	3号と同型機。月からの高度6万kmでのフライバイに成功。地球の長楕円軌道から脱し、太陽周回軌道に乗ったアメリカで最初の人工惑星となった。
		D 0.25×H 0.58m	1959年3月3日	
		ジュノーⅡ	太陽周回軌道	
パイオニア P-3（Atlas-Able 4）（X）	―	168.7kg	月探査	アトラス・エイブル・ロケットによって打ち上げられたが失敗。打ち上げから数ヵ月後にロケット噴射が制御できる米国初のシステムを搭載していた。
		球体／D 1m、L 1.4m	1959年11月26日	
		アトラス・エイブル	―	
パイオニア5号	1960-001A	43kg	惑星間空間調査	6月26日、3621万km遠方から地球へ送信したのは当時としては記録的な成功だった。その送信後、探査機との送信は途絶した。
		―	1960年3月11日	
		ソー・エイブル	太陽周回軌道	
パイオニア P-30（Atlas-Able 5A）（Y）	―	175.5kg	月探査	アトラスDロケットによって打ち上げられたが、打ち上げ時に第2段ロケットにトラブルが発生し、地球周回軌道に乗れず失敗。
		球体／D 1m、L 1.4m	1960年9月25日	
		アトラスD	―	
パイオニア P-31（Atlas-Able 5B）（Z）	―	175kg	月探査	アトラスDロケットによって打ち上げられたが、打ち上げから68秒後、第1段ロケットのトラブルにより高度12kmで爆発。カナベラル岬の沖合へ落下。
		球体／D 1m、L 1.4m	1960年12月15日	
		アトラスD	―	
パイオニア6号	1965-105A	146kg	惑星間空間調査	6号から9号は同型機であり、惑星間空間において太陽風、太陽磁場、宇宙線などを調査するため太陽周回軌道へ乗せられた。スピン安定型の探査機であり、1分間に60回転。円筒形のバスからアンテナが5本延びている。6号は2000年12月8日、7号は1995年3月31日、8号は1996年8月22日、9号は1983年5月に、地上との交信に成功している。
		D 0.94×H 0.81m	1965年12月16日	
		デルタE	太陽周回軌道	
パイオニア7号	1966-075A	138kg	惑星間空間調査	
		D 0.94×H 0.81m	1966年8月17日	
		デルタE	太陽周回軌道	
パイオニア8号	1967-123A	146kg	惑星間空間調査	
		D 0.94×H 0.81m	1967年12月13日	
		デルタE	太陽周回軌道	
パイオニア9号	1968-100A	147kg	惑星間空間調査	
		D 0.94×H 0.81m	1968年12月8日	
		デルタE	太陽周回軌道	
パイオニアE	1968-100A	148kg	惑星間空間調査	6〜9号と同型機。同じデルタEロケットによって打ち上げられたが、打ち上げ時にブースターの誤作動が発生して軌道に乗れず失敗。
		D 0.94×H 0.81m	1969年8月27日	
		デルタE	―	

探査機	国際標識	打上時質量	目的	内容
		寸法	打上日（UTC）	
		ロケット	軌道	
パイオニア10号	1972-012A	258kg	木星	世界ではじめて木星に到達した探査機。木星やその衛星の画像を送信。木星の磁気圏やヴァン・アレン帯も観測。その後、太陽系を脱出した。
			打上／1972年3月3日	
		アンテナ／D 2.74m	木星／1973年12月4日	
		アトラス・セントール	通信途絶／2003年1月22日	
パイオニア11号	1973-019A	259kg	木星、土星	10号に続いて木星に到達し、その後、史上はじめて土星に到達した探査機。その後、太陽系を脱出。1995年11月1日に最後の交信が行われた。
			打上／1972年4月6日	
		アンテナ／D 2.74m	木星／1974年12月4日	
		アトラス・セントール	土星／1979年9月1日	

レインジャー計画（月の無人探査計画）
1961〜1965年

米国の無人月探査計画。月の近接撮影が主な目的で、探査機が月面に衝突（到達）する直前までの間に連続撮影が行われた。

探査機	国際標識	型式		打上日(UTC)	内容
		打上時質量		軌道	
		寸法		ロケット	
レインジャー1号	1961-021A	ブロック1		1961年8月23日	月探査のための機材テストが主な目的。地球のパーキング軌道に入ったあと、月への軌道へ投入するためのアジェナBロケットが点火せず、軌道投入に失敗して大気圏に再突入。
		306.2kg		地球周回軌道（長楕円）	
		1.5×1.5×4m		アトラス・アジェナB	
レインジャー2号	1961-032A	ブロック1		1961年11月18日	1号と同型機。ライマンα線望遠鏡、気体磁力計、静電気分析器などを搭載。ロールジャイロの不調で月への遷移軌道に乗せることができず、2日後に大気圏に再突入。
		304kg		地球周回軌道（長楕円）	
		1.5×1.5×4m		アトラス・アジェナB	
レインジャー3号	1962-001A	ブロック2		1962年1月26日	探査機が搭載したカプセルを月面に投下し、月面に衝突する10分前から撮影、その映像の送信とデータ収集が主な目的。制御システムの誤作動により月に衝突（到達）せず失敗。
		329.8kg		太陽周回軌道	
		1.5×1.5×3.75m		アトラス・アジェナB	
レインジャー4号	1962-012A	ブロック2		1962年4月23日	3号と同じブロック2型。月面に衝突した米国初の探査機となったが、探査機に搭載されたコンピュータの故障によって太陽光パネルが開かず、データの送信には失敗。
		331.1kg		太陽周回軌道	
		1.5×1.5×3.75m		アトラス・アジェナB	
レインジャー5号	1962-055A	ブロック2		1962年10月18日	3号、4号と同じブロック2型。地球の待機軌道から月への軌道へ投入後、原因不明の誤作動により探査機に電力が供給されず、制御不能に。探査機は月からの高度725kmをパスした。
		342.5kg		太陽周回軌道	
		1.5×1.5×3.75m		アトラス・アジェナB	
レインジャー6号	1964-007A	ブロック3		1964年1月30日	月面衝突までの数分間を高解像度撮影するのが目的のブロック3型。探査機本体にテレビカメラ6台と、その他4台のカメラ（広角・狭角）を搭載。月には衝突したがカメラの故障で撮影失敗。
		381kg		月への遷移軌道	
		1.5×1.5×3.6m		アトラス・アジェナB	
レインジャー7号	1964-041A	ブロック3		1964年7月28日	月面衝突18分前に高度2110kmからウォームアップ撮影を実行。その後の17分間、「既知の海」に衝突する瞬間までに4308枚の高解像度（0.5m）の映像と写真を地球へ送信することに成功。
		365.7kg		月への遷移軌道	
		1.5×1.5×3.6m		アトラス・アジェナB	
レインジャー8号	1965-010A	ブロック3		1965年2月17日	6号、7号と同様に、カメラ以外の観測機は搭載せず。高度2510kmから月面衝突までの23分間にわたって7137枚の高解像度映像と写真を地球に送信。「静かの海」に衝突させることに成功。
		367kg		月への遷移軌道	
		1.5×1.5×3.6m		アトラス・アジェナB	
レインジャー9号	1965-023A	ブロック3		1965年3月21日	月面衝突の20分前、高度2363kmから撮影を開始。その後19分間に5814枚の高解像度映像と写真（0.3m）を地球へ送信し、秒速2.67kmの速度で「アルフォンスス・クレーター」に衝突した。
		367kg		月への遷移軌道	
		1.5×1.5×3.6m		アトラス・アジェナB	

Photo：NASA

月面衝突の瞬間まで撮影した『レインジャー7号』。

Photo：NASA

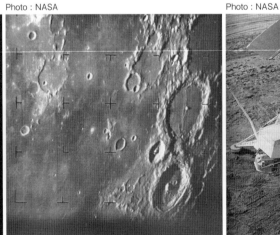

『レインジャー7号』が撮影した「既知の海」。

Photo：NASA

『サーベイヤー』は1号から7号までほぼ同型。

マリナー計画（水星・金星・火星の無人探査計画）
1962〜1973年

惑星探査計画。2号は史上はじめて金星に到達、4号は火星に到達、9号は火星軌道に投入、10号は水星に到達した。

探査機	国際標識	打上時質量 本体寸法 ロケット	打上日（UTC） 軌道	内容
マリナー1号	MARIN1	202.8kg / バス／W 1.04×H 3.66m / アトラス・アジェナB	1962年7月22日 / （金星遷移軌道） / ―	金星でのフライバイを予定していたが、アトラス・アジェナBによって打ち上げられた293秒後、コースを逸脱したため担当官によって破壊された。
マリナー2号	1962-041A	202.8kg / バス／W 1.04×H 3.66m / アトラス・アジェナB	1962年8月27日 / （金星遷移軌道） / 金星フライバイ	史上はじめて金星に到達した探査機となった。金星でのフライバイに成功。地球以外の惑星に到達した世界初の探査機でもある。マリナー1号と同型。
マリナー3号	1964-073A	260.8kg / ― / アトラス・アジェナD	1964年11月5日 / （火星遷移軌道） / ―	火星フライバイを予定したが、アトラス・アジェナDによって打ち上げられて地球の大気圏離脱後、保護シールドが外れず、軌道に乗れずに失敗。
マリナー4号	1964-077A	260.68kg / ― / アトラス・アジェナD	1964年11月28日 / （火星遷移軌道） / 火星フライバイ	史上はじめて火星に到達した探査機となった火星でのフライバイに成功。人類がはじめて目にする火星の近接写真を地球へ送信した。マリナー3号と同型。
マリナー5号	1967-060A	244.9kg / バス／W 1.27×H 2.89m / アトラス・アジェナD	1967年6月14日 / （金星遷移軌道） / 金星フライバイ	アトラス・アジェナDロケットで打ち上げられてから約4ヵ月後の10月19日に金星に最接近。高度4094kmでフライバイに成功。大気構造と放射線、磁場のデータを送信。
マリナー6号	1969-014A	411.8kg / バス／W 1.38×H 3.35m / アトラス・セントール	1969年2月24日 / （火星遷移軌道） / 火星フライバイ	アトラス・セントール・ロケットで打ち上げられ、7月31日に火星に最接近。高度3431kmでフライバイに成功。南極の大気が主に二酸化炭素であることを確認。
マリナー7号	1969-030A	411.8kg / バス／W 1.38×H 3.35m / アトラス・セントール	1969年3月27日 / （火星遷移軌道） / 火星フライバイ	8月5日に火星に最接近。火星地表からの高度3430kmでフライバイに成功。近接撮影した33枚の写真を地球へ送信した。マリナー6号とほぼ同型。
マリナー8号	MARINH	558.8kg / バス／W 1.38×H 2.28m / アトラス・セントール	1971年5月9日 / ―	火星の地図を作成するための画像とデータ収集を目的としていたが、打ち上げに失敗、大気圏に再突入。
マリナー9号	1971-051A	558.8kg / バス／W 1.38×H 2.28m / アトラス・セントール	1971年5月30日 / 火星周回軌道	火星の周回軌道投入に成功した史上初の火星人工衛星となった。火星表面の撮影、赤外線と紫外線による大気分析などを実施。マリナー8号と同型機。
マリナー10号	1973-085A	473.9kg / バス／W 1.39×H 3.7m / アトラス・セントール	1973年11月3日 / 金星フライバイ / 水星遷移軌道	金星フライバイを経て、水星を訪れた史上初の惑星探査機となった。ふたつの惑星でのフライバイに成功した最初の衛星でもある。

サーベイヤー計画（月の無人探査計画）
1966〜1968年

アポロ計画に先行する無人月探査計画。米国初の月軟着陸に成功。月の地形、土壌、軟着陸技術の向上のために行われた。

探査機	国際標識	打上時質量 探査機質量 寸法	打上日（UTC） 軌道 ロケット	内容
サーベイヤー1号	1966-045A	995.2kg / 294.3kg / 全高3m	1966年5月30日 / 月遷移軌道／軟着陸 / アトラス・セントール	月の「嵐の大洋」への着陸。米国の探査機としては、地球以外の天体へ軟着陸した初の探査機（ソ連のルナ9号の4ヵ月後）。テレビカメラを搭載し、1万枚を超える画像を送信した。
サーベイヤー2号	1966-084A	995.2kg / 292kg / 全高3m	1966年9月20日 / 月遷移軌道／衝突 / アトラス・セントール	月への遷移軌道上で軌道修正を行う際に姿勢を崩し、そのまま通信途絶。探査機はそのまま飛行を続け、月面の「コペルニクス・クレーター」付近に衝突した。
サーベイヤー3号	1967-035A	1026kg / 296kg / 全高3m	1967年4月17日 / 月遷移軌道／軟着陸 / アトラス・セントール	月の「嵐の大洋」への着陸。のちに3号から400m離れた地点に着陸したアポロ12号の船長ピート・コンラッドは、サーベイヤー3号に搭載されたカメラなどを回収、地球に持ち帰った。
サーベイヤー4号	1967-068A	1039kg / 283kg / 全高3m	1967年7月14日 / 月遷移軌道／衝突 / アトラス・セントール	順調に月へ向かい飛行していたが、降下のための逆噴射ロケットを停止する2分前、着陸の2分半前に通信途絶。「中央の入江」付近に衝突した。3号と同様、テレビカメラなどを搭載していた。
サーベイヤー5号	1967-084A	1006kg / 303kg / 全高3m	1967年9月3日 / 月遷移軌道／軟着陸 / アトラス・セントール	スラスタの故障で着陸が危ぶまれたが、「静かの海」への着陸に成功。3号、4号と同様に、表面土壌採取用スコップが伸縮アームに搭載されていて、サンプルは撮影され、画像が送信された。
サーベイヤー6号	1967-112A	1006kg / 299.6kg / 全高3m	1967年11月7日 / 月遷移軌道／軟着陸 / アトラス・セントール	「中央の入江」への着陸に成功。5号と同様、テレビカメラでの撮影のほか、土壌の科学調査、バーニアエンジンの侵食実験を実施。エンジン再起動テストも行われ、4mほど月面から浮上した。
サーベイヤー7号	1968-001A	1039kg / 305.7kg / 全高3m	1968年1月7日 / 月遷移軌道／軟着陸 / アトラス・セントール	「ティコ・クレーター」への着陸に成功。基本設計は6号までと同様だが、より多くの検査機器が搭載された。地球から送信されたレーザービームの検出にも成功している。

ルナ・オービター計画（月の無人探査計画）
1966〜1967年

月の地図を作成し、アポロ宇宙船を安全に着陸させることが目的。撮影した写真を探査機内で現像して地球に送信した。

探査機	国際標識	打上時質量		打上日（UTC）	内容
		寸法		軌道投入日	
		ロケット		運用終了	
ルナ・オービター1号	1966-073A	385.6kg		打上／1966年8月10日	月周回軌道に投入後、8月25日には近月点が40.5kmまで下げられ、高解像度写真を42枚、中解像度写真を187枚撮影。月表面から「地球の出」を撮影し、最後は月面に衝突した。
		バス／D 1.5×H 1.65m		月周回軌道／1966年8月14日	
		アトラス・アジェナD		月衝突／1966年10月29日	
ルナ・オービター2号	1966-100A	385.6kg		打上／1966年11月6日	月の赤道付近の楕円軌道に投入され、最終的に近月点49.7kmまで降下。アンプが故障したため12枚を喪失したが解像度1mの良質な写真は大々的に報道された。
		バス／D 1.5×H 1.65m		月周回軌道／1966年11月10日	
		アトラス・アジェナD		月衝突／1967年10月11日	
ルナ・オービター3号	1967-008A	385.6kg		打上／1967年2月5日	月の赤道付近の楕円軌道に投入され、最終的に近月点55kmまで降下。フィルムを送る装置が故障したため約25%の写真を喪失。写真により着陸したサーベイヤー1号が確認できた。
		バス／D 1.5×H 1.65m		月周回軌道／1967年2月8日	
		アトラス・アジェナD		月衝突／1967年10月9日	
ルナ・オービター4号	1967-041A	385.6kg		打上／1967年5月4日	月の極軌道（軌道傾斜角85.5度）に投入された。カメラレンズのサーマルドアが開いたままになり、レンズの曇りなども発生。しかし4号までの撮影により、地球側の月面の99%の撮影を完了。
		バス／D 1.5×H 1.65m		月周回軌道／1967年5月11日	
		アトラス・アジェナD		月衝突／1967年10月31日ごろ	
ルナ・オービター5号	1967-075A	385.6kg		打上／1967年8月1日	月の極軌道（軌道傾斜角85度）に投入。それまでに情報が少なかった月の裏側の広域写真を撮影。これによって5号までに月面すべての99%の写真撮影を完了した。
		バス／D 1.5×H 1.65m		月周回軌道／1967年8月5日	
		アトラス・アジェナD		月衝突／1968年1月31日	

バイキング計画（火星の無人探査計画）
1976〜1980年

1号と2号の着陸機による火星探査計画。火星地表から多くの写真を送信し、火星探査において大きな成果を残した。

探査機	国際標識	打上時質量	経過（UTC）	内容
		寸法		
		ロケット		
バイキング1号	L／1975-075A O／1975-075C	O／883kg L／572kg	打上／1975年8月20日	火星周回軌道に到達し、軌道上から火星表面を撮影。着陸地点を探査した後、ランダーが切り離されて火星に着地。火星地表の写真を送信。水が存在した地質学的な痕跡を発見した。
		オービター直径2.5m	火星周回軌道／1976年6月19日	
		タイタンⅢE／セントール	ランダー着陸／1976年7月20日	
バイキング2号	L／1975-083A O／1975-083C	O／883kg L／572kg	打上／1975年9月9日	ランダーの火星着陸に成功。1号と同様、火星に生命の痕跡がないかを調べる装置が搭載されていたが発見できず。2機のランダーは計4500枚以上の写真を撮影し、地球へ送信した。
		オービター直径2.5m	火星周回軌道／1976年8月7日	
		タイタンⅢE／セントール	ランダー着陸／1976年9月3日	

ボイジャー計画（惑星および太陽系外の無人探査計画）
1977年

惑星探査計画。1号は木星と土星に到達して太陽圏を脱出。2号は、木星、土星、天王星、海王星に到達して太陽圏を脱出。

探査機	国際標識	打上時質量	経過（UTC）	内容
		寸法		
		ロケット		
ボイジャー1号	1977-084A	721.9kg	打上／1977年9月5日	木星接近時に近接撮影を行い、イオの火山活動を発見。土星接近時に、土星と衛星タイタンの高解像度写真を撮影。太陽系平面外にフライバイしたため、以降の惑星探査は断念。2012年8月には太陽圏を脱出。2018年11月には35年振りのエンジン再始動に成功。2号より10%ほど速度が速く、もっとも遠くにある人工物とされる。 現在地／https://voyager.jpl.nasa.gov/mission/status
			木星最接近／1979年3月5日	
			土星最接近／1980年11月12日	
		アンテナ／D 3.66m 本体／W 1.78×H 0.47m	太陽圏脱出／2012年8月25日	
		タイタンⅢE／セントール	再作動／2017年11月28日	
ボイジャー2号	1977-076A	721.9kg	打上／1977年8月20日	木星フライバイ時に大赤斑が反時計周りに回転していることを観測。土星フライバイ時に土星の大気圧を測定。ここまでが予定ミッションだったが、予算が追加され計画の続行が決定。史上はじめて天王星に到達。その大気、磁場、環などを観測し、新たな衛星を10個発見。続いて海王星に史上はじめて到達。新たな衛星を6個発見。その後、太陽圏脱出が確認された。
			木星最接近／1979年7月9日	
			土星最接近／1981年8月25日	
		アンテナ／D 3.66m 本体／W 1.78×H 0.47m	天王星最接近／1986年1月24日	
			海王星最接近／1989年8月25日	
		タイタンⅢE／セントール	太陽圏脱出／2018年11月5日	

パイオニア・ヴィーナス計画（金星の無人探査計画）
1978年

2機による無人金星探査。1号は金星の軌道を10年以上周回しデータを送信。2号は4機の小型探査機とともに大気中へ。

探査機	国際標識	打上時質量		目的	内容
		本体寸法		打上（UTC）	
		ロケット		軌道	
パイオニア・ヴィーナス1号（パイオニア・ヴィーナス・オービター）	1978-051A	517kg		金星探査	パイオニア・ヴィーナス・オービターとも呼ばれる。金星の上層大気と電離層、磁場などを調査。金星周回軌道への投入に成功。
		D 2.5×H 1.2m		打上／1978年5月20日	
		アトラス・セントール		金星周回軌道	
パイオニア・ヴィーナス2号（パイオニア・ヴィーナス・マルチプローブ）	1978-078A	875kg		金星探査	バスと呼ばれる探査機に、降下用の小型探査機を4機搭載していた。金星遷移軌道から、すべてが金星の大気圏に突入し、交信に成功した。
		D 2.5×H 2.9m		打上／1978年8月8日	
		アトラス・セントール		金星遷移軌道	

グレート・オブザバトリー計画（宇宙望遠鏡計画）
1990〜2003年

宇宙空間に浮かぶ天体宇宙望遠鏡計画。4機が打ち上げられ、ガンマ線、X線、可視光、紫外線、赤外線などを観測。

探査機	国際標識	打上時質量	打上日（UTC）	内容
		寸法	軌道	
		観測波長	ロケット	
ハッブル宇宙望遠鏡	1990-037B	11600kg	1990年4月24日	可視光から近紫外線の波長を観測する宇宙望遠鏡。スペースシャトル・ディスカバリー号（STS-31）で軌道に投入。1997年のSTS-82によって近赤外線の観測も可能に。2009年のSTS-125の修理により性能がさらに向上。
		L 13.1×D 4.3m	地球周回軌道／低軌道	
		近紫外線、可視光、近赤外線	ディスカバリー号（STS-31）	
コンプトンガンマ線観測衛星	1991-027B	16329kg	1991年4月5日	米国初のガンマ線観測衛星。ガンマ線バーストの発見に貢献した。1991年にスペースシャトル・アトランティス号（STS-37）により軌道投入された。2000年にジャイロスコープが故障したため、大気圏へ再突入、破棄された。
		―	地球周回軌道／低軌道	
		ガンマ線	アトランティス号（STS-37）	
チャンドラX線観測衛星	1999-040B	4790kg	1999年7月23日	大気が吸収してしまう宇宙からのX線を宇宙空間から観測する衛星。コロンビア号（STS-93）で打ち上げられ、さらに高軌道へ投入された。近地点1万m、遠地点10万kmの楕円軌道上にある。ダークマターの分析にも活用。
		バス／L 13.8×W 14m	地球周回軌道／高軌道	
		X線	コロンビア号（STS-93）	
スピッツァー宇宙望遠鏡	2003-038A	950kg（探査機855kg）	2003年8月25日	地球を追いかけながら太陽を回る「地球後縁太陽軌道」に投入。134億年前に発せられた最古の銀河の光を捉えた（宇宙誕生は138億年前とされる）。系外惑星も数多く発見。液体ヘリウム冷却液が枯渇して2020年1月に運用停止。
		望遠鏡／D 0.85m	太陽周回軌道	
		赤外線、遠赤外線	デルタII	

その他

『マーズ・オブザーバー』は火星へ向かう途中で通信途絶。『クレメンタイン』の探査では「月の水」の存在が示唆された。

探査機	国際標識	打上時質量		目的	内容
		寸法		経過	
		ロケット			
マーズ・オブザーバー	1992-063A	1018kg		火星探査	バイキング計画以来、18年ぶりのアメリカの火星探査機。火星の周回軌道への投入に失敗し、1993年8月24日、そのまま通信途絶となった。
		バス／2.1×1.5×1.1m		打上／1992年9月25日	
		タイタンIII		火星周回軌道／1993年8月24日	
クレメンタイン	1994-004A	227kg		月探査	NASAと米国防総省の共同プロジェクト。月の極周回軌道から71日間にわたって観測。この探査によって月に水がある可能性が示唆された。1994年6月に運用終了。
		W 1.14×H 1.88m		打上／1994年1月25日	
		タイタンII SLV		月周回軌道／1994年2月19日	

マーズ・サーベイヤー計画（火星の無人探査計画）
1996〜2005年

無人火星探査計画。計画自体は途中で中止されたが、計画途上にあった探査機も実際に打ち上げられ、成功を収めた。

探査機	国際標識	打上時質量		経過	内容
		寸法			
		ロケット			
マーズ・グローバル・サーベイヤー	1996-062A	1030.5kg		打上／1996年11月7日	火星の極軌道上（高度400km）から地表撮影、赤外線レーザーでの高度測定などを実施。これに続く火星探査のベースとなる役割を果たす。
		バス／L 1.17×W 1.17×H 1.7m		火星周回軌道／1997年9月11日	
		デルタⅡ 7925		通信途絶／2006年11月2日	
マーズ・クライメイト・オービター	1998-073A	338kg		打上／1998年12月11日	火星軌道上から気象や気候、大気中の水と二酸化炭素の量の調査が目的。火星に到達したが周回軌道の高度設定を誤り通信途絶。
		バス／L 2×W 1.6×H 2.1m		火星到達／1999年9月23日	
		デルタⅡ 7425		（月周回軌道への投入に失敗）	
マーズ・ポーラー・ランダー	1999-001A	L／290kg		打上／1999年1月3日	火星の南極周辺に着陸し、火星の大気などを調査するのが目的。小型探査機ディープ・スペース2号も搭載。大気圏突入後に通信途絶。
		バス／W 3.6×H 1.06m		火星到達／1999年12月3日	
		デルタⅡ 7425		通信途絶／1999年12月3日	
2001マーズ・オデッセイ	2001-013-A	O／376.3kg		打上／2001年4月7日	火星表層の水の痕跡、地表鉱物の分布、放射線の測定などが目的。オポチュニティやスピリット、フェニックスのデータ転送も行った。
		バス／L 2.2×W 2.6×H 1.7m		火星周回軌道／2001年10月24日	
		デルタⅡ 7425		—	
マーズ・リコネッサンス・オービター	2005-029A	O／1031kg		打上／2005年8月12日	リコネッサンスとは「偵察」の意。火星の極軌道上から大気や地形を調査。後続の探査機の着陸地候補探査、データ転送でも貢献。
		アンテナ／D 3m		火星周回軌道／2006年3月10日	
		アトラスV 401・セントール		—	

ディスカバリー計画（無人の惑星探査計画）
1996年〜

「より速く、より良く、より安く」のコンセプトのもと、低コストで効率よく太陽系を探査することを目的とした計画。

探査機	国際標識	探査機質量	目的	内容
		寸法		
		ロケット	経過	
マーズ・パスファインダー	1996-068A	L／264kg	火星探査	風船に包まれたランダーが着地すると、ランダーが露出し、中から小型火星探査ローバーが出動。大量の写真と大気や岩石のデータを送信。
			打上／1996年12月4日	
		R／0.65×0.48×0.3m	着陸／1997年7月4日	
		デルタⅡ 7925	通信途絶／1997年9月27日	
NEARシューメーカー	1996-008A	487kg	地球近傍小惑星エロス	小惑星エロスの軌道に入る予定だったが、探査機の軌道にズレが生じてフライバイに変更された。小惑星の軌道に到達した史上初の探査機。
			打上／1996年2月17日	
		W 1.7m	エロス最接近／2000年2月14日	
		デルタⅡ 7925	運用終了／2001年2月28日	
ルナ・プロスペクター	1998-001A	158.7kg	月探査	月の極軌道から探査。極地に最多60億トンの水の存在を示唆。最後は月面に激突し、水蒸気が出るかをハッブルなどから観測。水蒸気は出ず。
			打上／1998年1月7日	
		D 1.37×H 1.28m	月周回軌道／1998年1月11日	
		デルタⅡ 7925	月面衝突／1999年7月31日	
スターダスト	1999-003A	300kg	ヴィルト第2彗星	ヴィルト第2彗星に接近して宇宙塵を採取して帰還。宇宙塵のサンプルリターンは世界初。最後のテンペル第1彗星への最接近は2011年2月14日。
			打上／1999年2月7日	
		バス／L 1.6×W 0.7×H 0.7m	アンネフランク／2002年11月2日	
		デルタⅡ 7426	ヴィルト第2彗星／2004年1月2日	
ジェネシス	2001-034A	494kg	太陽風の粒子採取	太陽と地球の間のラグランジュ点（L1）に2年間とどまり太陽風の粒子を採取し地球に持ち帰った。月以遠の場所で史上初のサンプルリターン。
			打上／2001年8月8日	
		バス／L 2.3×W 2m	カプセル帰還／2004年9月8日	
		デルタⅡ 7326	—	
コンツアー	2002-034A	328kg	エンケ彗星、ダレスト彗星シュワスマン・ワハマン第3彗星	複数の彗星を観測するのが目的だったが、打ち上げから6週間後、地球周回軌道を離脱するための噴射後に通信途絶。失敗に終わった。
		—	打上／2002年7月3日	
		デルタⅡ 7425	通信途絶／2002年8月15日	
メッセンジャー	2004-030A	485.2kg	水星探査	マリナー10号以来の水星探査機。周回軌道上から水星の構成物質、磁場、地形、大気などを調査。2015年5月に水星表面に落下して任務終了。
			打上／2004年8月3日	
		バス／1.27×1.42×1.85m	水星周回軌道／2011年3月18日	
		デルタⅡ 7925	運用終了／2015年5月1日	
ディープ・インパクト（エポキシ）	2005-001A	バス／650kg インパクター／370kg	テンペル第1彗星	テンペル第1彗星に370kgのインパクターを発射して観測。2007年以降は名称が「エポキシ」変更され、2010年11月にはハートレー第2彗星に接近。
			打上／2005年1月12日	
		バス／3.2× 1.7× 2.3m	テンペル最接近／2005年7月4日	
		デルタⅡ 7925	通信途絶／2013年8月8日	

探査機	国際標識	探査機質量 / 寸法 / ロケット	目的 / 経過	内容
ドーン	2007-043A	725kg	準惑星ケレス、小惑星ベスタ	太陽系の黎明期のヒントを残す準惑星ケレスと小惑星ベスタを探査。それぞれフライバイをしつつ観測。燃料がなくなり2018年10月運用終了。
		バス／1.64×1.2 7×1.77m	打上／2007年9月27日	
			ベスタ －／2011年10月	
		デルタⅡ 7925	ケレス－／2015年2月	
ケプラー	2009-011A	1052kg	太陽系外惑星の観測	太陽周回軌道の、地球を追いかける位置に配置された。宇宙望遠鏡ではなく、星の光度をセンサで補足。50万個以上の星を観測。2600個の系外惑星を発見。
		L 4.7× W 2.7m	打上／2009年3月7日	
			運用終了／2018年10月30日	
		デルタⅡ 7925	－	
GRAIL（エップ／フロー）	2011-046A（A/B）	132.6kg	月探査	2機の探査機を月の極周回軌道上に投入して重力分布を測定。2機のデータの差異から月の重力分布や内部構造を高精度で調査した。
		－	打上／2011年9月10日	
			A月周回軌道／2011年12月31日	
		デルタⅡ 7920	B月周回軌道／2012年1月1日	
インサイト	2018-042A	360kg	火星探査	火星のエリシウム平原に着陸したランダー探査機。地中に挿入する検査機や地震計などを持ち、火星で発生している多くの地震を観測。
		バス／L 6×W 2×H 1.3m	打上／2018年5月5日	
			着陸／2018年11月26日	
		アトラスV 401	－	

ニュー・ミレニアム計画（宇宙探査の新技術革新計画）
1998～2006年

宇宙探査・人工衛星における新技術の革新を目指した計画。ブッシュ政権下で計画への資金援助が削除されて中止された。

探査機	国際標識	探査機質量		目的	内容
		寸法			
		ロケット		経過	
ディープ・スペース1号	1998-061A	373.7kg		小惑星ブライユ、ボレリー彗星探査	小惑星ブライユとボレリー彗星の調査と、イオンエンジン、自動航法など、新技術の実証試験が主な目的。2001年12月18日に運用終了。
		バス／1.1×1.1×1.5m		打上／1998年10月24日	
		デルタⅡ 7326		ブライユ／1999年7月29日	
				ボレリー水星／2001年9月22日	
ディープ・スペース2号	DEEPSP2	3.57kg		火星探査	火星探査機「マーズ・ポーラー・ランダー」に搭載された2機の超小型火星探査機。探査機から分離されたが、探査機が交信途絶となり喪失。
		D 350×H 275mm		打上／1999年1月	
		マーズ・ポーラー・ランダーに搭載		降下／1999年12月3日	
				通信途絶／1999年12月3日	
EO 1 アース・オブザービング1号	2000-075A	573kg		地球探査	地球を周回する太陽同期軌道へ投入され、地球の地表を高解像度で撮影・観測。また、多数の波長帯域で調査した。
		－		打上／2000年11月21日	
		デルタⅡ 7320-10C		運用終了／2017年3月30日	
ST5 A/B/C	2006-008A 2006-008B 2006-008C	1機25kg		新技術実証試験、地球磁気圏観測	旅客機型のロッキードL-1011に搭載された空中発射ロケットペガサス×Lで打ち上げられた。3機のマイクロサット衛星。地球の磁気圏を観測。
		0.53×0.48m		打上／2006年3月22日	
		ペガサス×L		運用終了／2006年6月30日	

ニュー・フロンティア計画（太陽系の惑星・準惑星の無人探査計画）
2006年～

準惑星の冥王星を含む太陽系の惑星の調査を目的とする宇宙探査ミッション。中規模のミッション。

探査機	国際標識	探査機質量		目的	内容
		寸法			
		ロケット		経過	
ニュー・ホライズンズ	2006-001A	385kg		木星、冥王星、太陽系外縁天体探査	木星を経て、史上はじめて冥王星に到達。その衛星カロンも撮影。19年に太陽系外縁天体2014 MU69に最接近した後、太陽系から離脱。
		L 2.11×W 2.74 ×H 0.68m		打上／2006年1月19日	
		アトラスV 551		木星フライバイ／2007年2月28日	
				冥王星フライバイ／2015年7月14日	
ジュノー	2011-040A	1500kg		木星探査	木星の周回軌道から木星の組成、重力場、磁場、極付近の磁気圏などを観測。2021年7月、衛星エウロパを汚染しないよう木星大気圏に突入予定。
		バス／D 3.5×H 3.5m		打上／2011年8月5日	
		アトラスV 551		木星周回軌道投入／2016年7月5日	
				運用終了予定／2021年7月	
オサイリス・レックス	2016-055A	880kg		小惑星ベンヌ探査	地球近傍の小惑星ベンヌからのサンプルリターンが目的。「はやぶさ」などに近い方法でサンプルを採取。地球へカプセル投下する予定。
		L 6.2×W 2.43×H 3.15m		打上／2016年9月8日	
		アトラスV 441		ベンヌ到着／2018年12月3日	
				地球帰還予定／2023年9月24日	

マーズ・エクスプロレーション・ローバー・ミッション
（火星の無人探査計画）
2003年

同型の無人探査ローバー『スピリット』と『オポテュニティ』の2機による火星地表探査計画。

探査機	国際標識	探査機質量	経過	内容
		寸法		
		ロケット		
スピリット（MER-A）	2003-027A	185kg	打上／2003年6月10日	火星のグセフ・クレーターに着陸した探査ローバー。水が存在した痕跡を発見。運用は3ヵ月間を想定していたが、結果6年間にわたり探査。
		L1.6×W2.3m×H1.5m	着陸／2004年1月4日	
		デルタII 7925	通信途絶／2010年3月22日	
オポテュニティ（MER-B）	2003-032A	185kg	打上／2003年7月7日	スピリットの3週間後、火星のメリディアニ平原に着陸。スピリットともに鉱物などを調査し、水の痕跡を発見。14年間にわたり探査した。
		L1.6×W2.3m×H1.5m	着陸／2004年1月25日	
		デルタII 7925	通信途絶／2018年6月10日	

マーズ・スカウト計画（火星の無人探査計画）
2007～2013年

一般の研究機関からの提案を採用するという新たな形式で始められたNASAによる無人火星探査計画。2010年に中止。

探査機	国際標識	探査機の乾燥質量	経過	内容
		寸法		
		ロケット		
フェニックス	2007-034A	350kg	打上／2007年8月4日	火星地表に着陸。アームで地表を掘ることも可能。極地の気候と天候、地表との相互作用、下層大気の組成、有機物含有量などを調査。
		デッキ／D1.5、H2.2m	着陸／2008年5月25日	
		デルタII 7925	運用終了／2008年11月10日	
MAVEN	2013-063A	930kg	打上／2013年11月18日	火星軌道上（150km）から、宇宙への大気の流出、上層大気や電離層と太陽風の相互作用、大気中の安定同位体比の測定などを実施。
		バス／L2.3×W2.3×H2.0m	火星周回軌道／2014年9月21日	
		アトラスV 401・セントール	—	

マーズ・サイエンス・ラボラトリー・ミッション
（火星の無人探査計画）
2011年

質量1トンを超える大型無人探査ローバー『キュリオシティ』による火星地表探査ミッション。

探査機	国際標識	探査機の乾燥質量	経過	内容
		寸法		
		ロケット		
キュリオシティ	2011-070A	899kg	打上／2011年11月26日	火星のゲール・クレーターに着陸。スピリットの10倍となる重量の探査機器を搭載。ドリルで深さ6.4cmの掘削も行った。8年間で約23kmを走行。
		L3×W2.7m×H2.2m	着陸／2012年8月6日	
		アトラスV 541	—	

マーズ2020ミッション（火星の無人探査計画）
2020年

無人探査ローバー『パーセヴェランス』と、それに搭載された史上初の探査ヘリ『インジェニュイティ』による火星探査。

探査機	国際標識	探査機の乾燥質量	経過	内容
		寸法		
		ロケット		
パーセヴェランス	2020-052A	1025kg	打上／2020年7月30日	ジェゼロ・クレーターに着陸。23台のカメラ、7つの探査機器のほか、史上はじめて小型探査ヘリを搭載。火星における生命の痕跡を調査。
		L3×W2.7m×H2.2m	着陸／2021年2月18日	
		アトラスV 541	—	

旧ソ連・ロシアの有人探査計画

ボストーク計画（有人宇宙飛行計画）
1961〜1963年

人類初の有人宇宙飛行に成功。計6機が有人で打ち上げられ、ランデブー飛行や史上初の女性宇宙飛行士も誕生。

宇宙船	国際標識	宇宙船		打上日(UTC)	宇宙飛行士	内容
		打上時質量		軌道高度		
		ロケット		飛行時間／地球周回数		
ボストーク1号	1961-012A	ボストーク3KA	1961年4月12日		ユーリイ・ガガーリン	人類初の有人宇宙飛行。ボストークKロケットにより宇宙船ボストーク3KAに搭乗したユーリイ・ガガーリン宇宙飛行士を打ち上げ。地球周回軌道を約1周した後、打ち上げから108分後に帰還。
		4725kg	169-327km			
		ボストークK-8K72K	1時間48分／1周			
ボストーク2号	1961-019A	ボストーク3KA	1961年8月6日		ゲルマン・チトフ	25歳のチトフが25時間18分にわたり飛行。主に無重力における人体への影響を調査。手動操縦による姿勢制御もはじめて実施。1号と同様、帰還時にはカプセルから射出され、パラシュートで着地した。
		4731kg	183-244km			
		ボストークK-8K72K	1日1時間18分／17.5周			
ボストーク3号	1962-036A	ボストーク3KA	1962年8月11日		アンドリアン・ニコラエフ	翌日に打ち上げられる4号とのランデブー飛行が主な目的。4号と約5kmの距離でランデブー飛行することに成功。そのほかに科学的、生物医学的実験も行われ、はじめてカラー映像で地球を撮影した。
		4722kg	166-218km			
		ボストークK-8K72K	3日22時間28分／64周			
ボストーク4号	1962-037A	ボストーク3KA	1962年8月12日		パベル・ポポビッチ	3号の約24時間後に打ち上げられた。3号に近い軌道を飛行し、ランデブー飛行に成功。その際、両機は世界ではじめて宇宙船どうしの交信に成功。宇宙船からのテレビ映像が送信され、放送された。
		4728kg	159-211km			
		ボストークK-8K72K	2日22時間56分／48周			
ボストーク5号	1963-020A	ボストーク3KA	1963年6月14日		ヴァレリー・ビコフスキー	6号とのランデブー飛行が主な目的。5日弱で地球を82周した。単独でのフライト時間としては最長で、それ以後もこの記録は破られていない。予定は8日だったが、太陽フレアの影響で途中帰還した。
		4720kg	162-209km			
		ボストークK-8K72K	4日23時間7分／82周			
ボストーク6号	1963-023A	ボストーク3KA	1963年6月16日		ワレンチナ・テレシコワ	史上初の女性宇宙飛行。主な目的は5号とのランデブー飛行と、宇宙飛行における女性の身体に与える影響の調査、テレビ映像により船内の様子が地上に中継された。予定地を外れたが無事帰還。
		4713kg	164-212km			
		ボストークK-8K72K	2日22時間50分／48周			

ボスホート計画（有人宇宙飛行計画）
1964〜1965年

複数人の宇宙飛行士が搭乗できる宇宙船ボスホート3Kを使用。2号ではレオノフが史上はじめて宇宙遊泳を行った。

宇宙船	国際標識	宇宙船		打上日(UTC)	宇宙飛行士	内容
		打上時質量		軌道高度		
		ロケット		飛行時間／地球周回数		
ボスホート1号	1964-065A	ボスホート3KV	1964年10月12日		ウラジーミル・コマロフ コンスタンチン・フェオクチストフ ボリス・エゴロフ	定員3名の宇宙船を使用。船内が狭く、宇宙服を着用せずに搭乗。ボストークと違い、カプセルに搭乗したまま着地・帰還する仕様となった。
		5320kg	178-336km			
		ボスホート(11A57)	1日17分／16周			
コスモス57号	1965-012A	ボスホート3KD	1965年2月22日		―	宇宙遊泳のための無人テスト飛行。エアロックは正常に膨らみ、宇宙服にも問題はなし。誤ったコマンドが送信され、軌道1周回目に自爆。
		5682kg	166-427km			
		ボスホート(11A57)	91分			
ボスホート2号	1965-022A	ボスホート3KD	1965年3月18日		パーヴェル・ベリャーエフ アレクセイ・レオーノフ	伸縮性のエアロックを装備し、レオーノフが史上初の有人宇宙遊泳に成功。エアロック搭載のため定員2名。宇宙服を着た状態で打ち上げ。
		5682kg	167-475km			
		ボスホート(11A57)	1日2時間2分／17周			

サリュート計画／アルマース計画
（有人宇宙ステーション計画）
1971〜1991年

史上初の有人宇宙ステーション計画。1号では帰還中に事故が発生してクルー3名が死亡。『アルマース』は軍事用。

宇宙ステーション	国際標識	寸法 / 与圧容積 / 質量 / ロケット	打上日(UTC) / 大気圏再突入日 / 軌道高度	ドッキングした宇宙船	内容
サリュート1号	1971-032A	L 20、D 4m 99㎥ 18425kg プロトン	1971年4月19日 1971年10月11日 200-222km	ソユーズ10号（失敗） ソユーズ11号	ソユーズ10号はドッキング失敗。11号により飛行士3人が訪れ3週間にわたり実験や観測を実施。しかしその帰還においてカプセルは地上に到達したものの3人は窒息死。その後、同計画での有人飛行は中止され、同年10月に大気圏に突入、破棄。
サリュート2号 （アルマース1号）	1973-017A	L 14.55、D 4.15m 99㎥ 18500kg プロトン	1973年4月4日 1973年5月28日 257-278km	—	サリュートの軍用仕様モデル、アルマース1号。科学的研究と搭載システムのテスト用に設計。打ち上げから11日後、原因不明の事故により2つのソーラーパネルが切り離され、すべての電力を喪失。同年5月28日に大気圏に再突入した。
コスモス557号	1973-026A	— — 19400kg —	1973年5月11日 1973年5月22日 218-266km	—	制御エラーによりスラスタ燃料をすべて消費して制御不能になり、軌道投入に失敗した。ソ連はこれがサリュートであることを隠そうとしたが、同計画で使用される周波数を西側が傍受したことからサリュートの1機であることが判明した。
サリュート3号 （アルマース2号）	1974-046A	L 14.55、D 4.15m 90㎥ 18500kg —	1974年6月25日 1975年1月24日 初期219-270km 後期268-272km	ソユーズ14号 ソユーズ15号（失敗）	軍用の宇宙ステーションであることを隠すためにサリュート3号の登録名で運用。機関砲が搭載されていた。ソユーズ14号がドッキングに成功し、クルーが15日間にわたって活動。その後に訪れた15号はドッキングに失敗した。
サリュート4号	1974-104A	L 15.8、D 4.15m 90㎥ 18500kg プロトン	1974年12月26日 1977年2月3日 343-355km	ソユーズ17号 ソユーズ18号 ソユーズ20号（無人）	コスモス557号、サリュート3号とほぼ同型機。太陽望遠鏡と遠紫外線放射用の分光器、短波長回折分光器、2つのX線望遠鏡などのほか、さまざまな検査機器を搭載。ソユーズ18号のピョートルとヴィタリーは63日間にわたって滞在した。
サリュート5号 （アルマース3号）	1976-057A	L 14.55、D 4.15m 100㎥ 19000kg プロトン8K82K	1976年6月22日 1977年8月8日 223-269km	ソユーズ21号 ソユーズ23号（失敗） ソユーズ24号	サリュート3号（アルマース2号）とほぼ同型の軍用宇宙ステーション。ソユーズ21号と24号がドッキングに成功し、トータル67日間にわたりクルーが活動。その後、燃料がなくなり有人活動ができないと判断し、ソユーズ24号の打ち上げは中止された。
サリュート6号	1977-097A	L 15.8、D 4.15m 90㎥ 19800kg プロトン8K82K	1977年9月29日 1982年7月29日 219-275km	ソユーズ25〜32号、34〜40号 ソユーズT1〜T4 プログレス1〜12号 TKS-2（コスモス1267）	ドッキングポートが2つになり、人員を送り込むソユーズのほか、無人補給機プログレスのドッキングが可能になった。このため物資輸送、燃料補給、廃棄物の処分が可能になり、クルーがより長くステーションに滞在することが可能となった。
サリュート7号	1982-033A	L 16.0、D 4.15m 90㎥ 18900kg プロトン	1982年4月19日 1991年2月7日 219-278km	ソユーズT5〜T7 ソユーズT9〜T15 TKS-3・4 （コスモス1443/1686）	9年弱の航行中に25名が滞在。最長はソユーズT10のクルー3名の237日。1983年9月には燃料ラインが破裂、1985年2月には無人だったサリュート7がドリフトしはじめて通信が途絶するなど、幾多のトラブルが発生。映画「サリュート7」に詳しい。

Photo : NASA

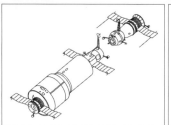

『サリュート1号』とソユーズ。

Photo : NASA

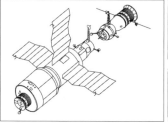

『サリュート4号』とソユーズ。

Photo : Smithsonian/Y.Suzuki

『アルマース』の有人カプセル。

ソユーズ計画（有人宇宙飛行計画）
1966年〜

1966〜67年に開始され、2020年現在まで続くロシアの有人宇宙飛行計画。ここでは宇宙船タイプ別にその計画を紹介。

ソユーズ7K-OK

宇宙船	国際標識	打上日	帰還日	内容
		ロケット	ドッキング	
コスモス133号	1966-107A	1966年11月28日	1966年11月30日	無人テスト打ち上げ。帰還に失敗。自爆。
		ソユーズ	—	
コスモス140号	1967-009A	1967年2月7日	1967年2月8日	無人テスト打ち上げ。帰還に失敗。海中に水没。
		ソユーズ	—	
コスモス186号	1967-105A	1967年10月27日	1967年10月31日	10月30日、188号と史上はじめて全自動のドッキングに成功。
		ソユーズ	—	
コスモス188号	1967-107A	1967年10月30日	1967年11月2日	10月30日、186号と史上はじめて全自動のドッキングに成功。
		ソユーズ	—	
コスモス212号	1968-029A	1968年4月14日	1968年4月19日	4月15日、213号と全自動によるドッキングに成功。
		ソユーズ	—	
コスモス213号	1968-030A	1968年4月15日	1968年4月20日	4月15日、212号と全自動によるドッキングに成功。
		ソユーズ	—	
コスモス238号	1968-072A	1968年8月28日	1968年9月1日	テレメトリーシステムによってデータを地球へ送信。
		ソユーズ	—	
ソユーズ1号	1967-037A	1967年4月23日	1967年4月24日	帰還時、パラシュートが開かずウラジミール・コマロフが死亡。
		ソユーズ	—	
ソユーズ2号	1968-093A	1968年10月25日	1968年10月28日	無人打ち上げ。有人の3号とドッキングする予定だったが失敗。
		ソユーズ	ソユーズ3号／失敗	
ソユーズ3号	1968-094A	1968年10月26日	1968年10月30日	ベレゴヴォイ飛行士の手動操作により2号と1mまで接近したがドッキングに失敗。
		ソユーズ	ソユーズ2号／失敗	
ソユーズ4号	1969-004A	1969年1月14日	1969年1月17日	シャタロフ飛行士1名を打ち上げ。5号とドッキングして、クルー計3名で帰還。
		ソユーズ	ソユーズ5号	
ソユーズ5号	1969-005A	1969年1月15日	1969年1月18日	飛行士3名を打ち上げ。2名は4号へ移動して帰還。1名は5号で帰還。有人でのドッキングに初成功。
		ソユーズ	ソユーズ4号	
ソユーズ6号	1969-085A	1969年10月13日	1969年10月18日	7号、8号と3機によるランデブー飛行を実施。7号、8号のドッキングを撮影する予定だったが中止。
		ソユーズ	—	
ソユーズ7号	1969-086A	1969年10月12日	1969年10月17日	6号、8号とランデブー飛行を実施。8号とドッキングする予定だったがシステム不調のため中止。
		ソユーズ	ソユーズ8号／失敗	
ソユーズ8号	1969-087A	1969年10月13日	1969年10月18日	6号、7号とランデブー飛行を実施。7号とドッキングする予定だったがシステム不調のため中止。
		ソユーズ	ソユーズ7号／失敗	
ソユーズ9号	1970-041A	1970年6月1日	1970年6月19日	ニコラエフとセバスチャノフが18日間滞在。長期滞在の人的影響などを調査。テレビ生中継を実施。
		ソユーズ	—	

ソユーズ7K-OKS

宇宙船	国際標識	打上日	帰還日	内容
		ロケット	ドッキング	
ソユーズ10号	1971-034A	1971年4月23日	1971年4月25日	サリュート1号とドッキングしたが、ハッチの不調により乗り移れず帰還。
		ソユーズ	サリュート1号／1回目	
ソユーズ11号	1971-053A	1971年6月6日	1971年6月30日	サリュート1号とドッキングに成功。22日間の滞在後、帰還時に船内の空気が漏れて3名全員死亡。
		ソユーズ	サリュート1号／2回目	

ソユーズ7K-T、ソユーズ7K-TM、7KT/A9

宇宙船	国際標識	打上日	帰還日	内容
		ロケット	ドッキング	
ソユーズ12号	1973-067A	1973年9月27日	1973年9月29日	11号の事故を受けて開発された新型7K-Tの性能試験打ち上げ。クルーは2名を乗せて宇宙に2日滞在。
		ソユーズ	—	

ソユーズ13号	1973-103A	1973年12月18日	1973年12月26日	新型7K-Tの2度目の性能試験打ち上げ。また、天文観測装置オリオン2を搭載して観測。
		ソユーズ	―	
ソユーズ14号	1974-051A	1974年7月4日	1974年7月19日	軍事目的のアルマーズ計画の一環とされている。ソビエトはその内容を未公表とした。
		ソユーズ	サリュート3号／1回目	
ソユーズ15号	1974-067A	1974年8月26日	1974年8月28日	ドッキングシステムの不具合でサリュート3号に乗り移れず。その後、サリュート3号は軌道を外れ破棄。
		ソユーズ	サリュート3号／失敗	
ソユーズ16号	1974-096A	1974年12月2日	1974年12月8日	アポロ・ソユーズテスト計画のための7K-TMを使用して、有人でドッキングリングなどのテストを行った。
		ソユーズU	―	
ソユーズ17号	1975-001A	1975年1月11日	1975年2月9日	サリュート4号へ初ドッキング。太陽望遠鏡を使用して、太陽や地球、惑星などを観察した。
		ソユーズ	サリュート4号／1回目	
ソユーズ18a号	―	1975年4月5日	―	第2段の切り離しに失敗したまま第3段が噴射。帰還船のみ切り離して緊急離脱し、クルーは無事帰還。
		ソユーズ	サリュート4号／失敗	
ソユーズ18号	1975-044A	1975年5月24日	1975年7月26日	サリュート4号への2回目にして最後のドッキング。19号のクルーが到着した際、7人での滞在となった。
		ソユーズ	サリュート4号／2回目	
ソユーズ19号	1975-065A	1975年7月15日	1975年7月21日	米国との共同計画「アポロ・ソユーズテスト計画」として、アポロ18号とドッキング。44時間にわたり交流。
		ソユーズU	アポロ18号	
ソユーズ20号	1975-106A	1975年11月17日	1976年2月16日	サリュート4号とドッキングするための無人テスト機。翌年2月16日に着水。
		ソユーズU	サリュート4号／3回目	
ソユーズ21号	1976-064A	1976年7月6日	1976年8月24日	サリュート5号との初ドッキング。軍事的、科学的な実験を実施。サリュート内に有毒ガスが発生し、離脱。
		ソユーズ	サリュート5号／1回目	
ソユーズ22号	1976-093A	1976年9月15日	1976年9月23日	19号と同じ7K-TMを使用して、可視光線カメラ4台と赤外線カメラ2台で2400枚の地球表面の写真を撮影。
		ソユーズU	―	
ソユーズ23号	1976-100A	1976年10月14日	1976年10月16日	サリュート5号に到達したが機器の故障でドッキングできず。凍った湖に着水したクルーが遭難しかけた。
		ソユーズ	サリュート5号／失敗	
ソユーズ24号	1977-008A	1977年2月7日	1977年2月25日	軍事目的のアルマーズ計画。21号の際のガスを換気して実験継続。この約2ヵ月後、軌道を外れ破棄された。
		ソユーズU	サリュート5号／2回目	
ソユーズ25号	1977-099A	1977年10月9日	1977年10月11日	サリュート6号へのドッキングに臨んだが結合できず、ミッション中止。地球へ帰還した。
		ソユーズU	サリュート6号／失敗	
ソユーズ26号	1977-113A	1977年12月10日	1978年1月16日	サリュート6号へ初ドッキングに成功。1ヵ月後に27号も到着し、史上はじめて計3機のドッキングを実現した。
		ソユーズU	サリュート6号／1回目	
ソユーズ27号	1978-003A	1978年1月10日	1978年3月16日	27号が滞在中、先に到着していた26号が帰還し、その6日後に無人補給機プログレス1がドッキングした。
		ソユーズU	サリュート6号／2回目	
ソユーズ28号	1978-023A	1978年3月2日	1978年3月10日	東側諸国に宇宙を開放する「インターコスモス」として初飛行。米ソ以外で初となるチェコスロバキア人が搭乗。
		ソユーズU	サリュート6号／3回目	
ソユーズ29号	1978-061A	1978年6月15日	1978年9月3日	28号の帰還後、無人だったサリュートを再起動。7月9日には無人補給機プログレス2がドッキング。
		ソユーズU	サリュート6号／4回目	
ソユーズ30号	1978-065A	1978年6月27日	1978年7月5日	2回目のインターコスモス。ヘルマシェフスキがポーランド人としてはじめて宇宙を訪れた。
		ソユーズU	サリュート6号／5回目	
ソユーズ31号	1978-081A	1978年8月26日	1978年11月2日	3回目のインターコスモス。ドイツ人初の宇宙飛行士となった東ドイツのジークムント・イェーンが搭乗。
		ソユーズU	サリュート6号／6回目	
ソユーズ32号	1979-018A	1979年2月25日	1979年6月13日	サリュート6号のシステムをオーバーホール。3月14日に無人補給船プログレス5号が到着。
		ソユーズU	サリュート6号／7回目	
ソユーズ33号	1979-029A	1979年4月10日	1979年4月12日	ソユーズ33号のエンジン不調によりドッキングできず。そのまま帰還。ブルガリア人が搭乗していた。
		ソユーズU	サリュート6号／失敗	
ソユーズ34号	1979-049A	1979年6月6日	1979年8月19日	33号の事故により、32号にも同事故が起こる懸念があり、34号を無人で打ち上げ、32号クルーはそれで帰還。
		ソユーズU	サリュート6号／8回目	
ソユーズ35号	1980-027A	1980年4月9日	1980年6月3日	35号がドッキングしたとき補給船プログレス8号が到着済み。35号滞在前後に無人のT1、T2がドッキング。
		ソユーズU	サリュート6号／9回目	
ソユーズ36号	1980-041A	1980年5月26日	1980年7月31日	5回目のインターコスモス。初のハンガリー人宇宙飛行士ファルカシュ・ベルタランが搭乗。
		ソユーズU	サリュート6号／10回目	
ソユーズ37号	1980-064A	1980年7月23日	1980年10月11日	6回目のインターコスモス。アジア人として初めて宇宙飛行を行ったベトナム人のファム・トゥアンが搭乗。
		ソユーズU	サリュート6号／11回目	

宇宙船	国際標識	打上日	帰還日	内容
		ロケット	ドッキング	
ソユーズ38号	1980-075A	1980年9月18日	1980年9月26日	7回目のインターコスモス。初のキューバ人宇宙飛行士であるアルナルド・タマヨ・メンデスが搭乗。
		ソユーズU	サリュート6号／12回目	
ソユーズ39号	1981-029A	1981年3月22日	1981年3月30日	8回目のインターコスモス。初のモンゴル人宇宙飛行士ジェクテルデミット・グラグチャが搭乗。
		ソユーズU	サリュート6号／13回目	
ソユーズ40号	1981-042A	1981年5月14日	1981年5月22日	9回目のインターコスモス。初のルーマニア人宇宙飛行士ドゥミートル・プルナリウが搭乗。
		ソユーズU	サリュート6号／14回目	

ソユーズT

宇宙船	国際標識	打上日	帰還日	内容
		ロケット	ドッキング	
ソユーズT1	1979-103A	1979年12月16日	1980年3月25日	新型の宇宙船であるソユーズTの無人テストフライト。サリュート6号と初の無人自動ドッキングを行った。
		ソユーズU	サリュート6号／15回目	
ソユーズT2	1980-045A	1980年6月5日	1980年6月9日	宇宙船T型の無人テストフライト。サリュート6号との2度目の無人自動ドッキングを行った。
		ソユーズU	サリュート6号／16回目	
ソユーズT3	1980-094A	1980年11月27日	1980年12月10日	ソユーズ・シリーズとしては1971年以来となる3人乗り飛行の初有人テスト。
		ソユーズU	サリュート6号／17回目	
ソユーズT4	1981-023A	1981年3月12日	1981年5月26日	緊急時にT4を救命船にするため、サリュートの減速用パラシュートをソユーズT4に換えてドッキング。
		ソユーズU	サリュート6号／18回目	
ソユーズT5	1982-042A	1982年5月13日	1982年8月27日	サリュート7号への最初のドッキング。クルー2名。その滞在中にT-6、T-7を迎えた。プログレス13号から給油。
		ソユーズU	サリュート7号／1回目	
ソユーズT6	1982-063A	1982年6月24日	1982年7月2日	アルゴン・コンピュータの不調により、船長ジャニベコフが手動でドッキング。クルー2名。フランス人が初搭乗。
		ソユーズU	サリュート7号／2回目	
ソユーズT7	1982-080A	1982年8月19日	1982年12月10日	史上2人目の女性飛行士サビツカヤが搭乗。サリュートに滞在中、女性として初の船外活動を行う。T5のクルーが乗り込んで帰還。
		ソユーズU	サリュート7号／3回目	
ソユーズT8	1983-035A	1983年4月20日	1983年4月22日	アンテナの不調によりサリュート7号とのドッキングに失敗。ドッキングの失敗はソユーズ33号以来。
		ソユーズU	サリュート7号／失敗	
ソユーズT9	1983-062A	1983年6月27日	1983年11月23日	滞在中は補給船TKS-3もドッキング。デブリまたは流星が衝突してサリュート7号に凹みを作った。
		ソユーズU	サリュート7号／4回目	
ソユーズT10-1	—	1983年9月26日	—	打ち上げロケットが発射台で炎上、脱出システムが作動して宇宙船を切り離した直後に爆発。
		ソユーズU	サリュート7号／失敗	
ソユーズT10	1984-014A	1984年2月8日	1984年4月11日	サリュート7号の燃料用配管の修理のため、3回の宇宙遊泳作業が行われた。T11のクルーが乗り込んで帰還。
		ソユーズU	サリュート7号／5回目	
ソユーズT11	1984-032A	1984年4月3日	1984年10月2日	インド人が搭乗し、はじめてサリュート7号を訪れた。T10のクルーが乗り込んで帰還。
		ソユーズU	サリュート7号／6回目	
ソユーズT12	1984-073A	1984年7月17日	1984年7月29日	女性宇宙飛行士サビツカヤが2回目の搭乗。女性としてはじめて宇宙遊泳を行った。
		ソユーズU2	サリュート7号／7回目	
ソユーズT13	1985-043A	1985年6月6日	1985年9月26日	制御不能に陥った無人のサリュートに手動ドッキング。大規模な修理を行った。映画「サリュート7」に詳しい。
		ソユーズU2	サリュート7号／8回目	
ソユーズT14	1985-081A	1985年9月17日	1985年11月21日	機長の病気によりミッションを中断して帰還。尿路感染症により高熱が出たと考えられている。
		ソユーズU2	サリュート7号／9回目	
ソユーズT15	1986-022A	1986年3月13日	1986年7月16日	はじめてミールにドッキング。その後サリュート7号にドッキングして研究資材などを回収し、再度ミールに戻った。
		ソユーズU2	サ7号10回目、ミール1回目	

ソユーズTM

宇宙船	国際標識	打上日	帰還日	内容
		ロケット	ドッキング	
ソユーズTM-1	1986-035A	1986年5月21日	1986年5月30日	無人テスト機。ミール宇宙ステーション用の宇宙船ソユーズTMの初フライト。ミールのコアモジュールとの無人ドッキングに成功。
		ソユーズU2	ミール／2回目	
ソユーズTM-2	1987-013A	1987年2月5日	1987年7月30日	ミールと2度目、有人では初のドッキング。滞在中にミールの第2モジュール「クバント1」の無人自動ドッキングを支援。
		ソユーズU2	ミール／3回目	
ソユーズTM-3	1987-063A	1987年7月22日	1987年12月29日	ロシア人2名と、はじめてのシリア人宇宙飛行士1名を乗せて打ち上げられた。
		ソユーズU2	ミール／4回目	

ソユーズTM-4	1987-104A	1987年12月21日	1988年6月17日	第2モジュール「クバント1」に生物系の実験機器を設置。
		ソユーズU2	ミール／5回目	
ソユーズTM-5	1988-048A	1988年6月7日	1988年9月7日	ロシア人2名とブルガリア人1名を打ち上げ。軌道離脱時にトラブルが発生したが、TM-6の2名が無事帰還。
		ソユーズU2	ミール／6回目	
ソユーズTM-6	1988-075A	1988年8月29日	1988年12月21日	ロシア人2名とアフガニスタン人1名を打ち上げ。TM4クルー2人、TM7クルー1人が入れ替わりで帰還。
		ソユーズU2	ミール／7回目	
ソユーズTM-7	1988-104A	1988年11月26日	1989年4月27日	1982年6月のソユーズT-6で飛んだクレティエンが、フランス人として初の宇宙遊泳を行った。
		ソユーズU2	ミール／8回目	
ソユーズTM-8	1989-071A	1989年9月5日	1990年2月19日	TM-8の自動ドッキング装置が故障し、手動ドッキングを実行。第3モジュール「クバント2」の接続を支援。
		ソユーズU2	ミール／9回目	
ソユーズTM-9	1990-014A	1990年2月11日	1990年8月9日	ミールの第4モジュール「クリスタル」の設置を支援。TM-9の帰還モジュールに問題が発生したが無事帰還。
		ソユーズU2	ミール／10回目	
ソユーズTM-10	1990-067A	1990年8月1日	1990年12月10日	問題が発生したTM-9を支援するため搭乗員2名を打ち上げ。帰還時にはのちにTM11で上がる秋山豊寛を乗せた。
		ソユーズU2	ミール／11回目	
ソユーズTM-11	1990-107A	1990年12月2日	1991年5月26日	世界初の商用宇宙飛行士となったTBS社員の秋山豊寛を乗せて打ち上げられた。
		ソユーズU2	ミール／12回目	
ソユーズTM-12	1991-034A	1991年5月18日	1991年10月10日	宇宙飛行関係者の女性ヘレン・シャーマンが、英国人として初めての宇宙飛行士となった。
		ソユーズU2	ミール／13回目	
ソユーズTM-13	1991-069A	1991年10月2日	1992年3月25日	オーストリアとカザフスタンの科学者2名が搭乗。当機がミールとドッキング中だった91年12月、ソビエト連邦が崩壊。
		ソユーズU2	ミール／14回目	
ソユーズTM-14	1992-014A	1992年3月17日	1991年8月10日	ソ連崩壊後、ロシアによる初のミッション。ドイツ人のクラウス＝ディートリッヒ・フラーデが搭乗。
		ソユーズU2	ミール／15回目	
ソユーズTM-15	1992-046A	1992年7月27日	1993年2月1日	フランス人ミシェル・トニーニが搭乗し、プログレスMで運ばれた300kgの装置を使って実験を行った。
		ソユーズU2	ミール／16回目	
ソユーズTM-16	1993-005A	1993年1月24日	1993年7月22日	新しいドッキング・システムを使用して、TM-16はモジュール「クリスタル」へドッキングした。
		ソユーズU2	ミール／17回目	
ソユーズTM-17	1993-043A	1993年7月1日	1994年1月14日	TM-17の帰還時、ミールから離脱し、ミールの外観を撮影していた際、ミールとの接触事故が発生。
		ソユーズU2	ミール／18回目	
ソユーズTM-18	1994-001A	1994年1月8日	1994年7月9日	ヴァレリ・ポリャコフが搭乗。同飛行士は次のTM20で下船するが、その時点で宇宙滞在日数が世界最長の437.75日を記録。
		ソユーズU2	ミール／19回目	
ソユーズTM-19	1994-036A	1994年7月1日	1994年11月4日	2名が搭乗、3名が下船。プログレス補給機の手動ドッキングにはじめて試みて成功。
		ソユーズU2	ミール／20回目	
ソユーズTM-20	1994-063A	1994年10月3日	1995年3月22日	TM20が滞在中の2月3日、シャトル・ミール計画によってディスカバリー号(STS-63)が上がり、ミールに11mまで接近。
		ソユーズU2	ミール／21回目	
ソユーズTM-21	1995-010A	1995年3月14日	1995年9月11日	モジュール「スペクトル」のドッキングを支援。6月29日にはアトランティス号(STS-71)がミールに初ドッキングした。
		ソユーズU2	ミール／22回目	
ソユーズTM-22	1995-047A	1995年9月3日	1996年2月29日	11月にアトランティス号(STS-74)がミールと2度目のドッキング。「ドッキング・モジュール」をミールへ輸送した。
		ソユーズU2	ミール／23回目	
ソユーズTM-23	1996-011A	1996年2月21日	1996年9月2日	3月にSTS-76が3度目のドッキング。米国女性がミールに初滞在した。4月には最後のモジュール「プリローダ」がドッキング。
		ソユーズU	ミール／24回目	
ソユーズTM-24	1996-047A	1996年8月17日	1997年3月2日	9月にアトランティス号(STS-79)、97年1月には同じくアトランティス号(STS-81)が打ち上げられてミールにドッキング。
		ソユーズU	ミール／25回目	
ソユーズTM-25	1997-003A	1997年2月10日	1997年8月14日	TM25の滞在中、ステーション内で火災発生、プログレス補給機との接触事故、ミール内の全電源喪失などの問題が発生。
		ソユーズU	ミール／26回目	
ソユーズTM-26	1997-038A	1997年8月5日	1998年2月19日	TM26の滞在中、9月にSTS-86、98年1月にSTS-89がミールにドッキング。アナトリー・ソロフィエフが船外活動の最長記録を樹立。
		ソユーズU	ミール／27回目	
ソユーズTM-27	1998-004A	1998年1月29日	1998年8月25日	TM27の滞在中、6月にディスカバリー号(STS-91)がドッキング。これがシャトル・ミール計画の最後のミッションとなった。
		ソユーズU	ミール／28回目	

宇宙船	国際標識	打上日／ロケット	帰還日／ドッキング	内容
ソユーズTM-28	1998-047A	1998年8月13日 ／ ソユーズU	1999年2月28日 ／ ミール／29回目	4人目のクルーとしてフジテレビ番組のキャラクター、ガチャピンが搭乗。ステーション内で撮影を行った。
ソユーズTM-29	1999-007A	1999年2月20日 ／ ソユーズU	1999年8月28日 ／ ミール／30回目	スロバキア人として初の宇宙飛行士イヴァン・ベラが搭乗。フランス人のエニュレはTM17に続いて2度目の搭乗。
ソユーズTM-30	2000-018A	2000年4月4日 ／ ソユーズU	2000年6月26日 ／ ミール／31回目	4月6日、ミールへの最後のドッキング。クルーが帰還すると無人に。2001年3月23日、ミールは大気圏へ再突入し、破棄。
ソユーズTM-31	2000-070A	2000年10月31日 ／ ソユーズU	2001年5月6日 ／ ISS／1回目	ISSでの第1次長期滞在のための初ドッキング。クルーはディスカバリー号（STS102）で帰還。TM32のクルーが搭乗して帰還。
ソユーズTM-32	2001-017A	2001年4月28日 ／ ソユーズU	2001年10月31日 ／ ISS／2回目	エンデバー（STS-100）がISSから分離して数時間後にドッキング。史上初の自費宇宙旅行者デニス・チトーが搭乗。
ソユーズTM-33	2001-048A	2001年10月21日 ／ ソユーズU	2002年5月5日 ／ ISS／3回目	ロシア人クルー2人と、フランス人女性医師クローディ・エニュレが搭乗。TM34のクルーが乗り込んで帰還。
ソユーズTM-34	2002-020A	2002年4月25日 ／ ソユーズU	2002年11月10日 ／ ISS／4回目	2人目の宇宙自費旅行者である南アフリカの実業家マーク・シャトルワースが搭乗。TMA1クルーが搭乗して帰還。

ソユーズTMA／国際宇宙ステーションへの往復のための初期の有人宇宙船

宇宙船	国際標識	打上日	帰還日	内容
		ロケット	ドッキング	
ソユーズTMA-1	2002-050A	2002年10月30日 ／ ソユーズFG	2003年5月4日 ／ ISS／第6次長期滞在	ロシア人2人とベルギー人を打ち上げ。当機が軌道上にある03年2月にコロンビア号事故が発生。
ソユーズTMA-2	2003-016A	2003年4月26日 ／ ソユーズFG	2003年10月28日 ／ ISS／第7次長期滞在	ロシア人1名、米国人1名を打ち上げ。帰還3名。
ソユーズTMA-3	2003-047A	2003年10月18日 ／ ソユーズFG	2004年4月30日 ／ ISS／第8次長期滞在	ロシア人1名、米国人1名、スペイン人1名を打ち上げ。短期滞在クルーがTMA-4と入れ替わりで帰還。
ソユーズTMA-4	2004-013A	2004年4月19日 ／ ソユーズFG	2004年10月24日 ／ ISS／第9次長期滞在	ロシア人1名、米国人1名、オランダ人1名を打ち上げ。短期滞在クルーがTMA-5と入れ替わりで帰還。
ソユーズTMA-5	2004-040A	2004年10月14日 ／ ソユーズFG	2005年4月24日 ／ ISS／第10次長期滞在	ロシア人2名、米国人1名を打ち上げ。短期滞在クルーがTMA-6と入れ替わりで帰還。
ソユーズTMA-6	2005-013A	2005年4月15日 ／ ソユーズFG	2020年10月11日 ／ ISS／第11次長期滞在	ロシア人1名、米国人1名、イタリア人1名を打ち上げ。短期滞在クルーがTMA-7と入れ替わりで帰還。
ソユーズTMA-7	2005-039A	2005年10月1日 ／ ソユーズFG	2006年4月8日 ／ ISS／第12次長期滞在	宇宙旅行者の米国人などを打ち上げ。短期滞在クルーがTMA-8と入れ替わりで帰還。
ソユーズTMA-8	2006-009A	2006年3月30日 ／ ソユーズFG	2020年9月29日 ／ ISS／第13次長期滞在	ロシア人1名、米国人1名、ブラジル人1名を打ち上げ。短期滞在クルーがTMA-9と入れ替わりで帰還。
ソユーズTMA-9	2006-040A	2006年9月18日 ／ ソユーズFG	2007年4月21日 ／ ISS／第14次長期滞在	宇宙旅行者のイラン系アメリカ人などを打ち上げ。短期滞在クルーがTMA-10と入れ替わりで帰還。
ソユーズTMA-10	2007-008A	2007年4月10日 ／ ソユーズFG	2007年10月21日 ／ ISS／第15次長期滞在	宇宙旅行者のハンガリー系米国人などを打ち上げ。短期滞在クルーがTMA-11と入れ替わりで帰還。
ソユーズTMA-11	2007-045A	2007年10月10日 ／ ソユーズFG	2008年4月19日 ／ ISS／第16次長期滞在	宇宙飛行関係者のマレーシア人などを打ち上げ。短期滞在クルーがTMA-12と入れ替わりで帰還。
ソユーズTMA-12	2008-015A	2008年4月8日 ／ ソユーズFG	2008年10月24日 ／ ISS／第17次長期滞在	宇宙飛行関係者の韓国人などを打ち上げ。短期滞在クルーがTMA-13と入れ替わりで帰還。
ソユーズTMA-13	2008-050A	2008年10月12日 ／ ソユーズFG	2009年4月8日 ／ ISS／第18次長期滞在	宇宙旅行者の米国人などを打ち上げ。短期滞在クルーがTMA-14と入れ替わりで帰還。
ソユーズTMA-14	2009-015A	2009年3月26日 ／ ソユーズFG	2009年10月11日 ／ ISS／第19次長期滞在	ハンガリー系米国人の宇宙旅行者などを打ち上げ。ISSからの一時的分離時、若田光一が搭乗。
ソユーズTMA-15	2009-030A	2009年5月27日 ／ ソユーズFG	2009年12月1日 ／ ISS／第20次長期滞在	ロシア人1名、ベルギー人1名、カナダ人1名を打ち上げ。
ソユーズTMA-16	2009-053A	2009年9月30日 ／ ソユーズFG	2010年3月18日 ／ ISS／第21次長期滞在	ロシア人1名、米国人1名と、宇宙旅行者のカナダ人を打ち上げ。帰還2名。

宇宙船	国際標識	打上日	帰還日	内容
		ロケット	ドッキング	
ソユーズTMA-17	2009-074A	2009年12月20日	2010年6月2日	野口聡一ほか、ロシア人1名、米国人1名を打ち上げ。
		ソユーズFG	ISS／第22次長期滞在	
ソユーズTMA-18	2010-011A	2010年4月2日	2010年9月25日	ロシア人2名、米国人1名を打ち上げ。
		ソユーズFG	ISS／第23次長期滞在	
ソユーズTMA-19	2010-029A	2010年6月15日	2010年11月26日	ロシア人2名、米国人1名を打ち上げ。
		ソユーズFG	ISS／第24次長期滞在	
ソユーズTMA-20	2010-067A	2010年12月15日	2011年5月24日	ロシア人1名、米国人1名、イタリア人1名を打ち上げ。
		ソユーズFG	ISS／第26次長期滞在	
ソユーズTMA-21	2011-012A	2011年4月4日	2011年9月16日	ロシア人2名、米国人1名を打ち上げ。
		ソユーズFG	ISS／第27次長期滞在	
ソユーズTMA-22	2011-067A	2011年11月14日	2012年4月27日	ロシア人2名、米国人1名を打ち上げ。
		ソユーズFG	ISS／第29次長期滞在	

ソユーズTMA-M／国際宇宙ステーションへの往復のための有人宇宙船

宇宙船	国際標識	打上日	帰還日	内容
		ロケット	ドッキング	
ソユーズTMA-01M	2010-052A	2010年10月7日	2011年3月16日	TMA-M型の初打ち上げ。新型デジタル機器によって高性能かつ70kg軽量化、消費電力低減。ロシア人2名、米国人1名搭乗。
		ソユーズFG	ISS／第25次長期滞在	
ソユーズTMA-02M	2011-023A	2011年6月7日	2011年11月22日	古川聡ほか、ロシア人1名、米国人1名が搭乗。
		ソユーズFG	ISS／第28次長期滞在	
ソユーズTMA-03M	2011-078A	2011年12月11日	2012年7月1日	ロシア人2名、米国人1名、オランダ人1名が搭乗。帰還カプセルはオランダの宇宙博覧会ビジターセンターに展示。
		ソユーズFG	ISS／第30次長期滞在	
ソユーズTMA-04M	2012-022A	2012年5月15日	2012年9月17日	ロシア人2名、米国人1名が搭乗。
		ソユーズFG	ISS／第31次長期滞在	
ソユーズTMA-05M	2012-037A	2012年7月15日	2012年11月19日	星出彰彦ほか、ロシア人1名、米国人1名が搭乗。
		ソユーズFG	ISS／第32次長期滞在	
ソユーズTMA-06M	2012-058A	2012年10月23日	2013年3月16日	ロシア人2名、米国人1名が搭乗。
		ソユーズFG	ISS／第33次長期滞在	
ソユーズTMA-07M	2012-074A	2012年12月19日	2013年5月14日	ロシア人1名、米国人1名、カナダ人1名が搭乗。
		ソユーズFG	ISS／第34次長期滞在	
ソユーズTMA-08M	2013-013A	2013年3月28日	2013年9月11日	打ち上げからISSドッキングまで最短6時間を記録。それ以前は2日間。ロシア人2名、米国人1名が搭乗。
		ソユーズFG	ISS／第35次長期滞在	
ソユーズTMA-09M	2013-025A	2013年5月28日	2013年11月11日	08Mと同様、高速ランデブー・プロファイルを使用して6時間でISSに結合。ロシア人1名、米国人1名、イタリア人1名が搭乗。
		ソユーズFG	ISS／第36次長期滞在	
ソユーズTMA-10M	2013-054A	2013年9月25日	2014年3月11日	ロシア人2名、米国人1名が搭乗。
		ソユーズFG	ISS／第37次長期滞在	
ソユーズTMA-11M	2013-061A	2013年11月7日	2014年5月14日	若田光一、ロシア人、米国人が搭乗。2014年冬季オリンピック（ソチ）の聖火を初めて宇宙に運び、5日後、09Mで地球に返還。
		ソユーズFG	ISS／第38次長期滞在	
ソユーズTMA-12M	2014-013A	2014年3月26日	2014年9月11日	ISSへ高速ランデブーするはずだったが、姿勢制御の問題が発生、以前の2日間軌道に変更。ロシア人2名、米国人1名が搭乗。
		ソユーズFG	ISS／第39次長期滞在	
ソユーズTMA-13M	2014-031A	2014年5月28日	2014年11月10日	ロシア人1名、米国人1名、ドイツ人1名が搭乗。
		ソユーズFG	ISS／第40次長期滞在	
ソユーズTMA-14M	2014-057A	2014年9月26日	2015年3月12日	14Mの太陽光パネルが展開しないトラブル発生したが、ISSと結合後に展開した。ロシア人2名、米国人1名が搭乗。
		ソユーズFG	ISS／第41次長期滞在	
ソユーズTMA-15M	2014-074A	2014年11月23日	2015年6月11日	ロシア人1名、米国人1名、イタリア人1名が搭乗。
		ソユーズFG	ISS／第42次長期滞在	
ソユーズTMA-16M	2015-016A	2015年3月27日	2015年9月12日	ISSの「ポイスク」にドッキング。その後ズヴェズダのポートに移動して再ドッキングした。ロシア人2名、米国人1名が搭乗。
		ソユーズFG	ISS／第43次長期滞在	
ソユーズTMA-17M	2015-035A	2015年7月22日	2015年12月11日	油井亀美也ほか、ロシア人1名、米国人1名が搭乗。
		ソユーズFG	ISS／第44次長期滞在	

宇宙船	国際標識	打上日	帰還日	内容
ソユーズTMA-18M	2015-043A	2015年9月4日	2016年3月2日	史上初となるカザフスタン人（アイディン）とデンマーク人（アンドレアス、ESA所属）の宇宙飛行士が搭乗。
		ソユーズFG	ISS／第45次長期滞在	

ソユーズMS ／国際宇宙ステーションへの往復のための有人宇宙船

宇宙船	国際標識	打上日	帰還日	内容
		ロケット	ドッキング	
ソユーズMS-01	2016-044A	2016年7月7日	2016年10月30日	MS型の初飛行。太陽光パネル、姿勢制御エンジン、GPSが改善され、全体質量が軽量化。大西卓哉、ロシア人、米国人が搭乗。
		ソユーズFG	ISS／第48次長期滞在	
ソユーズMS-02	2016-063A	2016年10月19日	2017年4月10日	大気圏再突入後のパラシュート展開時、高度8kmでカプセル内が減圧するトラブルが発生。ロシア人2名、米国人1名が搭乗。
		ソユーズFG	ISS／第49次長期滞在	
ソユーズMS-03	2016-070A	2016年11月19日	2017年6月2日	ロシア人1名、米国人1名、フランス人1名が搭乗。帰還2名。
		ソユーズFG	ISS／第50次長期滞在	
ソユーズMS-04	2017-020A	2017年4月20日	2017年9月3日	MS型として初めて高速ランデブー方式を使用し、6時間でISSにドッキング。ロシア人1名、米国人1名が搭乗。帰還3名。
		ソユーズFG	ISS／第51次長期滞在	
ソユーズMS-05	2017-043A	2017年7月28日	2017年12月14日	ロシア人1名、米国人1名、イタリア人1名が搭乗。
		ソユーズFG	ISS／第52次長期滞在	
ソユーズMS-06	2017-054A	2017年9月12日	2018年2月28日	ロシア人1名、米国人2名が搭乗。
		ソユーズFG	ISS／第53次長期滞在	
ソユーズMS-07	2017-081A	2017年12月17日	2018年6月3日	海上自衛隊の副官であり潜水医療官でもある金井宣茂ほか、ロシア人1名、米国人1名が搭乗。
		ソユーズFG	ISS／第54次長期滞在	
ソユーズMS-08	2018-026A	2018年3月21日	2018年10月4日	ロシア人1名、米国人2名が搭乗。
		ソユーズFG	ISS／第55次長期滞在	
ソユーズMS-09	2018-051A	2018年6月6日	2018年12月20日	8月29日、ISSに空気漏れが発生、MS-09に2mmの穴を発見。エポキシで密閉したが原因不明。クルーは、露、米、独の3名。
		ソユーズFG	ISS／第56次長期滞在	
ソユーズMS-10	-	2018年10月11日	（打上失敗）	打ち上げ上昇時、切り離したブースターが本体に接触する事故発生。ロシア人と米国人のクルー2名は緊急脱出装置により脱出。
		ソユーズFG	ISS／第57次長期滞在	
ソユーズMS-11	2018-098A	2018年12月3日	2019年6月25日	ロシア人1名、米国人1名、カナダ人1名が搭乗。
		ソユーズFG	ISS／第57・58次長期滞在	
ソユーズMS-12	2019-013A	2019年3月14日	2019年10月3日	ロシア人1名、米国人1名、アラブ人1名が搭乗。
		ソユーズFG	ISS／第59次長期滞在	
ソユーズMS-13	2019-041A	2019年7月20日	2020年2月6日	3名が搭乗。米国が契約した最後のフライトだったが後に契約を延長。
		ソユーズFG	ISS／第60次長期滞在	
ソユーズMS-14	2019-055A	2019年8月22日	2019年9月6日	新型のソユーズ2.1aの脱出装置確認のためヒト型ロボット「フョードル」を乗せて打ち上げたが一回目のISSドッキングに失敗。
		ソユーズ2.1a	―	
ソユーズMS-15	2019-064A	2019年9月25日	2020年4月17日	米ロとアラブの3名が搭乗。ソユーズFGロケット最後のミッション。
		ソユーズFG	ISS／第61次長期滞在	
ソユーズMS-16	2020-023A	2020年4月9日	2020年10月22日	ソユーズ2.1aロケットの初の有人打ち上げ。ロシア人2名、米国人1名が搭乗。
		ソユーズ2.1a	ISS／第62・63次長期滞在	
ソユーズMS-17	2020-072A	2020年10月14日	2021年4月17日	超高速2軌道ランデブー飛行計画の最初のミッション。打ち上げから3時間後にISSにランデブー。ロシア人2名、米国人1名搭乗。
		ソユーズ2.1a	ISS／第63次長期滞在	
ソユーズMS-18	2021-029A	2021年4月9日	2021年10月17日	7月29日、モジュール「ナウカ」のスラスターが突然噴射しISSが540度回転。10月15日にもMS-18のスタスターの噴出事故発生。
		ソユーズ2.1a	ISS／第64次長期滞在	
ソユーズMS-19	2021-089A	2021年10月5日	2022年3月28日	女優ユリア・ペレシルドと映画監督クリム・シペンコが商業映画として初のISSロケを敢行。タイトルは「挑戦！」（仮題）。
		ソユーズ2.1a	ISS／第64・65次長期滞在	
ソユーズMS-20	2021-119A	2021年12月8日	2021年12月20日	日本初の民間人宇宙旅行者である前澤友作氏と平野陽三氏をISSへ輸送。船長であるアレクサンダー・ミシュルキンが同乗。
		ソユーズ2.1a	ISS／旅行者輸送・救命機	
ソユーズMS-21	2022-028A	2022年3月18日	2022年9月29日（予定）	ウクライナ紛争下での打ち上げ。ロシア人クルー3名は、黄色に青ラインを施したウクライナ一の国旗カラーのスーツを着用。
		ソユーズ2.1a	ISS／第66・67次長期滞在	

旧ソ連・ロシアの無人探査計画

スプートニク計画（無人探査機計画）
1957～1963年

ソ連の初期の無人探査計画。スプートニクの名で25機打ち上げられた。西側諸国から別名で呼ばれた探査機も多い。

探査機 （欧米の呼称）	国際標識	打上時質量	打上日（UTC）	内容
		寸法	軌道	
		ロケット	高度	
スプートニク1号	1957-001B	83.6kg	1957年10月4日	史上初の人工衛星。直径58cmのアルミ製の球体。衛星の温度を地上へ送信。
		球状／直径58cm	地球周回軌道	
		スプートニク8K71PS	215-939km	
スプートニク2号	1957-002A	508.3kg	1957年11月3日	世界で初めて犬（「ライカ」）を乗せて打ち上げに成功。犬を帰還させる予定はなかった。光度計なども搭載。
		全高4×直径2m	地球周回軌道	
		スプートニク8K71PS	212-1660km	
スプートニク3号	1958-004B	1327kg	1958年5月15日	12種の観測機器を搭載。1号よりも先に上げる予定だったが開発が難航、3号機となった。
		全高3.57×直径1.73m	地球周回軌道	
		スプートニク8K91	217-1864km	
スプートニク4号 （コラブリ・スプートニク1号）	1960-005A	1477kg	1960年5月15日	有人宇宙船の無人試験機。生命維持装置や通信装置を搭載。大気圏再突入には失敗。
		−	地球周回軌道	
		ボストーク8K72	280-675km	
スプートニク5号 （コラブリ・スプートニク2号）	1960-011A	4600kg	1960年8月19日	有人宇宙船の無人試験機。生命維持装置を搭載し、犬2匹を乗せ、史上初の生物帰還に成功。
		−	地球周回軌道	
		ボストーク8K72	287-324km	
スプートニク6号 （コラブリ・スプートニク3号）	1960-017A	4563kg	1960年12月1日	有人宇宙船の無人試験機。犬2匹を乗せたが、キャビンが燃え、大気圏再突入に失敗。
		−	地球周回軌道	
		ボストーク8K72	166-232km	
スプートニク7号 （ベネラ1961A）	1961-002A	6843kg	1961年2月4日	金星の大気を調査するための無人探査機。第4段が点火せず金星への軌道投入に失敗。
		−	地球周回軌道	
		モルニヤ8K78	212-318km	
スプートニク8号 （ベネラ1号）	1961-003C	6424kg	1961年2月12日	世界初の金星探査機。金星の10万km以内に接近したが、途中で送信途絶。
		全高2×直径1m	太陽周回軌道	
		モルニヤ8K78	−	
スプートニク9号 （コラブリ・スプートニク4号）	1961-008A	4700kg	1961年3月9日	有人宇宙船ボストークの無人試験機。ダミー人形と犬「チェルヌシカ」が搭載。帰還に成功。
		−	地球周回軌道	
		ボストーク8K72	173-239km	
スプートニク10号 （コラブリ・スプートニク5号）	1961-009A	4695kg	1961年3月25日	有人宇宙船ボストークの無人試験機。ダミー人形と犬「リトルスター」が搭乗。帰還に成功。
		−	地球周回軌道	
		ボストーク8K72	164-230km	
スプートニク11号 （コスモス1号）	1962-008A	315kg	1962年3月16日	地球観測衛星。新型のコスモス2Iロケットの実証テスト、電離層の構造調査が主な目的。
		−	地球周回軌道	
		コスモス2I	135-204km	
スプートニク12号 （コスモス2号）	1962-009A	285kg	1962年4月6日	MSと呼ばれる地球観測衛星。宇宙線と放射線、電離層のデータを取得。軌道上に501日間滞在。
		−	地球周回軌道	
		コスモス2I	215-1488km	
スプートニク13号 （コスモス3号）	1962-013A	330kg	1962年4月24日	地球観測用のMS衛星。メモリユニットを備えたマルチchテレメトリによってデータを地球に送信。
		−	地球周回軌道	
		コスモス2I	216-707km	
スプートニク14号 （コスモス4号）	1962-014A	4600kg	1962年4月26日	球状の偵察衛星。米国が行った宇宙での核実験（高度400km）の放射線測定が主目的。
		球状／直径2.3m	地球周回軌道	
		ボストークK	285-317km	

探査機	国際標識		打上日(UTC)	内容
スプートニク15号 (コスモス5号)	1962-020A	280kg	1962年5月28日	地球観測用のMS衛星。メモリユニットを備えたマルチchテレメトリによってデータを地球に送信。
		—	地球周回軌道	
		コスモス2I	190-1587km	
スプートニク16号 (コスモス6号)	1962-028A	355kg	1962年6月30日	大陸間弾道弾ミサイルを追跡する技術を実証するためのレーダー標的機衛星。小型の球体形状。
		—	地球周回軌道	
		コスモス2I	264-344km	
スプートニク17号 (コスモス7号)	1962-033A	4600kg	1962年7月28日	米国が行った宇宙核実験の放射線測定のための偵察衛星。軌道上ではほぼ制御不能だった。
		球状/直径2.3m	地球周回軌道	
		ボストーク2	197-356km	
スプートニク18号 (コスモス8号)	1962-038A	337kg	1962年8月18日	コスモス1号、6号と同様の、対衛星兵器の技術実証のための衛星。8号では流星観測を兼ねた。
		—	地球周回軌道	
		コスモス2I	251-591km	
スプートニク19号 (ベネラ2MV-1 No.1)	1962-040A	890kg	1962年8月25日	金星への着陸を目的としたベネラ型の探査機。地球待機軌道からの離脱に失敗、大気圏に突入。
		—	地球周回軌道	
		モルニヤ8K78L	168-221km	
スプートニク20号 (ベネラ2MV-1 No.2)	1962-043A	6500kg	1962年9月1日	金星探査機。地球の待機軌道上で第4段ロケットが点火せず、金星への軌道投入に失敗。
		—	地球周回軌道	
		モルニヤ8K78L	180-310km	
スプートニク21号 (ベネラ2MV-2 No.1)	1962-045A	6500kg	1962年9月12日	金星探査機。打上時に第3段ロケットが爆発し、軌道投入に失敗。2日後に大気圏に再突入。
		—	地球周回軌道	
		モルニヤ8K78L	186-213km	
スプートニク22号 (マルス2MV-4 No.1)	1962-057A	6500kg	1962年10月24日	火星探査機。待機軌道上で爆発。キューバ危機の最中であり、米軍がソ連のICBMと一時誤認。
		—	地球周回軌道	
		モルニヤ8K78L	180-485km	
スプートニク23号 (マルス3MV-4A)	1962-061A	893.5kg	1962年11月1日	ベネラ金星探査機を流用した火星探査機。火星フライバイを目標にしたが軌道上で通信途絶。
		全高3.3×直径1.1m	太陽周回軌道	
		モルニヤ8K78L	—	
スプートニク24号 (マルス2MV-3 No.1)	1962-062A	890kg	1962年11月4日	火星探査機。打ち上げ時の燃料システムの誤作動などが発生し、火星への軌道投入に失敗。
		—	地球周回軌道	
		モルニヤ8K78L	197-590km	
スプートニク25号 (ルナE-6 No.2)	1963-001A	2500kg	1963年1月4日	月面への軟着陸を目的にした無人月面探査機。月へ向かう軌道への投入に失敗。
		—	地球周回軌道	
		モルニヤ8K78L	151km	

ルナ計画(月の無人探査計画)
1959～1976年

月のフライバイ、周回、衝突、着陸、無人車、サンプルリターンなどを実現。1959～76年に24機が打ち上げられた。

探査機	国際標識	型式 打上時質量 ロケット	打上日(UTC) 目的	内容
ルナ1号	1959-012A	E-1	1959年1月2日	月面から高度6000kmのポイントにてフライバイにはじめて成功。
		361kg	衝突	
		R-7/ボストーク8K72		
ルナ2号	1959-014A	E-1	1959年9月12日	月面への衝突に成功。世界で初めて月面に到達した人工物。太陽風をはじめて観測。
		390kg	衝突	
		R-7/ボストーク8K72		
ルナ3号	1959-008A	E-3	1959年10月4日	10月7日、撮影システム「イェニセイ-2」により、世界で初めて月の裏側の撮影に成功。
		279kg	月フライバイ	
		R-7/ボストーク8K72		
ルナ4号	1963-008B	E-6	1963年4月2日	史上初の月面着陸に試みたが、軌道修正に失敗。月の高度8400kmを通過。
		1422kg	ランダー着陸	
		モルニヤ8K78		

ルナ5号	1965-036A	E-6	1965年5月9日	史上初の月面着陸に試みたが、降下時の減速に失敗して月面に衝突。
		1474kg	ランダー着陸	
		モルニヤ8K78		
ルナ6号	1965-044A	E-6	1965年6月8日	軌道修正時に逆噴射ロケットが停止しなくなり、軌道から逸脱。月から16万kmを通過。
		1442kg	ランダー着陸	
		モルニヤ8K78		
ルナ7号	1965-077A	E-6	1965年10月4日	史上初の月面着陸を試みたが、減速に失敗して月面に衝突。
		1504kg	ランダー着陸	
		モルニヤ8K78		
ルナ8号	1965-099A	E-6	1965年12月3日	史上初の月面着陸を試みたが、減速に失敗して月面に衝突。
		1550kg	ランダー着陸	
		モルニヤ8K78		
ルナ9号	1966-006A	E-6	1966年1月31日	2月3日、世界で初めて月面へのランダー（99kg）着陸に成功。月面のパノラマ写真を送信。
		1538kg	ランダー着陸	
		モルニヤ8K78M		
ルナ10号	1966-027A	E-6S	1966年3月31日	4月3日、世界で初めて月周回軌道への投入に成功。56日間にわたり月と周辺空間を観測。
		1583.7kg	月周回軌道	
		モルニヤ8K78M		
ルナ11号	1966-078A	E-6LF	1966年8月24日	月周回軌道への投入に成功。33日間にわたり月の重力、化学組成、微粒子線などを調査。
		1640kg	月周回軌道	
		モルニヤ8K78M		
ルナ12号	1966-094A	E-6LF	1966年10月22日	10月25日、月周回軌道への投入に成功。85日間にわたり、主に月面の地形を観測。
		1640kg	月周回軌道	
		モルニヤ8K78M		
ルナ13号	1966-116A	E-6M	1966年12月21日	12月24日、月面へのランダー着陸に成功。パノラマ撮影、土壌調査などを実施。
		1583.7kg	ランダー着陸	
		モルニヤ8K78M		
ルナ14号	1968-027A	E-6LS	1968年4月7日	月周回軌道への投入に成功。通信実験のほか、月重力、化学組成、微粒子線の調査を実施。
		1640kg	月周回軌道	
		モルニヤ8K78M		
ルナ15号	1969-058A	E-8-5	1969年7月13日	アポロ11号の月面着陸と同日の7月20日、月面からのサンプルリターンを試みるが着陸失敗。
		2718kg	サンプルリターン	
		プロトンK・Blok D（SL-12）		
ルナ16号	1970-072A	E-8-5	1970年9月12日	月面へのランダー着陸に成功。9月24日、月の土壌（101g）を載せたカプセルが地球へ帰還。
		5725kg	サンプルリターン	
		プロトンK・Blok D（SL-12）		
ルナ17号	1970-095A	E-8	1970年11月10日	月面への着陸に成功。世界初の無人月面車「ルノホート1号」での月面調査を11ヵ月間実施。
		5600kg	ローバー着陸	
		プロトンK・Blok D（SL-12）		
ルナ18号	1971-073A	E-8-5	1971年9月2日	サンプルリターンを目的に、9月11日に月面へ降下するが、着陸と同時に通信途絶。
		5725kg	サンプルリターン	
		プロトンK・Blok D（SL-12）		
ルナ19号	1971-082A	E-8LS	1971年9月28日	高度140kmの月周回軌道への投入に成功。月面をビデオカメラで撮影。太陽風の観測も実施。
		5330kg	月周回軌道	
		プロトンK・Blok D（SL-12）		
ルナ20号	1972-007A	E-8-5	1972年2月14日	アポロニウス高原へ着陸成功。2月25日、月の土壌（30g）を載せたカプセルが地球へ帰還。
		5725kg	サンプルリターン	
		プロトンK・Blok D（SL-12）		
ルナ21号	1973-001A	E-8	1973年1月8日	1月15日、「ルモニエ・クレーター」への着陸成功。月面車「ルノホート2号」による調査を4ヵ月以上実施。37km走行。
		5700kg	ローバー着陸	
		プロトンK・Blok D（SL-12）		
ルナ22号	1974-037A	E-8LS	1974年5月29日	6月2日、月周回軌道への投入に成功。高度25kmまで降下。1975年11月まで探査を実施。
		5700kg	月周回軌道	
		プロトンK・Blok D（SL-12）		

ルナ23号	1974-084A	E-8-5	1974年10月28日	月面「危難の海」への着陸に成功したが、着陸時に探査機が損傷したため土壌の採取に失敗。
		5795kg	サンプルリターン	
		プロトンK・Blok D(SL-12)		
ルナ24号	1976-081A	E-8-5	1976年8月9日	月面「危難の海」への着陸に成功。8月22日、月の土壌(170g)を載せたカプセルが地球へ帰還。
		5795kg	サンプルリターン	
		プロトンK・Blok D(SL-12)		
ルナ25号	—	—	2021年10月予定	ルナ24号以来のルナ計画。9つの計器を搭載した月面探査ランダーを着陸させる予定。
		—	—	
		—	サンプルリターン	

ベネラ計画（金星の無人探査計画）
1961～1983年

無人の金星探査計画。失敗した探査機にはベネラの名が与えられず、人工衛星に使用されたコスモスの名が付けられた。

※「軌道」の()内は、記録不明瞭なため状況レポートからの推測軌道。

| 探査機 | 国際標識 | 打上時質量 | 打上日(UTC) | 内容 |
| | | 寸法 | 軌道 | |
		ロケット		
ベネラ1号	1961-003A	643.5kg	1961年2月12日	世界初の金星探査機。金星の10万km以内に接近したが、途中で送信途絶。欧米での呼称はスプートニク8号。
		L 2.035×D 1.05m	(金星遷移軌道)金星フライバイ	
		モルニヤ8K78		
コスモス21号	1963-044A	890kg	1963年11月11日	地球周回軌道からの離脱に失敗し、ベネラの名が与えられず。打上翌日に大気圏に再突入。TVシステムを搭載。
		—	地球周回軌道離脱失敗	
		モルニヤ8K78		
コスモス27号	1964-014A	6520kg	1964年3月27日	地球周回軌道からの離脱に失敗し、ベネラの名が与えられず。打ち上げ翌日に大気圏に再突入。
		—	地球周回軌道離脱失敗	
		モルニヤ8K78		
ベネラ2号	1965-091A	963kg	1965年11月12日	カメラ、磁力計、X線検出器、圧電検出器、イオントラップ、ガイガーカウンターなどを搭載。金星への軌道上で送信途絶。
		—	(金星遷移軌道)(金星フライバイ)	
		モルニヤ8K78M		
ベネラ3号	1965-092A	960kg	1965年11月16日	オービターが着陸カプセルを搭載。金星への途上で送信途絶し、金星に衝突。これが惑星に衝突した史上初の人工物とされる。
		L 4.2×D 1.1m	(金星遷移軌道)	
		モルニヤ8K78M		
コスモス96号	1965-094A	6510kg	1965年11月23日	ベネラ2号・3号と同型機。機材トラブルよって地球周回軌道から離脱できず、ベネラの名が与えられなかった。
		—	地球周回軌道離脱失敗	
		モルニヤ8K78M		
ベネラ4号	1967-058A	1106kg(カプセル383kg)	1967年6月12日	金星へのカプセル投下に成功。高度25kmに至るまでデータを送信し続けた。着陸したと思われる。アンテナ長4m。
		バス／L 3.5m	(金星遷移軌道)ランダー投下	
		モルニヤ8K78M		
コスモス167号	1967-063A	1106kg	1967年6月17日	ベネラ4号と同型機。地球周回軌道からの離脱に失敗し、ベネラの名が与えられず。打上8日後に大気圏に再突入。
		—	地球周回軌道離脱失敗	
		モルニヤ8K78M		
ベネラ5号	1969-001A	1130kg(カプセル405kg)	1969年1月5日	ベネラ4号とほぼ同型。大気中へのカプセル投下に成功。金星の大気データを53分間地球へ送信。着陸したと思われる。
		—	(金星遷移軌道)ランダー投下	
		モルニヤ8K78M		
ベネラ6号	1969-002A	1130kg(カプセル405kg)	1969年1月10日	ベネラ4号・5号とほぼ同型。カプセル投下に成功したが一部機能喪失。金星の大気データを51分間にわたり地球へ送信。
		—	(金星遷移軌道)ランダー投下	
		モルニヤ8K78M		
ベネラ7号	1970-060A	1180kg(カプセル490kg)	1970年8月17日	チタン製の投下カプセルが金星地表に着陸。地球以外の惑星地表からデータを送信した最初の衛星となる。
		—	(金星遷移軌道)ランダー投下	
		モルニヤ8K78M		
コスモス359号	1970-065A	6500kg	1970年8月22日	ベネラ7号と同型と思われる。地球周回軌道離脱に失敗、ベネラの名が与えられず。打上2ヵ月後に大気圏再突入。
		—	地球周回軌道離脱失敗	
		モルニヤ8K78M		

探査機	国際標識	型式 / 打上時質量 / ロケット	打上日(UTC) / 軌道	内容
ベネラ8号	1972-021A	1180kg（カプセル495kg） — モルニヤ8K78M	1972年3月27日 （金星フライバイ） ランダー投下	投下カプセルが金星地表に着陸後50分間データーを送信。摂氏470度、90気圧。雲は高高度だけにあることが判明。
コスモス482号	1972-023A	1,180kg — モルニヤ8K78M	1972年3月31日 地球周回軌道 離脱失敗	ベネラ8号と同型機。ランダーであるカプセルを搭載。地球周回軌道からの離脱に失敗し、ベネラの名が与えられず。
ベネラ9号	1975-050A	4936kg（ランダー1560kg） 全長 2.7×全福 2.3×L 5.7m プロトンK	1975年6月8日 金星フライバイ ランダー投下	金星地表に着陸したランダーが史上初めて、他の惑星の地表からモノクロ画像を地球に送信することに成功した。
ベネラ10号	1975-054A	5033kg（ランダー1560kg） 全長 2.7×全福 2.3×L 5.7m プロトンK	1975年6月14日 金星フライバイ ランダー投下	同型のベネラ9号のランダー着陸からわずか3日後に同じく金星地表へランダー着陸。地球への画像送信に成功した。
ベネラ11号	1978-084A	4940kg 全長 2.7×全福 2.3×L 5.7m プロトンK	1978年9月9日 金星フライバイ ランダー投下	ランダーは秒速7～8mで着陸成功。オービターは電離層計器太陽風検出器などを搭載し、ガンマ線バーストも検出。
ベネラ12号	1978-086A	4940kg 全長 2.7×全福 2.3×L 5.7m プロトンK	1978年9月14日 金星フライバイ ランダー投下	ベネラ11号と同型で、同じ検査機器を搭載。オービターは紫外線分光計でブラッドフィールド彗星を観測。
ベネラ13号	1981-106A	4398kg（ランダー760kg） 全長 2.7×全福 2.3×L 5.7m プロトンK	1981年10月30日 金星フライバイ ランダー投下	着陸に成功し、画像を地球に送信。アームで土壌を容器に取り込んで測定した結果、斑れい岩と判明。
ベネラ14号	1981-110A	4398kg（ランダー760kg 全長 2.7×全福 2.3×L 5.7m プロトンK	1981年11月4日 金星フライバイ ランダー投下	13号と同型機。13号とほぼ同じ成果を上げ、土壌はソレアイト質玄武岩に似ていることが判明。
ベネラ15号	1983-053A	5250kg — プロトンK	1983年6月2日 （金星遷移軌道） 金星周回軌道	オービターによって金星表面の詳細な地図を作成。北半球北緯30度付近を8ヵ月間スキャン。金星地図の作成に貢献。
ベネラ16号	1983-054A	5250kg — プロトンK	1983年6月7日 （金星遷移軌道） 金星周回軌道	同型機ベネラ15号と同様に、金星周回軌道上から北半球北緯30度付近を8ヵ月間スキャン。金星地図の作成に貢献。

マルス計画（火星の無人探査計画）
1962～1973年

ソビエト連邦による無人の火星探査計画。2号は火星地表に到達（激突）した初の人工物に。計7機が打ち上げられた。

探査機	国際標識	型式 / 打上時質量 / ロケット	打上日(UTC) / 軌道	内容
マルス1号	1962-061A	2MV-4 893.5kg モルニヤ8K78	1962年11月1日 火星遷移軌道 火星フライバイ	ベネラ金星探査機の設計を流用した火星探査機。火星近傍を通過観測を行う予定だったが、軌道上で通信途絶。
マルス2号	1971-045A	M-71 O／3440kg、L／1210kg プロトンK・ブロックD	1971年5月19日 火星遷移軌道 火星周回軌道	オービターとランダーから構成される探査機。ランダーは火星表面に激突し、火星に到達した最初の人工物となった。
マルス3号	1971-049A	M-71 O／3440kg、L／1210kg プロトンK・ブロックD	1971年5月28日 火星遷移軌道 火星周回軌道	2号と同型機。ランダーには小型ローバーが搭載されていた。着陸後すぐにランダーと通信途絶。オービターは多くの写真を送信。
マルス4号	1973-047A	3MS 3440kg プロトンK・ブロックD	1973年7月21日 火星遷移軌道 火星フライバイ	カメラ2台と電波望遠鏡、IR放射計、光度計、偏光計、磁力計、ガンマ線分光計などを装備。火星への軌道上で通信途絶。
マルス5号	1973-049A	3MS 3440kg プロトンK・ブロックD	1973年7月25日 火星遷移軌道 火星周回軌道	4号と同型。74年2月12日に火星周回軌道への投入に成功したが、与圧部分の圧が下がり、2月28日に計画が中止された。

探査機/ミッション名	国際標識 型式 質量	打上日(UTC) ロケット	目的 軌道	内容
マルス6号	O／1973-052A L／1973-052D 3MP 3260kg プロトンK・ブロックD	1973年8月5日	火星遷移軌道 火星フライバイ	火星からの距離4万8000kmのポイントでランダーを投下したが、ランダーとは通信途絶。火星表面に激突したと思われる。
マルス7号	O／1973-053A L／1973-053D 3MP 3260kg プロトンK・ブロックD	1973年8月9日	火星遷移軌道 火星フライバイ	6号と同型。ランダーを母機から切り離すタイミングが早すぎて、火星に着陸させることに失敗。母機、ランダーとも太陽周回軌道へ。

ゾンド計画（金星・月の無人探査計画）
1964〜1970年

ゾンド1号・2号は金星、3号は月、4号以降は有人月探査のための無人テスト宇宙船として打ち上げられた。

※「軌道」の（）内は、記録不明瞭なため状況レポートからの推測軌道。

探査機/ミッション名	国際標識 型式 質量	打上日(UTC) ロケット	目的 軌道	内容
ゾンド1号	1964-016D 3MV-1 890kg	1964年4月2日 モルニア	金星探査 太陽周回軌道 （金星フライバイ）	機体内で機器がショートして通信途絶。その後、着陸カプセルとの交信も途絶えた。同年7月14日に金星フライバイをしたと思われる。
ゾンド2号	1964-078C 3MV-1 890kg	1964年11月30日 モルニア	火星探査 太陽周回軌道 （火星フライバイ）	設計はマルス1号を踏襲。太陽電池パネルが故障し、1965年5月に通信途絶。同年8月6日に火星フライバイをしたと思われる。
ゾンド3号	1965-056A 3MV-1 960kg	1965年7月18日 スプートニク （65-056B）	月探査 地球周回軌道／長楕円 太陽周回軌道	ゾンド2号の類似機。7月20日に月フライバイを行い、月の裏側の撮影などに成功。その後、太陽周回軌道へ入って火星に向かう軌道へ。
コスモス146号	1967-021A ソユーズ7K-L1P 5375kg	1967年3月10日 プロトンK・ブロックD（SL21）	試作機テスト 地球周回軌道／長楕円	有人月探査を想定して作られたソユーズ7K-L1Pの試作機。地球周回軌道の長楕円軌道に投入された。試作機のため月へは到達せず。
コスモス154号	1967-032A ソユーズ7K-L1 5375kg	1967年4月8日 プロトンK・ブロックD（SL21）	試作機テスト 軌道投入失敗	ソユーズ7K-L1Pの試作機。打ち上げは成功したが、第4段ロケットが点火せず、月軌道投入に失敗。打ち上げ2日後に大気圏再突入。
ゾンド1967A	− ソユーズ7K-L1 −	1967年9月28日 プロトンK・ブロックD（SL21）	月探査 打上失敗	打ち上げ60秒後にコースを外れて落下。ゾンド探査機は脱出装置により軟着陸した。ロケットは発射方向の65km先に墜落した。
ゾンド1967B	− ソユーズ7K-L1 −	1967年11月22日 プロトンK・ブロックD（SL21）	月探査 打上失敗	第2段ロケットの異常により打ち上げに失敗。ゾンド探査機は脱出装置により軟着陸した。ロケットは発射方向の300km先に墜落。
ゾンド4号	1968-013A ソユーズ7K-L1 5140kg	1968年3月2日 プロトンK・ブロックD（SL21）	月探査 （地球周回軌道／長楕円） （月フライバイ）	地球から30万km離れた地点から帰還したが、帰還船と機械船の分離が上手くいかず、着陸地点が大きく外れたため自爆された。
ゾンド1968A	− ソユーズ7K-L1 −	1968年4月23日 プロトンK・ブロックD（SL21）	月探査 打上失敗	バイコヌール宇宙基地からプロトンKにより打ち上げられたが、発射260秒後に第2段ロケットが異常を起こして爆発。
ゾンド1968B （ゾンド7K-L1s/n8L）	− ソユーズ7K-L1 −	1968年7月21日 プロトンK・ブロックD（SL21）	月探査 打上失敗	バイコヌール宇宙基地においてプロトンK・ブロックDロケットで打ち上げる予定だったが、射場でブロックD段が爆発。3人が死亡した。
ゾンド5号	1968-076A ソユーズ7K-L1 5375kg	1968年9月15日 プロトンK・ブロックD（SL21）	月探査 地球周回軌道／長楕円 月フライバイ	亀などの生物や、放射線検出器を付けた等身大人形を搭載。9月18日に月を周回して、21日に地球へ帰還。生物は生きたまま帰還した。
ゾンド6号	1968-101A ソユーズ7K-L1 5375kg	1968年11月10日 プロトンK・ブロックD（SL21）	月探査 （地球周回軌道／長楕円）	11月14日、高度2420kmで月を周回し、17日に地球へ無事帰還した。帰還カプセルはソ連領内の所定のポイントに正しく着陸した。

探査機	国際標識	打上日(UTC)	軌道	内容
ゾンド1969A	− / ソユーズ7K-L1 / −	1969年1月20日 / プロトンK・ブロックD(SL21)	月探査 / 打上失敗	プロトンKでの打ち上げ時、自動操縦システムの故障により、第2段ロケットが25秒で停止。ゾンド自体は脱出装置により無事軟着陸した。
ゾンドL1S-1	− / ソユーズ7K-L1 / −	1969年2月21日 / N-1	月探査 / 打上失敗	超大型ロケットN-1の初の打ち上げテスト。第1段にトラブルが発生し、打ち上げ70秒後に脱出装置が作動して探査機入りのカプセルは軟着陸した。
ゾンドL1S-2	− / ソユーズ7K-L1 / −	1969年7月3日 / N-1	月探査 / 打上失敗	有人月探査のためのN-1ロケットの2回目の打ち上げテスト。打ち上げ直後に第1段ロケットにトラブルが発生。ゾンドカプセルは回収。
ゾンド7号	1969-067A / ソユーズ7K-L1 / 5979kg	1969年8月7日 / プロトンK・ブロックD(SL21)	月探査 / 地球周回軌道／長楕円月フライバイ	アポロ11号が月面着陸に成功した3週間後、月を周回して8月14日に地球へ無事帰還。カプセルはソ連領内の所定のポイントに着陸した。
ゾンド8号	1970-088A / ソユーズ7K-L1 / 5375kg	1970年10月20日 / スプートニク(70-088B)	月探査 / 地球周回軌道／長楕円月フライバイ	10月24日、高度1110kmで月を周回し、27日に地球へ無事帰還。カプセルは予備ポイントのインド洋へ着水、ソ連艦船に無事回収された。

ベガ計画
（金星・ハレー彗星の無人探査計画）
1984年

金星／ハレー彗星探査計画。軌道を周回するオービターから、大気中を漂うバルーンと、地表に着陸するランダーを放出。

※「国際標識」の「O」はオービター、「L」はランダー、「B」はバルーン。

探査機	国際標識	打上時質量 型式 ロケット	打上日(UTC) 軌道	内容
ベガ1号	O／1984-125A L／1984-125E B／1984-128F	4920kg 5VK プロトンK(8K82K)	1984年12月15日 （金星遷移軌道）金星フライバイ（太陽周回軌道）	オービター、ランダー、バルーンで構成。ランダーであるカプセルはベネラ9〜14号と同型。オービターからランダーとバルーンが投下されると、ランダーは種々のデータを送信。バルーンは高度約50km移動後に通信途絶。オービターはハレー彗星の核の撮影に成功。表面が氷で覆われていることが判明。
ベガ2号	O／1984-128A L／1984-128E B／1984-128F	4920kg 5VK プロトンK(8K82K)	1984年12月21日 （金星遷移軌道）金星フライバイ（太陽周回軌道）	1号と同型機。紫外線とX線の分光計、気温気圧センサー、地表サンプリング装置などを搭載。ランダーは金星に着陸成功。56分間、データを地球へ送信。バルーンは高度約50kmの大気中を距離11600km、47時間にわたって漂うデータを地球へ送信。オービターはハレー彗星の核まで8030kmまで近づき撮影することに成功した。

フォボス計画
（火星とその衛星フォボスの無人探査計画）
1988年

火星とその衛星フォボスに対する探査計画。1988年7月に2機が打ち上げられたが、1号は通信途絶、2号は投下に失敗。

探査機	国際標識	打上時質量 ロケット	打上日(UTC) 軌道	内容
フォボス1号	1988-058A	6220kg プロトンK・ブロックD(SL-12)	1988年7月7日 火星遷移軌道	オービター、ランダー、移動式の着陸探査機「ホッパー」による構成。プロトンK・ブロックDロケットにより打ち上げられ、1988年9月2日、火星へ向かう軌道上で通信途絶。
フォボス2号	1988-059A	6220kg プロトンK・ブロックD(SL-12)	1988年7月12日 火星遷移軌道	1号と同型機。1989年1月29日、火星周回軌道への投入に成功。その後、フォボスに接近したが、通信途絶によりランダー、ホッパーの投下に失敗。

欧州の無人探査機

ESAの主な探査機
1985〜2020年

欧州宇宙機関（ESA）による1985年以降の主なプロジェクト。NASAとの共同計画も多い。

探査機	国際標識	探査機質量 / 寸法 / ロケット	目的 / 軌道 / 打上日（UTC）	内容
ジオット	1985-056A	582.7kg / D 1.85×H2.85m / アリアン1	ハレー彗星探査 / 太陽周回軌道 / 1985年7月2日	1986年3月、ハレー彗星のコマ内部に侵入し、彗星核の撮影に成功。機体を塵から守るための装甲鈑を前部に装着。
ユリシーズ	1990-090B	370kg / — / ディスカバリー号（STS-41）	太陽極軌道観測 / 太陽周回軌道（極軌道） / 1990年10月6日	NASAとの共同開発。太陽風と惑星間磁場の特性、銀河宇宙線と中性星間ガスの特性を調査。2009年6月に運用終了。
SOHO	1995-065A	610kg / — / アトラスⅡ AS	太陽・太陽圏観測衛星 / 太陽と地球のラグランジュL1 / 1995年12月2日	NASAと共同開発された太陽観測衛星。太陽風など宇宙天気予報のためのデータを主に取得。
ホイヘンス	1997-061C	319kg / エアロシェル／D 2.75m / （探査機カッシーニに搭載）	土星探査ランダー / 土星周回軌道 / 着陸／2005年1月14日	NASAの探査機「カッシーニ」に搭載され、衛星タイタンに2004年12月25日降下。2005年1月に着陸。タイタン地表の画像を送信。
アルテミス	2001-029A	3100kg / アンテナ／W 25m / アリアン5	通信技術試験衛星 / 地球周回軌道／静止軌道 / 2001年7月12日	ESAの通信衛星。アリアン5で静止軌道まで上げるはずが高度が足りず、アポジエンジンで予定高度に引き上げた。
インテグラル	2002-048A	3500kg / 3×4×5m / プロトンK	ガンマ線観測衛星 / 地球周回軌道／楕円 / 2002年10月17日	ガンマ線を観測する人工衛星。鉄クエーサーの検出やブラックホールのガンマ線バーストの調査などに貢献。
マーズ・エクスプレス	2003-022A	バス113kg、ランダー60kg / バス／1.5×1.8×1.4m / ソユーズFG	火星探査 / 火星周回軌道 / 2003年6月2日	オービターが火星周回軌道への投入に成功。さらにランダー「ビーグル2」を投下したがランダーとは通信途絶。
ロゼッタ	2004-006A	打上時3200kg / アンテナ／W 32m / アリアン5	彗星探査 / 太陽周回軌道 / 2004年3月2日	彗星に着陸した史上初の探査機。チュリュモフ・ゲラシメンコ彗星の核にランダー「フィラエ」を着陸させた。
ビーナス・エクスプレス	2005-045A	670kg / バス／1.65×1.7×1.4m / ソユーズFregat	金星探査 / 金星周回軌道 / 2005年11月9日	ESA初の金星探査機。火星探査機「マーズ・エクスプレス」のバスを流用。金星大気を調査。2014年11月28日通信途絶。
COROT	2006-063A	650kg / バス／2.0×2.0×4.1m / ソユーズ2.1b	太陽系外惑星探査衛星 / 地球周回／太陽同期極軌道 / 2006年12月27日	トランジット法による太陽系外惑星を探査するための宇宙望遠鏡。恒星CoRoTの惑星1b、7bなどを発見。
プランク宇宙望遠鏡	2009-026B	1800kg / 望遠鏡／D 1.5m / アリアン5	宇宙望遠鏡 / 太陽と地球のラグランジュL2 / 2009年5月14日	太陽・地球のL2点に静止し、宇宙マイクロ波背景放射を観測する宇宙望遠鏡。宇宙が138億年前にできたことを解明。
ハーシェル宇宙望遠鏡	2009-026A	2800kg / 望遠鏡／D 3.5m / アリアン5	赤外線宇宙望遠鏡 / 太陽と地球のラグランジュL2 / 2009年5月14日	プランクと一緒に打ち上げ。宇宙空間の酸素分子を初検出。冷却用液体ヘリウムがなくなり太陽周回軌道へ移動。
SWARM	2013-067A 2013-067B 2013-067C	各472kg / ブーム／4m / ロコット・ブリーズKM	地球観測衛星 / 地球周回軌道／極軌道 / 2013年11月22日	地球の磁場、磁場ベクトル、電界などを調査するため、同型の衛星3機を高度450〜530kmの極軌道に投入された。
LISAパスファインダー	2015-070A	1100kg / D 2.1×H 2.9m / ヴェガ	重力波宇宙望遠鏡 / 太陽と地球のラグランジュL1 / 2015年12月3日	NASAとESAが共同開発した重力波検出器を搭載した宇宙望遠鏡。打ち上げが予定される「LISA」の事前テスト機。
ガイア	2013-074A	1630kg（推進剤含まず） / D 10m / ソユーズ 2.1b	位置天文学観測機 / 太陽と地球のラグランジュL2 / 2013年12月19日	天の川銀河の3次元マップを描くことを主な目的とした高精度位天置天文衛星。1億5,000万個の天体の移動速度とその軌道を測定。
ベピコロンボ	2018-080A	MPO 357kg、MIO 165kg / MPOバス／1.5mスクエア / アリアン5	水星探査 / 金星フライバイ／水星周回軌道 / 2018年10月20日	ESAの探査機MPOとJAXAの磁気圏探査機Mioの2機からなる水星探査計画。2025年に水星到達予定。
ソーラー・オービター	2020-010A	209kg / バス／2.5×3.1×2.7m / アトラスV 441	太陽探査 / 太陽周回軌道 / 2020年2月10日	水星の近日点の内側（0.284au）まで太陽に接近して観測。機体の表面温度は520度に達すると考えられる。

日本の無人探査機

日本の探査機（ロケット別）

JAXA（宇宙航空研究開発機構）の設立（2003年）以前から連綿と続く日本の打ち上げを、ロケット型式別に紹介。

L-4SL

号機	打上日	探査機	
		質量	軌道
5号機	1970年2月11日	日本初の人工衛星「おおすみ」	
		24kg	楕円／350-5140km

M-4S

号機	打上日	探査機	
		質量	軌道
2号機	1971年2月16日	試験衛星「たんせい」(MS-T1)	
		63kg	略円／990-1100km
3号機	1971年9月28日	科学衛星「しんせい」(MS-F2)	
		66kg	楕円／870-1870km
4号機	1972年8月19日	電波探査衛星「でんぱ」(REXS)	
		75kg	楕円／250-6570km

M-3C

号機	打上日	探査機	
		質量	軌道
1号機	1974年2月16日	試験衛星「たんせい2号」(MS-T2)	
		56kg	楕円／290-3240km
2号機	1975年2月24日	超高層大気観測衛星「たいよう」(SRATS)	
		86kg	楕円／260-3140km
4号機	1979年2月21日	X線天文衛星「はくちょう」(CORSA-b)	
		96kg	略円／545-577km

M-3H

号機	打上日	探査機	
		質量	軌道
1号機	1977年2月19日	試験衛星「たんせい3号」(MS-T3)	
		129kg	楕円／790-3810km
2号機	1978年2月4日	オーロラ観測衛星「きょっこう」(EXOS-A)	
		126kg	準極／630-3970km
3号機	1978年9月16日	磁気圏観測衛星「じきけん」(EXOS-B)	
		90kg	楕円／220-30100km

M-3S

号機	打上日	探査機	
		質量	軌道
1号機	1980年2月17日	試験衛星「たんせい4号」(MS-T4)	
		185kg	略円／522-606km
2号機	1981年2月21日	太陽観測衛星「ひのとり」(ASTRO-A)	
		188kg	略円／576-644km
3号機	1983年2月20日	X線天文衛星「てんま」(ASTRO-B)	
		216kg	円／497-503km
4号機	1984年2月14日	中層大気観測衛星「おおぞら」(EXOS-C)	
		207kg	楕円／354-865km

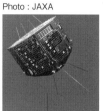

Photo : JAXA　　Photo : JAXA

試験衛星『たんせい』。　　X線天文衛星『はくちょう』。

M-3SⅡ

号機	打上日	探査機	
		質量	軌道
1号機	1985年1月8日	ハレー彗星（すいせい）探査試験機「さきがけ」(MS-T5)	
		138kg	太陽周回軌道
2号機	1985年8月19日	ハレー彗星探査機「すいせい」(PLANET-A)	
		140kg	太陽周回軌道
3号機	1987年2月5日	X線天文衛星「ぎんが」(ASTRO-C)	
		420kg	略円／530-595km
4号機	1989年2月22日	オーロラ観測衛星「あけぼの」(EXOS-D)	
		295kg	長楕円／272-10472km
5号機	1990年1月24日	工学実験衛星「ひてん」(MUSES-A)	
		197kg	略円／262-28600km
6号機	1991年8月30日	太陽観測衛星「ようこう」(SOLAR-A)	
		390kg	略円／550-600km
7号機	1993年2月20日	X線天文衛星「あすか」(ASTRO-D)	
		420kg	略円／525-615km
8号機	1995年1月15日	回収型衛星「EXPRESS」(EXPRESS)	
		770kg	略円／210-400km

M-V

号機	打上日	探査機	
		質量	軌道
1号機	1997年2月12日	電波天文衛星「はるか」(MUSES-B)	
		830kg	長楕円／560-21400km
3号機	1998年7月4日	火星探査機「のぞみ」(PLANET-B)	
		540kg	火星周回軌道
4号機	2000年2月10日	X線天文衛星「ASTRO-E」	
		1650kg	軌道投入失敗
5号機	2003年5月9日	小惑星探査機「はやぶさ」(MUSES-C)	
		510kg	太陽周回軌道
6号機	2005年7月10日	X線天文衛星「すざく」(ASTRO-E2)	
		1700kg	円／550km
8号機	2006年2月22日	赤外線天文衛星「あかり」(ASTRO-F)	
		952kg	太陽周回軌道
7号機	2006年9月23日	太陽観測衛星「ひので」(SOLAR-B)	
		900kg	太陽周回軌道

N-I

号機	打上日	探査機	
		質量	軌道
1号機 (N1F)	1975年9月9日	技術試験衛星I型「きく1号」(ETS-I)	
		82.5kg	円／1000km
2号機 (N2F)	1976年2月29日	電離層観測衛星「うめ」(ISS)	
		139kg	円／1000km
3号機 (N3F)	1977年2月23日	技術試験衛星II型「きく2号」(ETS-II)	
		130kg	GSO
4号機 (N4F)	1978年2月16日	電離層観測衛星「うめ2号」(ISS-b)	
		141kg	円／1000km
5号機 (N5F)	1979年2月6日	実験用静止通信衛星「あやめ」(ECS)	
		130kg	軌道投入失敗
6号機 (N6F)	1980年2月22日	実験用静止通信衛星「あやめ2号」(ECS-b)	
		130kg	軌道投入失敗
7号機 (N9F)	1982年9月3日	技術試験衛星III型「きく4号」(ETS-III)	
		385kg	円／1000km

N-II

号機	打上日	探査機	
		質量	軌道
1号機 (N7F)	1981年2月11日	技術試験衛星IV型「きく3号」(ETS-IV)	
		638kg	楕円／225-36000km
2号機 (N8F)	1981年8月11日	静止気象衛星2号「ひまわり2号」(GMS-2)	
		296kg	GEO
3号機 (N10F)	1983年2月4日	実験用静止通信衛星2号a「さくら2号a」(CS2a)	
		350kg	GEO
4号機 (N11F)	1983年8月6日	実験用静止通信衛星2号b「さくら2号b」(CS2b)	
		350kg	GEO
5号機 (N12F)	1984年1月23日	実験用静止放送衛星2号a「ゆり2号a」(BS2a)	
		350kg	GEO
6号機 (N13F)	1984年8月3日	静止気象衛星3号「ひまわり3号」(GMS-3)	
		303kg	GEO
8号機 (N14F)	1986年2月12日	実験用静止放送衛星2号b「ゆり2号b」(BS2b)	
		350kg	GEO
7号機 (N16F)	1987年2月19日	海洋観測衛星1号「もも1号」(MOS-1)	
		740kg	SSO／909km

H-I

号機	打上日	探査機	
		質量	軌道
試験機 1号機	1986年8月13日	測地実験衛星「あじさい」(EGS)	
		685kg	円／1500km
		磁気軸受フライホイール実験装置「じんだい」(MABES)	
		-	1488-1602km
		アマチュア衛星「ふじ1号」(JAS-1)	
		50kg	円／1490km
試験機 2号機	1987年8月27日	H-Iロケット(3段式)試験機の性能確認	
		50kg	912-1744km
		技術試験衛星V型「きく5号」(ETS-V)	
		550kg	GEO
3号機	1988年2月19日	実験用静止通信衛星3号a「さくら3号a」(CS-3a)	
		550kg	GEO
4号機	1988年9月16日	実験用静止通信衛星3号b「さくら3号b」(CS-3b)	
		550kg	GEO
5号機	1989年9月6日	静止気象衛星4号「ひまわり4号」(GMS-4)	
		325kg	GEO
6号機	1990年2月7日	海洋観測衛星1号b「もも1号b」(MOS-1b)	
		740kg	SSO／909km
		伸展展開機能実験ペイロード「おりづる」(DEBUT)	
		50kg	楕円／900-1600km
		アマチュア衛星1号-b「ふじ2号」(JAS-1b)	
		50kg	楕円／900-1600km
7号機	1990年8月28日	放送衛星3号a「ゆり3号a」(BS3a)	
		550kg	GEO
8号機	1991年8月25日	放送衛星3号b「ゆり3号b」(BS3b)	
		550kg	GEO
9号機	1992年2月11日	地球資源衛星1号「ふよう1号」(JERS-1)	
		1340kg	SSO／570km

H-II

号機	打上日	探査機	
		質量	軌道
試験機 1号機	1994年2月4日	軌道再突入実験機「りゅうせい」(OREX)	
		865kg	周回軌道から大気圏再突入
		H-II性能確認用ペイロード「みょうじょう」(VEP)	
		2400kg	GTO／450-36200km
試験機 2号機	1994年8月28日	技術試験衛星VI型「きく6号」(ETS-VI)	
		2000kg	8600-38600km
試験機 3号機	1995年3月18日	宇宙実験・観測「フリーフライヤ」(SFU)	
		4000kg	位相同期／300-500km
		静止気象衛星5号「ひまわり5号」(GMS-5)	
		345kg	GEO
4号機	1996年8月17日	地球観測プラットフォーム技術衛星「みどり」(ADEOS)	
		3560kg	SSO／800km
		アマチュア衛星3号「ふじ3号」(JAS-2)	
		50kg	楕円／799-1320km
6号機	1997年11月28日	熱帯降雨観測衛星「TRMM」	
		3500kg	円／350km(後400km)
		技術試験衛星VII型「きく7号」(ETS-VII)	
		2860kg	円／550km
5号機	1998年2月21日	通信放送技術衛星「かけはし」(COMETS)	
		2000kg	480-17000km
8号機	1999年11月15日	運輸多目的衛星「MTSAT」	
		1300kg	(軌道投入失敗)

Photo : JAXA

M-Vで打ち上げられた太陽観測衛星
『ひので』。

Photo : JAXA

海洋観測衛星『もも1号』。

Photo : JAXA

地球資源衛星『ふよう1号』。

H-ⅡA

号機	打上日	探査機 質量	探査機 軌道
試験機1号機	2001年8月29日	レーザ測距装置「LRE」	
		87kg	GTO／253-36200km
		H-ⅡAロケット性能確認用ペイロード2型「VEP-2」	
		3000kg	GTO／280-36137km
試験機2号機	2002年2月4日	民生部品・コンポーネント実証ミッション「つばさ」(MDS-1)	
		480kg	GTO／209-35204km
		H-ⅡAロケット性能確認用ペイロード3型「VEP-3」	
		2400kg	GTO／450-36200km
		DASH(高速再突入実験機)	
		86kg	分離失敗
3号機	2002年9月10日	データ中継技術衛星「こだま」(DRTS)	
		1500kg	GEO
		次世代型無人宇宙実験システム「USERS」	
		-	-
4号機	2002年12月14日	環境観測技術衛星「みどりⅡ」(ADEOS-Ⅱ)	
		3700kg	803km
		小型実証衛星「マイクロラブサット1号機」	
		68kg	SSO／767-811km
		鯨生態観測衛星「WEOS」	
		47kg	SSO／800km
		豪州小型衛星「Fed Sat」	
		-	SSO／800km
5号機	2003年3月28日	情報収集衛星	
		-	-
6号機	2003年11月29日	情報収集衛星	
		-	(指令破壊)
7号機	2005年2月26日	運輸多目的衛星新1号「ひまわり6号」(MTSAT-1R)	
		345kg	GEO
8号機	2006年1月24日	陸域観測技術衛星「だいち」(ALOS)	
		4000kg	690／SSO
9号機	2006年2月18日	運輸多目的衛星新2号「ひまわり7号」(MTSAT-2)	
		4650kg	GEO
10号機	2006年9月11日	情報収集衛星	
11号機	2006年12月18日	技術試験衛星Ⅷ型「きく8号」(ETS-Ⅷ)	
		2800kg	GEO
12号機	2007年2月24日	情報収集衛星	
13号機	2007年9月14日	月周回衛星「かぐや」(SELENE)/主衛星	
		3000kg(子含)	月周回軌道／100km
		月周回衛星「かぐや」(SELENE)/ブイラド衛星	
		50kg	月周回軌道／100-800km
		月周回衛星「かぐや」(SELENE)/リレー衛星	
		50kg	月周回軌道／100-2400km
14号機	2008年2月23日	超高速インターネット衛星「きずな」(WINDS)	
		2700kg	GEO
15号機	2009年1月23日	温室効果ガス観測技術衛星「いぶき」(GOSAT)	
		1750kg	SSO／666km
		小型実証衛星1型「SDS-1」	
		100kg	SSO／660km
16号機	2009年11月28日	情報収集衛星	
		-	-
17号機	2010年5月21日	金星探査機「あかつき」(PLANET-C)	
		518kg	金星遷移軌道、周回軌道
		小型ソーラー電力セイル実証機「IKAROS」	
		310kg	金星遷移軌道／0.7-1au
18号機	2010年9月11日	準天頂衛星初号機「みちびき」	
		4000kg	準天頂／32000〜40000km
19号機	2011年9月23日	情報収集衛星	
		-	-
20号機	2011年12月12日	情報収集衛星	
		-	-
21号機	2012年5月18日	第一期水循環変動観測衛星「しずく」(GCOM-W1)	
		1900kg	SSO／700km
		小型実証衛星4型「SDS-4」	
		48kg	SSO／696km
22号機	2013年1月27日	情報収集衛星	
		-	-
23号機	2014年2月28日	全球降水観測計画／二周波降水レーダ「GPM/DPR」	
		3850kg	太陽非同期／407km
24号機	2014年5月24日	陸域観測技術衛星2号「だいち2号」(ALOS-2)	
		2000kg	SSO／628km
25号機	2014年10月7日	静止気象衛星「ひまわり8号」(Himawari-8)	
		3450kg	GEO
26号機	2014年12月3日	小惑星探査機「はやぶさ2」(Hayabusa2)	
		609kg	合運用遷移
27号機	2015年2月1日	情報収集衛星	
		-	400km
28号機	2015年3月26日	情報収集衛星	
		-	-
29号機	2015年11月24日	通信放送衛星「Telstar 12 VANTAGE」(カナダ)	
		4900kg	GEO
30号機	2016年2月17日	X線天文衛星「ひとみ」(ASTRO-H)	
		2700kg	円／575km
31号機	2016年11月2日	静止気象衛星「ひまわり9号」(Himawari-9)	
		3450kg	GEO
32号機	2017年1月24日	Xバンド防衛通信衛星2号機	
		-	-
33号機	2017年3月17日	情報収集衛星	
		-	-
34号機	2017年6月1日	準天頂衛星「みちびき2号機」	
		4000kg	準天頂／32000-40000km
35号機	2017年8月19日	準天頂衛星「みちびき3号機」	
		4000kg	準天頂／32000-40000km

36号機	2017年10月10日	準天頂衛星「みちびき4号機」	
		4000kg	準天頂／32000-40000km
37号機	2017年12月23日	気候変動観測衛星「しきさい」(GCOM-C)	
		2000kg	SSO／800km
		超低高度衛星技術試験機「つばめ」(SLATS)	
		400kg以下	超低高度／268-180km
38号機	2018年2月27日	情報収集衛星	
		-	-
39号機	2018年6月12日	情報収集衛星	
		-	-
40号機	2018年10月29日	温室効果ガス観測技術衛星「いぶき2号」(GOSAT-2)	
		1800kg	SSO／613km
41号機	2020年2月9日	情報収集衛星	
		-	-
42号機	2020年7月20日	UAE火星探査機「アル・アマル」(HOPE)	
		1350kg	火星遷移軌道、周回軌道
43号機	2020年11月29日	光データ中継衛星（データ中継衛星1号機）	
		-	GTO／200-1000km
44号機	2021年10月26日	みちびき初号機後継機 (QZS-1R)	
		4100kg	GTO／32600-39000km
45号機	2021年12月23日	Inmarsat-6 F1（イギリスの通信衛星）	
		5470 kg	GSO／11300-67700km

H-ⅡB

号機	打上日	無人補給機	
試験機	2009年9月11日	ISS補給機「こうのとり」1号機 (HTV技術実証機)	
2号機	2011年1月22日	ISS補給機「こうのとり」2号機 (HTV2)	
3号機	2012年7月21日	ISS補給機「こうのとり」3号機 (HTV3)	
4号機	2013年8月4日	ISS補給機「こうのとり」4号機 (HTV4)	
5号機	2015年8月19日	ISS補給機「こうのとり」5号機 (HTV5)	
6号機	2016年12月9日	ISS補給機「こうのとり」6号機 (HTV6)	
7号機	2018年9月23日	ISS補給機「こうのとり」7号機 (HTV7)	
8号機	2019年9月25日	ISS補給機「こうのとり」8号機 (HTV8)	
9号機	2020年5月21日	ISS補給機「こうのとり」9号機 (HTV9)	
		質量	軌道
		本体10500kg	円／350-460km (ISS)

J-1

号機	打上日	探査機	
		質量	軌道
1F	1996年2月12日	極超音速飛行実験「HYFLEX」	
		1054kg	110kmからの滑空飛行

イプシロン

号機	打上日	探査機	
		質量	軌道
試験機	2013年9月14日	惑星分光観測衛星「ひさき」(SPRINT-A)	
		348kg	楕円／950-1150km
2号機	2016年12月20日	ジオスペース探査衛星「あらせ」(ERG)	
		350kg	440-32000km
3号機	2018年1月18日	高性能小型レーダ衛星 (ASNARO-2)	
		570kg	SSO／505km
4号機	2019年1月18日	革新的衛星技術実証1号機 (RAPIS-1)	
		200kg	SSO／500km
5号機	2021年11月9日	革新的衛星技術実証2号機 (RAPIS-2)、他	
		110kg	SSO／560km

その他ロケット

号機	打上日	探査機	
		質量	軌道
デルタ 2914	1977年7月14日	静止気象衛星「ひまわり」(GMS)	
		325kg	円／36000km
デルタ 2914	1977年12月15日	実験用静止通信衛星「さくら」(CS)	
		350kg	GEO
デルタ 2914	1978年4月8日	実験用中継衛星「ゆり」(BS)	
		350kg	GEO
デルタ2	1992年7月24日	磁気圏尾部観測衛星「GEOTAIL」(GEOTAIL)	
		1009kg	57000-300000km
アリアン5	2018年10月20日	ベピコロンボ計画／水星磁気圏探査機「みお」(MMO)	
		280kg	水星周回軌道／極楕円軌道

Photo：JAXA/NASA

ISSにドッキングした最後のISS補給機『こうのとり9号機』。

Photo：JAXA

H‐ⅡAで打ち上げられた小型ソーラー電力セイル実証機『IKAROS』。

Photo：JAXA

固体燃料ロケット『イプシロン』で打ち上げられた惑星分光観測衛星『ひさき』。

宇宙プロジェクト
開発史アーカイブ

THE ARCHIVE of SPACE PROJECTS in 120 YEARS

2022年5月25日発行

著者	鈴木喜生
イラスト	田中斉 中村荘平
デザイン	Voyager Orbit
協力	JAXA（宇宙航空研究開発機構） 産経デジタル株式会社
発行所	株式会社 EDITORS 東京都世田谷区玉川台2-17-16 2F Tel.03-6447-9450 https://editorsinc.jp
発売元	株式会社 二見書房 東京都千代田区神田三崎町2-18-11 電話 03（3515）2311 [営業] 振替 00170-4-2639
印刷・製本	株式会社 堀内印刷所

本書は2020年9月に枻出版社から発売された
ムック『宇宙プロジェクト開発史大全』をベースに加筆修正し、
記事を増やして再編集したものです。
万一、落丁・乱丁の場合は、お取り替え致します。
本書に記載されている記事、
写真等の無断掲載、複製、転載を禁じます。

著者

鈴木喜生（すずき・よしお）

出版社の編集長を経て、著者兼フリー編集者へ。
宇宙、科学技術、第二次大戦機、マクロ経済学な
どのムックや書籍を手掛けつつ自らも執筆。
自著に『宇宙開発未来カレンダー 2022-2030's』
（G.B.）、『コロナショック後の株と世界経済の教科
書』『新型コロナはいかに世界を変えたか？』（とも
に枻出版社）など。編集作品に『紫電改取扱説
明書 復刻版』（太田出版）、『栄発動機取扱説明書 完
全復刻版』『大戦機DVDアーカイブ・シリーズ』（とも
に枻出版社）など。
経済ビジネス・サイト「Sankei Biz」にてコラム「宇
宙開発のボラティリティ」を連載中。

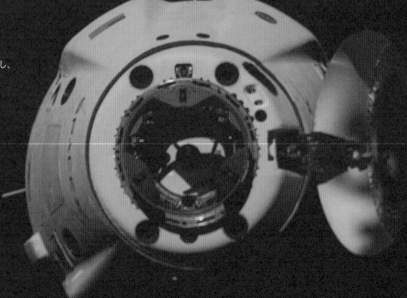

スペースX社のクルードラゴン「レ
ジリエンス」がドッキングのために
ISSへ20mまで接近。この「クルー
1ミッション」により、NASAは独
自の有人宇宙船の運用を9年ぶりに
再開した。2020年11月17日撮影。
Photo : NASA